“十二五”职业教育国家规划教材
经全国职业教育教材审定委员会审定

普通高等教育“十一五”国家级规划教材

高等职业院校精品教材系列

火灾报警及消防联动系统施工
（第 3 版）

主编　杨连武　　武延坤　　艾迪昊
副主编　陈斌　　陆基林　　李铭林
主审　袁青青

U0282314

电子工业出版社·
Publishing House of Electronics Industry
北京·BEIJING

内 容 简 介

本书在前两版得到广泛使用的基础上，根据职业教育专家意见和新的课程改革成果进行修订。本书以学生就业为导向进行内容设计，通过对火灾自动报警及消防联动控制系统在工程施工中实际案例的讲解，培养学生掌握火灾自动报警及消防联动控制系统的原理、操作及应用技能，成为能够进行火灾自动报警系统方案设计的高素质应用型技术人才。全书分为 6 个项目：学习建筑消防系统的功能与区域划分；火灾自动报警系统的应用；消防联动设备的联动控制；火灾报警设备和消防联动设备的安装；火灾自动报警及消防联动控制系统方案设计；气体灭火系统的应用。本书内容新颖，通俗易懂，实用性强，设有"教学导航""知识梳理与总结"等，便于教师教学和学生高效率学习。

本书为高等职业本专科院校消防工程、楼宇智能化、建筑电气工程、物业管理等专业的教材，以及开放大学、成人教育、自学考试、中职学校和培训班的教材，也可作为消防工程技术人员的参考书。

本书配有免费的微课视频、电子教学课件，详见前言。

图书在版编目（CIP）数据

火灾报警及消防联动系统施工／杨连武，武延坤，艾迪昊主编. —3 版. —北京：电子工业出版社，2024. 4
高等职业院校精品教材系列
ISBN 978-7-121-37853-9

Ⅰ. ①火…　Ⅱ. ①杨…　②武…　③艾…　Ⅲ. ①火灾监测–自动报警系统–高等职业教育–教材②消防设备–自动化设备–联动控制–高等职业教育–教材　Ⅳ. ①TU998.13

中国版本图书馆 CIP 数据核字（2019）第 253895 号

责任编辑：陈健德（E-mail：chenjd@ phei. com. cn）
印　　刷：三河市鑫金马印装有限公司
装　　订：三河市鑫金马印装有限公司
出版发行：电子工业出版社
　　　　　北京市海淀区万寿路 173 信箱　邮编 100036
开　　本：787×1092　1/16　印张：17.25　字数：442 千字
版　　次：2006 年 2 月第 1 版
　　　　　2024 年 4 月第 3 版
印　　次：2025 年 1 月第 2 次印刷
定　　价：61. 00 元

所购买电子工业出版社图书有缺损问题，请向购买书店调换。若书店售缺，请与本社发行部联系，联系及邮购电话：（010）88254888，88258888。

质量投诉请发邮件至 zlts@ phei. com. cn，盗版侵权举报请发邮件至 dbqq@ phei. com. cn。

本书咨询联系方式：chenjd@ phei. com. cn。

前　言

随着我国近些年经济的快速发展，在城市中出现了越来越多的高楼大厦，对消防技术和人员的要求都大大提高。随着火灾报警技术和电子技术的不断发展，与火灾报警有关的产品性能更新很快，有大量从事消防专业施工、运行的人员需掌握和提升这方面的知识和技能。

本书的前两版得到了广泛使用，经教育部组织的专家评审，分别被评为"普通高等教育'十一五'国家级规划教材"和"'十二五'职业教育国家规划教材"。本次在修订时根据职业教育专家意见和新的课程改革成果，对原有内容进行了重新整合与增减。在本书的修订过程中，以消防行业技术特点和就业岗位需求导向为出发点，注重课程内容与岗位技能之间的关系，将"工厂"和"课程"两个不同环境的事物有机融合在一起，以满足就业岗位所需的知识和技能为原则，培养能够胜任火灾自动报警及消防联动控制系统的安装施工、方案设计工作的应用型技术人才。

全书分为 6 个项目：项目 1 学习建筑消防系统的功能与区域划分；项目 2 火灾自动报警系统的应用；项目 3 消防联动设备的联动控制；项目 4 火灾报警设备和消防联动设备的安装；项目 5 火灾自动报警及消防联动控制系统方案设计；项目 6 气体灭火系统的应用。本书通过对火灾自动报警及消防联动控制系统在工程施工中实际案例的讲解，着重培养学生的行业知识与职业技能。随着电子技术的发展，火灾自动报警系统的技术标准或规范更新较快，鉴于目前已经建成或将要建设的部分工程产品使用的是原来的标准或规范，为方便学生上岗就业，本书在修订时保留了部分使用旧版本标准或规范的工程产品，请大家在学习时留意相应内容，在此特别说明。

本书内容新颖，通俗易懂，实用性强，在各项目正文前有"教学导航"，为项目的教与学过程提供指导；各项目结尾有"知识梳理与总结"，便于学生对本项目内容的提炼和归纳。

本书由深圳职业技术学院杨连武、武延坤、艾迪昊任主编，由陈斌、陆基林、李铭林任副主编，由杨连武负责统稿。全书内容由深圳市高新投三江电子股份有限公司总经理、高级工程师袁青青进行主审，并提供相关的案例资料，在此表示感谢。

本书在编写过程中参考了大量的图书资料，吸收了众多火灾报警设备各方面的新技术、新成果，并且运用了一些随着我国城市化发展而制定的新的国家规范或标准，在此一并表示由衷的感谢。

由于编者水平有限且时间仓促，书中不妥和错误之处在所难免，恳请读者批评指正。

为了方便教师教学和学生学习，本书配有免费的微课视频、电子教学课件，请有需要的教师扫一扫书中的二维码阅览或下载相应资源，也可登录华信教育资源网（http://www.hxedu.com.cn）免费注册后进行下载，有问题时请在网站留言板留言或与电子工业出版社联系（E-mail:hxedu@phei.com.cn）。

编　者

扫一扫看拓展知识教学课件：电气火灾监控系统

目 录

项目 1

学习建筑消防系统的功能与区域划分

教	知识重点	1. 火灾特征及灭火方法； 2. 建筑消防灭火系统的组成； 3. 高层建筑的火灾特点
	知识难点	1. 火灾的形成过程； 2. 建筑物的防火分区和防烟分区的划分； 3. 建筑物的报警区域和探测区域的划分
	推荐教学方式	1. 通过讲解消防学科的发展前景，使学生对消防感兴趣； 2. 通过提问，了解学生已有哪些消防知识，有何正确或错误的观点； 3. 讲解消防基本知识、火灾的概念、燃烧的概念、水的灭火机理等； 4. 简单讲解消防系统的组成及功能； 5. 播放消防灭火和救护的录像（约30分钟）； 6. 理论部分采用多媒体教学
	建议学时	4 学时
学	推荐学习方法	结合本项目内容，通过自我对照进行总结归纳。除学习课本内容外，可利用网络对所学内容进行深入学习，以便加深对所学内容的理解，同时拓展知识范围
	必须掌握的理论知识	1. 消防系统的主要组成部分； 2. 火灾形成的 3 个阶段； 3. 消防的基本知识
	必须掌握的技能	1. 应用消防基本知识制定消防防范和灭火知识的宣传讲座内容； 2. 具有使用消防相关规范的能力

1.1 火灾特征及灭火方法

1.1.1 火灾的定义和分类

1. 火灾的定义

火灾是指在时间或空间上失去控制的燃烧所造成的灾害。

在各种灾害中，火灾是最普遍的威胁公众安全和社会发展的灾害之一。人类能够对火进行利用和控制是文明进步的一个重要标志。火给人类带来文明进步、光明和温暖，但是，失去控制的火就会给人类造成灾难。因此，人类使用火的历史与同火灾做斗争的历史是相伴相生的，人们在用火的同时不断总结火灾发生的规律，尽可能地减少火灾及其对人类造成的危害。对于火灾，在我国古代，人们就总结出"防为上，救次之，戒为下"的经验。随着社会的不断发展，在社会财富日益增多的同时，导致发生火灾的危险性也在增多，火灾的危害性也越来越大。

据统计，我国 20 世纪 70 年代火灾年平均损失不到 2.4 亿元，80 年代火灾年平均损失不到 3.2 亿元。进入 20 世纪 90 年代，特别是 1993 年以来，火灾造成的直接财产损失上升到年平均十几亿元。实践证明，随着社会和经济的发展，消防工作的重要性越来越突出。预防火灾和减少火灾的危害是对消防立法意义的总体概括，其包括两层含义：一是做好预防火灾的各项工作，防止发生火灾；二是火灾绝对不发生是不可能的，而一旦发生火灾，就应当及时、有效地进行扑救，减少火灾的危害。

2. 火灾的分类

火灾依据物质燃烧特性，可划分为 A、B、C、D、E 这 5 类。

A 类火灾：指固体火灾。这种物质往往具有有机物质的性质，一般在燃烧时产生灼热的余烬，如木材、煤、棉、毛、麻、纸张等火灾。

B 类火灾：指液体火灾和可熔化的固体火灾，如汽油、煤油、柴油、原油、甲醇、乙醇、沥青、石蜡等火灾。

C 类火灾：指气体火灾，如煤气、天然气、甲烷、乙烷、丙烷、氢气等火灾。

D 类火灾：指金属火灾，如钾、钠、镁、铝镁合金等火灾。

E 类火灾：指带电物体和精密仪器等物质的火灾。

3. 火灾的等级

根据 2007 年 6 月 26 日公安部下发的《关于调整火灾等级标准的通知》，新的火灾等级标准由原来的特大火灾、重大火灾、一般火灾 3 个等级调整为特别重大火灾、重大火灾、较大火灾和一般火灾 4 个等级。森林大火之后的惨状如图 1-1 所示。

（1）特别重大火灾：指造成 30 人以上死亡，或者 100 人以上重伤，或者 1 亿元以上直接财产损

图 1-1 森林大火之后的惨状

失的火灾。

（2）重大火灾：指造成10人以上30人以下死亡，或者50人以上100人以下重伤，或者5 000万元以上1亿元以下直接财产损失的火灾。

（3）较大火灾：指造成3人以上10人以下死亡，或者10人以上50人以下重伤，或者1 000万元以上5 000万元以下直接财产损失的火灾。

（4）一般火灾：指造成3人以下死亡，或者10人以下重伤，或者1 000万元以下直接财产损失的火灾。

注："以上"包括本数，"以下"不包括本数。

4. 火灾发生的原因

建筑物起火的原因多种多样，主要为生活用火不慎引发的火灾、生产活动中违规操作引发的火灾、化学或生物化学的作用造成的可燃和易燃物自燃，以及人为用电不当引发的电气火灾等。

火灾发生的原因可归纳如下。

（1）建筑结构不合理。

（2）火源或热源靠近可燃物。

（3）电气设备绝缘不良、接触不牢、超负荷运行、缺少安全装置。电气设备的类型与使用场所不适宜。

（4）化学易燃物品生产、储存、运输、包装方法不符合要求，性质互相反应的物品混存在一起。

（5）应有避雷设备的场所没有安装避雷设备或避雷设备失效、失灵。

（6）易燃物品堆积过密，缺少防火间距。

（7）灭火时易燃物品未清除干净。

（8）从事火灾危险性较大的操作，没有防火制度，操作人员不懂防火和灭火知识。

（9）潮湿易燃物品的库房地面比周围环境地面低。

（10）车辆进入易燃场所没有防火的措施。

1.1.2 燃烧的定义和必要条件

1. 燃烧的定义

燃烧，俗称着火，是物体快速氧化产生光和热的过程。它是可燃物与氧化剂发生的放热反应，通常伴有光、烟或火焰。燃烧示意图如图1-2所示。

燃烧具有3个特征，即化学反应、放热和发光。

燃烧的标准化定义：是一种发光发热的剧烈的化学反应。

燃烧的广义定义：指任何发光发热的剧烈的化学反应，不一定要有氧气参加，如金属镁（Mg）和二氧化碳（CO_2）反应生成氧化镁（MgO）与碳（C），该化学反应没有氧气参加，但是同样属于燃烧范畴。

2. 燃烧的必要条件

物质燃烧必须具备以下3个必要条件，即可燃物、氧化剂和着火源，也称为燃烧三要

素，如图1-3所示。只有这3个条件同时具备才可能发生燃烧现象，无论缺少哪个条件，燃烧都不能发生。但是，并不是上述3个条件同时存在就一定会发生燃烧现象，只有这3个因素相互作用才能发生燃烧现象。

图1-2　燃烧示意图

图1-3　燃烧三要素

（1）可燃物：指能与空气中的氧气或其他氧化剂发生化学反应的物质。可燃物按其物理状态分为气体可燃物、液体可燃物和固体可燃物3种。可燃物大多是含碳和氢的化合物，但某些金属（镁、铝、钙等）在某些条件下也可以燃烧，还有许多物质（肼、臭氧等）在高温下可以通过自己的分解而放出光和热。

（2）氧化剂：指帮助和支持可燃物燃烧的物质，即能与可燃物发生氧化反应的物质。燃烧过程中的氧化剂主要是空气中游离的氧，另外，如氟、氯等也可以作为燃烧过程中的氧化剂。

（3）着火源：指供给可燃物与氧气或助燃剂发生燃烧反应的能量来源。常见的是热能，其他有化学能、电能、机械能等转变的热能。

（4）链式反应：有焰燃烧都存在链式反应。当某种可燃物受热，它不但会汽化，而且该可燃物的分子会发生热解作用，从而产生自由基。自由基是一种高度活泼的化学形态，能与其他的自由基和分子反应，使燃烧继续下去，这就是燃烧的链式反应。

3. 燃烧的种类

（1）闪燃：指易燃或可燃液体挥发出来的蒸气与空气混合后，遇火源发生一闪即灭的燃烧现象。发生闪燃现象的最低温度点称为闪点。在消防管理分类上，把闪点小于28℃的液体称为甲类液体，也叫易燃液体，闪点大于28℃且小于60℃的液体称为乙类液体，闪点大于60℃的液体称为丙类液体，乙、丙两类液体统称为可燃液体。

（2）着火：指可燃物在空气中受到外界火源直接作用开始起火持续燃烧的现象。这个物质开始起火持续燃烧的最低温度点称为燃点。

（3）自燃：指可燃物在空气中没有外来明火源的作用下，靠热能的积聚达到一定温度时而发生的燃烧现象。自燃的热能来源如下。

①外部热能的逐步积累，大多是物理性的。

②物质自身产生的热能，大多是化学性和生物性的。

（4）爆炸：指物质在瞬间急剧氧化或分解反应产生大量的热和气体，并以巨大压力急剧向四周扩散和冲击而发生巨大响声的现象。可燃气体、可燃液体的蒸气或粉末与空气组成的混合物遇火源能发生爆炸的浓度称为爆炸浓度极限，其最低浓度称为爆炸下限，最高浓度称

为爆炸上限。低于爆炸下限的遇火源既不爆炸又不燃烧，高于爆炸上限的，虽然不爆炸，但是可燃烧。

（5）核聚变：在核聚变时会产生发光发热的现象，如太阳表面。

4．燃烧形式

（1）扩散燃烧：可燃气体和空气分子互相扩散、混合，其混合浓度在爆炸浓度极限以外，遇火源即能燃烧。

（2）蒸发燃烧：可燃性液体，如汽油、酒精等，蒸发产生的蒸气被点燃起火，它放出的热量进一步加热液体表面，从而促使液体持续蒸发，使燃烧继续下去。萘、硫磺等在常温下虽然为固体，但是在受热后会升华产生蒸气或熔融后产生蒸气，同样是蒸发燃烧。

（3）分解燃烧：在燃烧过程中，可燃物首先遇热分解，分解产物和氧反应产生燃烧，如木材、煤、纸等固体可燃物的燃烧。

（4）表面燃烧：燃烧在空气和固体表面接触部位进行，如木材燃烧，最后分解不出可燃气体，只剩下固体炭。燃烧在空气和固体炭表面接触部分进行，能产生红热的表面，不产生火焰。

（5）混合燃烧：可燃气体与助燃气体在容器内或空间中充分扩散混合，其浓度在爆炸浓度极限内，此时，遇火源即发生燃烧，这种燃烧在混合气体所分布的空间中快速进行，因此称为混合燃烧。

（6）阴燃：一些固体可燃物在空气不流通、加热温度低或可燃物含水多等条件下发生的只冒烟、无火焰的燃烧。

5．燃烧类型

1）不同状态物质的燃烧

自然界里的一切物质在一定温度和压力下，都以一定状态（固体、液体、气体）存在。固体、液体、气体是物质的 3 种状态。这 3 种状态的物质燃烧过程是不同的。固体和液体发生燃烧需要先经过分解、蒸发生成气体，然后由这些气体成分与氧化剂作用，发生燃烧。气体不需要经过蒸发，可以直接燃烧。

（1）固体的燃烧。

固体是有一定形状的物质。它的化学结构比较紧凑，在常温下以固态存在。固体的化学组成是不一样的，有的比较简单，如硫、磷、钾等，都是由同种元素构成的物质；有的比较复杂，如木材、纸张和煤炭等，都是由多种元素构成的化合物。由于固体的化学组成不同，因此燃烧时的情况也不同。有的固体可以直接受热分解蒸发成为气体，进而燃烧；有的固体受热后先熔化为液体，然后气化燃烧，如硫、磷、蜡等。

此外，各种固体的熔点和受热分解的温度也不一样，有的低，有的高。熔点和分解温度低的固体容易发生燃烧。例如，赛璐珞（硝化纤维素）在 80～90℃时会软化，在 100℃时开始分解，在 150～180℃时自燃。但是，大多数固体的分解温度和熔点是比较高的，如木材先受热蒸发掉水分，析出二氧化碳等不可燃气体，然后外层开始分解出可燃的气态产物，同时放出热量，开始剧烈氧化，直至出现火焰。

另外，固体燃烧的速度与其体积和颗粒的大小有关，体积小则快，体积大则慢。例如，散放的木条要比垛成堆的木条燃烧速度快，其原因就是散放的木条与氧气的接触面积大，燃

烧较充分，因此燃烧速度快。

（2）液体的燃烧。

液体是一种流动性物质，没有一定的形状。液体在燃烧时挥发性强，在常温下，不少液体的表面上就漂浮着一定浓度的蒸气，遇到着火源即可燃烧。

液体的种类繁多，各自的化学成分不同，燃烧的过程也就不同，如汽油、酒精等易燃液体的化学成分比较简单，沸点较低，在一般情况下就能挥发，燃烧时可直接蒸发并与氧化剂作用而燃烧。而有些化学成分比较复杂的液体，其燃烧过程就比较复杂。例如，原油（石油）是一种多组分的混合物，在燃烧时，原油首先逐一蒸发为各种气体组分，然后燃烧。原油的燃烧与其他成分单一的液体燃烧不一样，它首先蒸发出沸点较低的组分并燃烧，之后才是沸点较高的组分。

（3）气体的燃烧。

易燃气体与可燃气体的燃烧不需要像固体和液体那样经过熔化、蒸发等准备过程，因此气体在燃烧时所需的热量仅用于氧化或分解气体和将气体加热至燃点，不但容易燃烧，而且燃烧速度快。

气体的燃烧有两种形式：一是扩散燃烧；二是动力燃烧。如果可燃气体与空气边混合边燃烧，这种燃烧就称为扩散燃烧或稳定燃烧。例如，使用石油液化气罐做饭就是扩散燃烧。如果可燃气体与空气在燃烧之前就已混合，遇到着火源立即爆炸形成燃烧，这种燃烧就称为动力燃烧。例如，石油液化气罐气阀漏气时漏出的气体与空气形成爆炸混合物，一旦遇到着火源，就以爆炸的形式燃烧，并在漏气处转变为扩散燃烧。

2）完全燃烧和不完全燃烧

物质燃烧可分为完全燃烧和不完全燃烧。凡是物质燃烧后产生不能继续燃烧的新物质就称为完全燃烧；凡是物质燃烧后产生还能继续燃烧的新物质就称为不完全燃烧。

物质为什么会出现两种不同形式的燃烧呢？主要是因为燃烧物质所处的条件不同。在物质燃烧时，如果空气或其他氧化剂充足，就发生完全燃烧，反之，就发生不完全燃烧。

物质燃烧后产生的新物质称为燃烧产物。其中，物质完全燃烧后的新物质称为完全燃烧产物，物质不完全燃烧所产生的新物质称为不完全燃烧产物。

燃烧产物对火灾扑救工作有很大影响，有利的影响如下。

① 产生的大量完全燃烧产物可以阻止燃烧的进行。例如，完全燃烧后产生的水蒸气和二氧化碳能够稀释燃烧区的含氧量，从而中断一般物质的燃烧。

② 可以根据烟雾（散布在空气中能被人们看到的云雾状燃烧产物）的特征和流动方向来识别燃烧物质，同时判断火源位置和火势蔓延方向。

1.1.3 火灾的形成过程

火灾形成过程的 3 个阶段，即物质燃烧的阴燃阶段、充分燃烧阶段和衰减熄灭阶段，每阶段持续的时间和达到某阶段的温度都是由当时的燃烧条件决定的。为了科学地制定防火措施，世界各国都相继进行了建筑火灾实验，并概括地制定了一个能代表一般火灾温度发展规律的标准火灾温度-时间曲线。我国制定的标准火灾温度-时间曲线为制定防火措施和设计消防灭火系统提供了参考依据。室内火灾温度-时间曲线如图1-4所示。

火灾初始阶段（*OA* 段）：阴燃阶段，主要是预热温度升高，并产生大量可燃气体的烟雾。由于是局部燃烧，室内温度不高，所以此阶段火势发展的快慢随火源与可燃物的特点不同而不同。此阶段动用灭火手段，易于扑灭火灾。

火灾发展阶段（*ABC* 段）：充分燃烧阶段，除产生烟雾以外，还伴有光、热辐

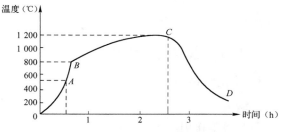

图 1-4　室内火灾温度-时间曲线

射等，火势猛且蔓延迅速，室内温度急速升高，达到 700℃ 以上，最高可达 1 200℃ 左右，此阶段动用灭火手段，扑灭火灾的困难很大，且随着辐射热急剧增加，可能出现轰燃现象。

火灾下降阶段（*CD* 段）：衰减熄灭阶段，氧气耗尽，可燃物呈阴燃状态，温度在 500℃ 以下。在这个阶段如果进行不合理通风，导致新鲜空气突然进入，则有发生爆燃的危险。

1.1.4　灭火的基本方法

1. 灭火的基本原理

物质燃烧必须同时具备 3 个基本条件，即可燃物、氧化剂和着火源。根据这些基本条件，一切灭火措施都是为了破坏已经形成的燃烧条件或终止燃烧的连锁反应的，使火熄灭并把火势控制在一定范围内，最大限度地减小火灾损失。这就是灭火的基本原理。

（1）冷却法：如用水扑灭一般固体的火灾，通过水来大量吸收热量，使燃烧物的温度迅速降低，最后使燃烧终止。

（2）窒息法：如用二氧化碳、氮气、水蒸气等来降低氧浓度，使燃烧不能持续。

（3）隔离法：如用泡沫灭火剂灭火，通过产生的泡沫覆盖于燃烧物表面，在起冷却作用的同时把可燃物同火焰和空气隔离开，达到灭火的目的。

（4）化学抑制法：如用干粉灭火剂灭火，通过化学作用破坏燃烧的连锁反应，使燃烧终止。

2. 灭火的基本措施

（1）扑救 A 类火灾：一般可采用冷却法，但对于忌水的物质，如布、纸等，应尽量减小水渍所造成的损失。对珍贵图书、档案的燃烧应使用二氧化碳、卤代烷、干粉灭火剂灭火。

（2）扑救 B 类火灾：首先应切断可燃液体的来源，然后将燃烧区容器内可燃液体排至安全区，并用水冷却燃烧区可燃液体的容器壁，减慢蒸发速度，及时使用大剂量泡沫灭火剂、干粉灭火剂将火灾扑灭。

（3）扑救 C 类火灾：首先应关闭可燃气阀门，防止可燃气体发生爆炸，然后选用干粉、卤代烷、二氧化碳灭火器灭火。

（4）扑救 D 类火灾：如镁、铝燃烧时温度非常高，水和其他普通灭火剂无效。钠和钾的火灾切忌用水扑救，水与钠、钾发生反应放出大量的热和氢气，会促进火灾猛烈发展，应使用特殊的灭火剂，如干砂等。

（5）扑救 E 火灾：使用 1211 灭火器、干粉灭火器、二氧化碳灭火器的效果好，因为这 3 种灭火器的灭火剂绝缘性能好，不会发生触电伤人的事故。

1.1.5　水的灭火机理

1. 水的特性

水能灭火是因为水具有以下几种特性。

（1）冷却作用：水的热容量和汽化热都比较大，能从燃烧物中夺取大量热量，降低燃烧物质的温度。

水遇到燃烧物时温度升高，并转化为水蒸气。每 1kg 水全部汽化为水蒸气需要吸收 539kJ 的热量。因为水汽化时能吸收大量热量，所以水喷射到燃烧物表面上就能使燃烧物表面的温度迅速降低，起到冷却降温的作用，有利于灭火。

（2）窒息作用：水被汽化后形成水蒸气，水蒸气能阻止空气进入燃烧区，并减少燃烧区空气中氧气的含量，从而使火熄灭。

水与火焰接触后，水转化为水蒸气，体积急剧增大（1L 水可转化为 1 700L 水蒸气）。而水蒸气能稀释可燃气体和助燃的空气在燃烧区内的浓度。在一般情况下，如果空气中含有 30%（体积）以上的水蒸气，燃烧就会停止。

（3）乳化作用：水滴与重质油品（重油等）相遇，在油的表面形成一层乳化层，可降低油气蒸发速度，促使燃烧停止。

（4）稀释作用：水能稀释某些液体，冲淡燃烧区可燃气体浓度，降低燃烧强度，能够浸湿未燃烧的物质，使其难以燃烧。

（5）冲击作用：水在机械作用下具有冲击力。水流强烈地冲击火焰，使火焰中断而熄灭。

2. 水的灭火范围

水能灭火，但也不是万能的。用水灭火也有一定的范围，以下几种物质的火灾不能用水扑救。

（1）比水轻的易燃液体火灾，如汽油、煤油等火灾不能用水扑救，因为水比油的比重大，油浮于水面仍能继续燃烧。

（2）容易被破坏的物质，如图书、档案和精密仪器等不能用水扑救。

（3）高压电气火灾是不能用直流水扑救的，因为水具有一定的导电性。

（4）与水起化学反应分解出可燃气体和产生大量热量的物质，如钾、钠、钙、镁等轻金属和电石等物质的火灾，禁止用水扑救。

1.2　建筑消防灭火系统的功能及重要性

现代化建筑消防灭火系统是消防工程的重要组成部分。所谓建筑消防灭火系统，就是指在建筑内或高层建筑内建立的自动监控、自动灭火的消防灭火系统。众所周知，一旦建筑物发生火灾，该系统就是主要灭火者。它的工作可靠、技术先进是能够扑救火灾的重要前提。

现代化建筑消防灭火系统，特别是服务于高层建筑的建筑消防灭火系统是一个功能齐全的、具有先进控制技术的自动化系统。对不同形式、不同结构、不同功能的建筑物来说，建筑消防灭火系统的模式不一定完全一样。一般建筑物或高层建筑物可根据其使用性质、火灾危险性、疏散和扑救难度等采用不同的消防灭火系统。

建筑消防灭火系统以一般建筑物或高层建筑物为被控对象，通过自动化手段实现火灾的自动报警和自动扑救。

1.2.1 建筑消防灭火系统的组成和控制功能

1. 智能楼宇对消防灭火系统的要求

随着高层建筑及其群体的出现，特别是智能楼宇的大量涌现，建筑消防灭火系统作为现代化多功能楼宇中的重要组成部分，显得尤为重要。办公大楼、财贸金融中心、电信大楼、广播电视大楼和高级宾馆等建筑物一旦发生火灾，后果将不堪设想。这类高层建筑的起火因素复杂、火势蔓延途径多、消防人员扑救难度大、人员疏散困难，如果没有一个先进的自动监测、自动灭火的建筑消防灭火系统，单靠人工实现火灾的预防与扑救是不太可能的，因此，建立先进的、行之有效的自动化建筑消防灭火系统是智能楼宇建设中的重要组成部分，也是现代科技发展的高度结晶。

2. 建筑消防灭火系统的控制功能

1）火灾自动报警系统的控制功能

火灾自动报警系统作为建筑消防灭火系统的核心部分，对灭火起着至关重要的作用。它的两个基本组成部分是火灾探测器和火灾报警控制器，其中，火灾探测器是火灾自动报警系统最关键的部件，它好比火灾自动报警系统的"眼睛"，火灾自动报警信号都是由它发出的。火灾报警控制器是火灾信息处理和报警控制的核心，最终通过消防联动控制系统实施消防控制和灭火操作，火灾自动报警和消防联动控制系统示意图如图1-5所示。

传统火灾自动报警系统与现代火灾自动报警系统之间的区别：一是火灾探测器本身的性能的提高，其由开关量火灾探测器改为模拟量传感器是一个质的飞跃，将烟雾浓度、上升速率或其他感受参数以模拟值传给火灾报警控制器，使系统确定火灾的数据处理能力和智能化程度大大提高，减小了误报警的概率；二是信号处理方法做了彻底改进，即把火灾探测器中的模拟信号不断送至火灾报警控制器进行评估或判断，火灾报警控制器用适当算法辨别虚假或真实火警，判断其发展程度和探测受污染的状态。这一信号处理技术意味着系统具有较高的"智能"。

现代火灾自动报警系统的迅速发展，使得复合火灾探测器和多种新型火灾探测器不断涌现，探测性能越来越完善。随着多传感器/多判据火灾探测器技术的发展，多个传感器从不同火灾现象获得信号，并从这些信号中找出多样的报警和诊断判据。高灵敏吸气式激光粒子计数型火灾自动报警系统、分布式光纤温度探测报警系统、计算机火灾探测与防盗保安实时监控系统、电力线传输火灾自动报警系统等新系统获得应用。近年来，红外光束感烟火灾探测器、缆式线型定温火灾探测器、可燃气体火灾探测器等在消防工程中日渐增多，并已有相应的产品标准和设计规范。

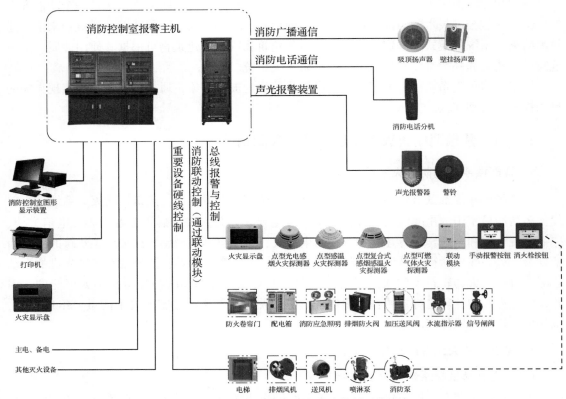

图 1-5　火灾自动报警和消防联动控制系统示意

2）消防联动控制系统的控制功能

消防联动控制系统是一个完整的火灾自动报警系统，由火灾探测、报警控制和联动控制3部分组成。无联动的报警方式是单纯的报警系统。实际上，不具有任何联动控制功能的单纯火灾报警控制器产品不多，这些火灾报警控制器或多或少都具有一定的联动控制功能，但这远不能满足现代建筑物消防监控的需要。

现场消防联动设备种类繁多，它们从功能上可分为三大类：第一大类是灭火系统，包括各种介质，如液体、气体、干粉的喷洒装置是直接用于扑救火灾的；第二大类是灭火辅助系统，是用于限制火势、防止灾害扩大的各种设备；第三大类是信号指示系统，是用于报警并通过灯光与声响来指挥现场人员的各种设备。对于这些现场消防联动设备，需要有关的消防联动控制装置，包括室内消火栓系统的控制装置，自动喷水灭火系统的控制装置，卤代烷、二氧化碳等气体灭火系统的控制装置，电动防火门、防火卷帘门等防火分隔设备的控制装置，通风、空调、防烟、排烟设备和电动防火阀的控制装置，电梯的控制装置，断电控制装置，备用发电控制装置，火灾事故广播系统及其设备的控制装置，消防通信系统，火警电铃、火警灯等现场声光报警控制装置，事故照明控制装置等。在建筑物防火工程中，消防联动控制系统可由上述部分或全部控制装置组成。目前，市场上的二总线制火灾自动报警及消防联动控制系统的功能较为先进，该系统示意图如图1-6所示。

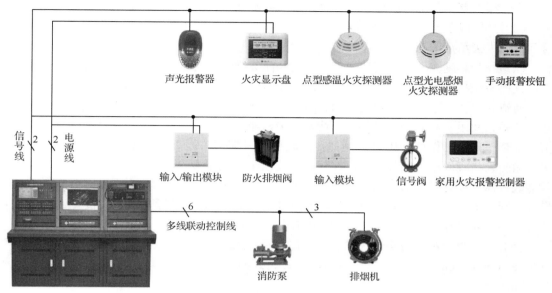

图1-6 二总线制火灾自动报警及消防联动控制系统示意

1.2.2 火灾自动报警系统在建筑消防设施中的重要性

建筑消防设施是指设置在建筑内部,用于在火灾发生时能够及时发现、确认、扑救火灾的设施,也包括用于传递火灾信息、为人员疏散创造便利条件和对建筑进行防火分隔的装置等。建筑消防设施包括以下几部分:建筑防火;火灾自动报警系统;火灾事故广播与疏散指示系统;建筑灭火系统;防/排烟系统;消防控制室。

在建筑消防设施中,火灾自动报警系统是最重要的消防设施,因为火灾早期的报警至关重要,所以现代建筑物安装了火灾自动报警系统。它是建筑物的神经系统,感受、接收着发生火灾的信号,并及时报警。它是一个称职的"更夫",给居住、工作在建筑物中的人们以极大的安全感。

1.3 高层建筑的火灾特点及相关区域的划分

1.3.1 高层建筑的火灾特点

随着城市经济的发展,城市人口密集、土地昂贵,城镇的高层建筑和超高层建筑越来越多。目前,我国高层建筑正朝着现代化、大型化、多功能化的方向发展,由于高层建筑楼层高、功能复杂、设备繁多,因此高层建筑的建筑特点既有一般高层建筑的共性,又有其特殊性。

在建高层建筑的火灾特点如下。

(1)火势蔓延途径多,容易形成立体火灾。在建高层建筑一旦发生火灾,大部分呈敞开式燃烧,由于建筑物本身的消防设施未建成,因此无防火、防烟分隔,火灾极易蔓延。

(2)内部情况复杂,疏散困难。在建高层建筑的楼梯无扶手,楼面孔洞多,电梯井道口

无护栏，楼面穿管预排的凸出物多，物品堆放杂乱无章，易造成坠落跌倒伤害。

（3）外围脚手架和防护物易垮塌。脚手架和防护物多为可燃物，一旦发生火灾，在一定时间内会失去承重能力而导致垮塌。

（4）扑救难度大。在建高层建筑内部的消防设施还不完善，特别是第2类高层建筑，仍以消火栓系统扑救为主，因此扑救在建高层建筑火灾往往具有较大困难。在建高层建筑施工现场通道狭窄，由于受到场地的制约，所以房屋或棚屋之间、建筑材料堆垛与堆垛之间缺乏必要的防火间距，甚至有些材料堆垛堵塞了消防通道，消防车难以接近起火点。建筑物内部情况复杂，灭火工作展开困难。例如，热辐射强，烟雾浓，火势向上蔓延的速度快、途径多，消防人员难以堵截火势蔓延。在建高层建筑下方地形复杂，导致举高车无法靠近作业。当形成大面积火灾时，消防用水量显然不足，需要利用消防车向高层建筑供水，建筑物内如果没有安装消防电梯，消防人员因攀登导致体力不够，不能及时到达起火层进行扑救，消防器材也不能随时补充，以上因素均会影响扑救。

（5）火势蔓延快，高层建筑风速大，据测定，风速随高度的上升而逐渐增大。例如，建筑物在10 m高处的风速为5 m/s，则在30 m高处的风速为8.7 m/s，而在90 m高处的风速为15 m/s左右。

当风速为9 m/s时，飞火星可达785 m的距离；当风速为13 m/s时，飞火星可达2 750 m的距离。

据测定，当对烟火无阻挡时，烟火水平蔓延速度为（0.3～0.8）m/s，而垂直蔓延速度为（2～4）m/s。这样，对于100 m高的建筑物，烟火可以在1 min内从一层迅速蔓延至楼顶。

1.3.2　建筑物的防火分区和防烟分区的划分

扫一扫看
教学课件：
防火、防
烟分区

1. 建筑物的防火分区

1）防火分区的概念

所谓防火分区，就是指用耐火建筑物构件（防火墙）将建筑物分隔开的、能在一定时间内将火灾限制于起火区而不向同一建筑物的其余部分蔓延的局部区域（空间单元）。

在建筑物内采用划分防火分区这一措施可以在建筑物发生火灾时有效地把火势控制在一定范围内，减小火灾损失，同时可以为人员安全疏散、消防扑救提供有利条件。

防火分区按照防止火灾向防火分区以外蔓延的功能可分为两类：一是竖向防火分区，用于防止多层或高层建筑层与层之间竖向发生火灾蔓延；二是水平防火分区，用于防止火灾在水平方向蔓延。

竖向防火分区是指用耐火性能较好的楼板和窗间墙（含窗下墙）在建筑物的垂直方向对每个楼层进行的防火分隔。

水平防火分区是指用防火墙或防火门、防火卷帘门等防火分隔物将各楼层在水平方向分隔出的防火区域。它可以阻止火灾在楼层的水平方向蔓延。防火分区应用防火墙分隔。当确有困难时，可采用防火卷帘门加冷却水幕或闭式喷水系统分隔，或者采用防火分隔水幕分隔。

2）防火分区的划分

从防火的角度看，防火分区划分得越小越有利于保证建筑物的防火安全。但如果划分得

 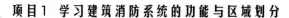

过小，则势必会影响建筑物的使用功能，这样做显然是行不通的。防火分区面积大小的确定应考虑建筑物的使用性质、重要性、火灾危险性、建筑物高度、消防扑救能力和火灾蔓延的速度等因素。

我国现行的《建筑设计防火规范》［GB 50016—2014（2018 年版）］、《人民防空工程设计防火规范》（GB 50098—2009）等均对建筑物的防火分区面积进行了规定，在设计、审核和检查时必须结合工程实际严格执行。

高层建筑内应采用防火墙等划分防火分区，每个防火分区的允许最大建筑面积不应超过表 1–1 所示的规定。

表 1–1　每个防火分区的允许最大建筑面积

建筑类别	每个防火分区的允许最大建筑面积/m²	建筑类别	每个防火分区的允许最大建筑面积/m²
一类建筑	1 000	地下室	500
二类建筑	1 500	—	—

注：1. 设有自动灭火系统的防火分区，其允许最大建筑面积可按本表增加 1 倍；当局部设置自动灭火系统时，增加面积可按该局部面积的 1 倍计算；

　　2. 一类建筑的电信楼，其防火分区的允许最大建筑面积可按本表增加 50%。

高层建筑内的商业营业厅、展览厅等，当设有火灾自动报警系统和自动灭火系统，且采用不燃烧或难燃烧材料装修时，地上部分防火分区的允许最大建筑面积为 4 000 m²，地下部分防火分区的允许最大建筑面积为 2 000 m²。

当高层建筑与其裙房之间设有防火墙等防火分隔设施时，其裙房的防火分区的允许最大建筑面积不应大于 2 500 m²；当设有自动喷水灭火系统时，防火分区的允许最大建筑面积可增加 1 倍。

高层建筑内设有上下层相连通的走廊、敞开楼梯、自动扶梯、传送带等开口部位时，应将上下连通层作为一个防火分区，其允许最大建筑面积之和不应超过建筑防火规范的规定。当上下开口部位设有耐火极限大于 3 h 的防火卷帘门或水幕等分隔设施时，其允许最大建筑面积可不叠加计算。

高层建筑中庭防火分区面积应按上下连通层的面积叠加计算，当超过一个防火分区的允许最大建筑面积时，应符合下列规定。

（1）房间与中庭回廊相连通的门、窗应设自行关闭的乙级防火门、窗。

（2）与中庭相连通的过厅、通道等应设乙级防火门或耐火极限大于 3 h 的防火卷帘门分隔设施。

（3）中庭每层回廊应设自动喷水灭火系统。

（4）中庭每层回廊应设火灾自动报警系统。

2. 建筑物的防烟分区

1）防烟分区的概念

所谓防烟分区，就是指用挡烟垂壁、挡烟梁、挡烟隔墙等划分的可把烟气限制在一定范围的空间区域。

设置防烟分区是为有利于建筑物内人员安全疏散与有组织排烟而采取的技术措施。防烟分区使烟气集于设定空间区域，通过排烟设施将烟气排至室外。防烟分区范围是指以屋顶挡

烟隔板、挡烟垂壁或从顶棚向下突出不小于 500 mm 的梁为界，从地板到屋顶或吊顶之间的规定空间。

屋顶挡烟隔板是指设在屋顶内能对烟气的横向流动造成障碍的垂直分隔体。

挡烟垂壁是指用不可燃烧材料制成的、从顶棚下垂不小于 500 mm 的固定或活动的挡烟设施。活动挡烟垂壁是指发生火灾时因感温、感烟或其他控制设备的作用自动下垂的挡烟垂壁。

2）防烟分区的作用

大量资料表明，火灾现场人员伤亡的主要原因是烟害。发生火灾时的首要任务是把火灾现场产生的高温烟气控制在一定的区域内，并迅速排至室外。为此，在设定条件下必须划分防烟分区。设置防烟分区主要是保证在一定时间内使火灾现场产生的高温烟气不致随意扩散，并加以排除，从而达到有利于人员安全疏散、控制火势蔓延和减小火灾损失的目的。

3）防烟分区的设置原则

在设置防烟分区时，如果面积过大，则会使烟气波及面积扩大，增加受灾面，不利于安全疏散和扑救；如果面积过小，则不仅影响使用，还会提高工程造价。

（1）不设置排烟设施的房间（含地下室）和走道不划分防烟分区。

（2）防烟分区不应跨越防火分区。

（3）对有特殊用途的场所，如地下室、防烟楼梯间、消防电梯、避难层等，应单独划分防烟分区。

（4）防烟分区一般不跨越楼层，在某些情况下，如果 1 层面积过小，则允许防烟分区包括 1 层以上的楼层，但以不超过 3 层为宜。

（5）对于高层民用建筑和其他建筑（含地下建筑和人防工程），每个防烟分区的建筑面积不宜大于 500 m²；当顶棚（顶板）高度在 6 m 以上时，可不受此限。此外，需设置排烟设施的走道、净高不超过 6 m 的房间采用挡烟垂壁、挡烟隔墙或从顶棚向下突出不小于 500 mm 的梁划分防烟分区，梁或垂壁至室内地面的高度不应小于 1.8 m。

4）防烟分区的划分方法

防烟分区一般根据建筑物的用途、面积、楼层划分。

（1）按用途划分。对于建筑物的各部分，按其不同的用途，如厨房、卫生间、起居室、客房和办公室等划分防烟分区比较合适，也比较方便。国外常把高层建筑的各部分划分为居住或办公用房、疏散通道、楼梯、电梯及其前室、停车库等防烟分区。但按此种方法划分防烟分区时应注意在通风空调管网、电气配管、给排水管网等穿墙和楼板处采用不可燃烧材料填塞密实。

（2）按面积划分。在建筑物内按面积将其划分为若干个基准防烟分区，这些防烟分区在各楼层中一般形状相同、尺寸相同、用途相同。不同形状和用途的防烟分区，其面积应一致。各楼层的防烟分区可采用同一套排烟设施。如果所有防烟分区共用一套排烟设施，则排烟风机的容量应按最大防烟分区的面积计算。

（3）按楼层划分。在高层建筑中，底层部分和上层部分的用途往往不太相同，如高层旅馆建筑，底层部分为餐厅、接待室、商店、会计室、多功能厅等，上层部分多为客房。火灾

统计资料表明，底层部分发生火灾的机会较多、概率大，上层部分发生火灾的机会较少。因此，应尽可能根据房间的不同用途沿垂直方向按楼层划分防烟分区。

1.3.3 报警区域和探测区域的划分

扫一扫看
教学课件：
报警区域

1. 报警区域

报警区域是指人们在方案设计中将火灾自动报警系统的警戒范围按防火分区或楼层划分的部分空间，是设置区域火灾报警控制器的基本单元。

报警区域应根据防火分区或楼层划分。一个报警区域可以由一个防火分区或同楼层相邻的几个防火分区组成。但同一个防火分区不能在两个不同的报警区域内，同一报警区域也不能保护不同楼层的几个不同的防火分区。

扫一扫看
教学课件：
探测区域

2. 探测区域

探测区域是将报警区域按探测火灾的部位划分的单元，是火灾探测部位编号的基本单元。一般一个探测区域对应火灾自动报警系统中一个独立的部位编号。

探测区域的划分应符合下列规定。

（1）应按独立房（套）间划分。一个探测区域的面积不宜超过 500 m²；从主要入口能看清其内部且面积不超过 1 000 m² 的房间，也可划分为一个探测区域。

（2）符合下列条件之一的二级保护对象可将几个房间划分为一个探测区域。

① 相邻房间不超过 5 间，总面积不超过 400 m²，并在门口设有灯光显示装置。

② 相邻房间不超过 10 间，总面积不超过 1 000 m²，在每个房间门口均能看清其内部，并在门口设有灯光显示装置。

（3）下列场所应单独划分探测区域。

① 敞开或封闭楼梯间。

② 防烟楼梯间前室、消防电梯前室、消防电梯与防烟楼梯间合用的前室。

③ 走道、坡道、管网井、电缆隧道。

④ 建筑物闷顶、夹层。

3. 报警区域和探测区域的区别

报警区域：将火灾自动报警系统的警戒范围按防火分区或楼层划分的部分空间。

探测区域：将报警区域按探测火灾的部位划分的单元。

报警区域和探测区域划分的实际意义是便于火灾自动报警系统的设计和管理。一个报警区域内设置一台区域火灾报警控制器或火灾报警控制器。一个探测区域的火灾探测器组成一个报警回路，对应于火灾报警控制器上的一个部位编号。

知识梳理与总结

1. 本项目作为本书的先导部分，首先介绍了消防的基本知识，对火灾、燃烧和灭火的基本方法都进行了介绍，使学生对建筑消防灭火系统有一个全面的了解。

2. 对建筑消防灭火系统的形成、发展和组成进行了概括。消防灭火系统可划分为火灾自动报警系统和消防联动控制系统，凭借其技术含量在消防灭火中发挥着重要作用。

3. 讲述了高层建筑的火灾特点，对建筑物的防火分区和防烟分区、报警区域和探测区域的划分进行了概念上的界定，以便后续课程的学习。

复习思考题 1

1. 简述火灾的分类、等级和发生的原因。
2. 简述燃烧的 3 个必要条件。
3. 简述火灾形成过程的 3 个阶段及各阶段的特征。
4. 常见灭火的基本方法有哪些？水的灭火机理是什么？
5. 建筑消防灭火系统有哪些主要内容？
6. 火灾自动报警系统在建筑消防灭火系统中的重要性。
7. 简述高层建筑火灾的主要特点。
8. 简述防火分区和防烟分区划分的原则。
9. 报警区域和探测区域是如何划分的？哪些场所需单独划分探测区域？

项目2

火灾自动报警系统的应用

 扫一扫看消防全系统的报警及设备联动微课视频

 扫一扫看消防全系统的解决方案微课视频

教学导航

教	知识重点	1. 火灾自动报警系统的基本组成、工作原理和基本形式； 2. 火灾报警控制器的技术性能； 3. 传统型和智能型火灾自动报警系统
	知识难点	1. 二线制和总线制火灾自动报警系统的理解和应用； 2. 火灾探测器的工作原理、分类、选择与布置； 3. 火灾自动报警系统的适用场所与选择
	推荐教学方式	1. 以框图及典型设备图片为基础，详细讲解火灾自动报警系统的组成和功能； 2. 通过图片和实物详细讲解火灾探测器的工作原理和主要技术性能； 3. 结合实物完成对火灾报警控制器的工作原理和主要技术性能的讲解； 4. 布置参观要求，让学生带着问题参观火灾自动报警系统的实际工程，在选择与布置上加深对火灾探测器和模块等元器件的了解
	建议学时	10 学时
学	推荐学习方法	本项目是本书的核心内容，以火灾自动报警系统的组成和工作原理为出发点，抓住火灾探测技术这个核心，掌握火灾探测器和火灾报警控制器的主要技术性能和应用
	必须掌握的理论知识	1. 火灾自动报警系统的基本组成、工作原理和基本形式； 2. 火灾探测器的工作原理、分类、选择； 3. 火灾报警控制器的功能和选型
	必须掌握的技能	1. 各类火灾探测器和火灾报警控制器的选择与应用； 2. 简单的火灾自动报警系统图的识读

扫一扫看
教学课件：
火灾自动
报警系统

2.1 火灾自动报警系统的发展与构成

火灾自动报警系统是人们为了及早发现和通报火灾，并及时采取有效措施控制和扑救火灾而设置在建筑物中或其他场所的一种自动消防设施，是人们同火灾做斗争的有利工具。

2.1.1 火灾自动报警系统的发展

1. 火灾自动报警系统的发展历程

在人类与火灾博斗的漫长岁月中，最初人们主要是依靠感觉器官（耳、眼等）来发现火灾的。根据史料记载，世界上的古老城镇大多建有瞭望塔，通过瞭望员站在瞭望塔上观察烟雾和火焰来发现火灾，向人们报警并通知人们灭火，此种方式一直沿用至 20 世纪中叶。

1847 年，美国牙科医生 Charmning 和缅甸大学教授 Farmer 研究出世界上第一台城镇火灾报警发送装置，人类从此进入了开发火灾自动报警系统的时代。在此后的一个多世纪中，火灾自动报警系统的发展共经历了 5 代产品。

（1）传统型（多线制开关量式）火灾自动报警系统（19 世纪 40 年代至 20 世纪 70 年代）是第 1 代产品。它的主要特点是简单、成本低，但有明显的不足：一是因为仅仅根据所探测的某个火灾现象参数是否超过其自身设定值（阈值）来确定是否报警，因此无法排除环境和其他因素的干扰。它是以不变的灵敏度来面对不同的使用场所、不同的使用环境的，这是不科学的。灵敏度选低了会使报警不及时或漏报，灵敏度选高了又会造成误报。另外，由于火灾探测器的内部元器件失效或漂移现象等因素，也会发生误报。国外统计数据表明，误报与真实火灾报警的比值达 20∶1。二是性能差、功能少，无法满足发展需要。例如，多线制系统费钱、费工，不具备现场编程能力，不能识别报警的个别火灾探测器地址编码和火灾探测器类型，无法自动探测系统重要组件的真实状态，不能自动补偿火灾探测器灵敏度的漂移，当线路短路或开路时，不能切断故障点，缺乏故障自诊断、自排除能力，电源功耗大等。

（2）总线制可寻址开关量式火灾自动报警系统（在 20 世纪 80 年代初期形成）是第 2 代产品。其中，二总线制系统被广泛使用。它的优点是：省钱、省工；所有的火灾探测器均并联到总线上；每只火灾探测器均设置地址编码；使用多路传输的数据传输法还可连接带地址编码模块的手动报警按钮、水流指示器和其他中间继电器等；增设了可现场编程的键盘；具有系统自检和复位功能、火灾地址和时钟记忆与显示功能、故障显示功能；探测点开路、短路时具备隔离功能；可以准确地确定火灾部位，增强了火灾探测或判断火灾发生的能力等。但对火灾探测器的工况几乎无大改进，对火灾的判断和是否发送报警信号仍由火灾探测器决定。

（3）模拟量传输式智能火灾自动报警系统（20 世纪 80 年代后期出现）是第 3 代产品。它的特点是在探测处理方法上做了改进，即通过将火灾探测器的模拟信号不断地传送至火灾报警控制器来评估或判断，火灾报警控制器用适当的算法辨别火灾发生的真实性及其发展程度，或者火灾探测器受污染的状态。可以把模拟量火灾探测器看作一个传感器，通过一个串联发讯装置，不仅能提供找出装置的位置信号，还能将火灾敏感现象参数（烟雾浓度、温度等）以模拟值（一个真实的模拟信号或等效的数字编码信号）传送给火灾报警控制器，对火灾的判断和报警信号的发送由火灾报警控制器决定，报警方式有多火灾参数复合式、分

级报警式和响应阈值自动浮动式等。这能降低误报率，提高系统的可靠性。

（4）分布智能火灾自动报警系统（多功能智能火灾自动报警系统）是第 4 代产品。火灾探测器具有智能处理功能，相当于人的感觉器官，可先对火灾信号进行分析和智能处理，做出恰当的判断，然后将这些判断信息传送给火灾报警控制器。火灾报警控制器相当于人的大脑，既能接收火灾探测器送来的判断信息，又能对火灾探测器的运行状态进行监视和控制。探测部分和控制部分的双重智能处理使系统运行能力大大提高。此类系统分为 3 种，即智能侧重于探测部分型、智能侧重于控制部分型和双重智能型。

（5）无线火灾自动报警系统和空气样本分析系统（同时出现在 20 世纪 90 年代）是第 5 代产品。无线火灾自动报警系统由传感发射机、中间继电器和控制中心三大部分组成，并以无线电波为传播媒体。探测部分与传感发射机合成一体，由高能电池供电，每个中间继电器只接收自己组内传感发射机的信号。当中间继电器接到组内某传感发射机的信号时，进行地址对照，一致时判读接收数据并由中间继电器将信息传送给消防控制室，消防控制室显示信号。此系统具有节省布线费和工时、安装开通容易的优点，适用于不宜布线的楼宇、工厂、仓库等，也适用于改造工程。在空气样本分析系统中，采用高灵敏吸气式感烟火灾探测器（HSSD），主要抽取空气样本并进行烟粒子探测，还采用了特殊设计的检测室、高强度的光源和高灵敏度的光接收器件，使感烟灵敏度增加了几百倍。同时相继产生了光纤温度探测报警系统和载波系统等。

纵观火灾自动报警系统的发展历程，产品的不断更新换代使火灾自动报警系统发生了一次次变革，未来的火灾探测和报警技术的发展将呈误报率不断降低、探测性能越来越完善的趋势。

2. 智能火灾自动报警系统联网技术的出现

扫一扫看教学课件：火灾自动报警及消防联动控制系统

在一些大型场所，需要将不同地点的火灾报警控制器联网进行统一监控，这就促使了智能火灾自动报警系统联网技术的出现。

智能火灾自动报警系统的联网一般分为两类：第一类是同一厂家火灾报警主机之间内部的联网；第二类是不同厂家火灾报警主机之间进行统一联网。第一类因为是同一厂家的产品，主机与主机之间的接口形式和协议等都彼此兼容，所以实现起来相对简单，联网后可实现火情的统一管理。第二类因为是在不同厂家火灾报警主机之间联网，主机与主机之间的接口形式和协议等都不兼容，所以实现起来非常困难。但在实际应用中，需要在不同厂家火灾报警主机之间进行联网的情况又非常多。例如，在建立城市火灾报警网络时，因为在不同建筑物中所用的火灾报警主机种类繁多，所以其联网的技术难度非常大。下面以深圳市高新投三江电子股份有限公司 2100A 系列智能火灾自动报警系统联网方案为例进行讲解，其系统联网构成如图 2-1 所示。

2100A 系列智能火灾自动报警系统采用 CAN 总线方式联网或 TCP/IP 方式联网，系统最多可连接 20 台火灾报警控制器、一台 CRT 和一台中文打印机。其中，CRT 和控制器可以适时显示每台火灾报警控制器的报警信息，并按现场编程的逻辑关系发出联动控制信息。另外，系统通过 RS-485 接口连接总线火灾显示盘（区域显示器）。一个网络中最多可连接 20 个 2100A 系列智能火灾自动报警系统，任意一个系统均可作为主机；每个 2100A 系列智能火灾自动报警系统的最大报警地址点不超过 15 840 个，组成最大网络系统时的报警地址点为 20×15 840＝316 800 个。

3. 火灾自动报警及消防联动控制系统一体化方案

从火灾初期的可燃气体报警系统、电气火灾监控系统、消防联动设备电源监控系统等预

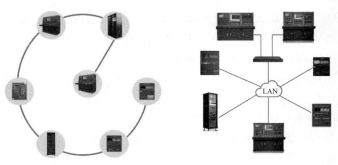

（a）CAN 总线方式联网　　　　　　（b）TCP/IP 方式联网

图 2-1　2100A 系列智能火灾自动报警系统联网构成

警系统到气体灭火控制系统、防火门监控系统、消防应急照明和疏散指示系统，火灾自动报警及消防联动控制系统能够提供一体化的消防解决方案，是目前市场上产品线最齐全的产品。火灾自动报警及消防联动控制系统一体化方案如图 2-2 所示。

图 2-2　火灾自动报警及消防联动控制系统一体化方案

2.1.2　火灾自动报警系统的基本组成和工作原理

1. 火灾自动报警系统的基本组成

火灾自动报警系统的组成形式多种多样，具体组成部分的名称也有所不同。但无论怎样划分，火灾自动报警系统可概括为由触发器件、火灾报警装置、火灾警报装置、电源和控制装置五大部分组成，如图 2-3 所示，对于复杂系统，还包括消防联动控制装置。

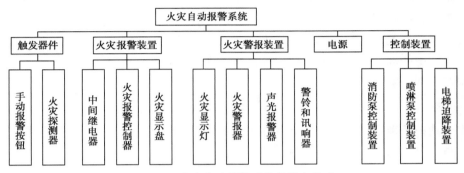

图 2-3　火灾自动报警系统的基本组成

1）触发器件

在火灾自动报警系统中，自动或手动产生火灾报警信号的器件称为触发器件，主要包括火灾探测器和手动报警按钮。火灾探测器是能对火灾参数（烟、温、光、火焰辐射、气体浓度等）响应并自动产生火灾报警信号的器件。按响应火灾参数的不同，火灾探测器分成感温火灾探测器、感烟火灾探测器、感光火灾探测器、可燃气体火灾探测器和复合火灾探测器5种基本类型。不同类型的火灾探测器适用于不同类型的火灾和不同的场所。手动报警按钮是手动方式产生火灾报警信号、启动火灾自动报警系统的器件，也是火灾自动报警系统中不可缺少的组成部分。

现代建筑消防设施中的重要部件，如自动喷水灭火系统中的压力开关、水流指示器、供水阀门等，其所处的状态直接反映系统的当前状态，关系到灭火行动的成败。因此，在很多工程实践中，已将此类与火灾有关的信号通过转换装置传送至火灾报警控制器。

2）火灾报警装置

在火灾自动报警系统中，用以接收、显示和传递火灾报警信号，并能发出控制信号和具有其他辅助功能的控制指示设备称为火灾报警装置。火灾报警控制器就是其中最基本的一种。火灾报警控制器为火灾探测器提供稳定的工作电源，监视火灾探测器和系统自身的工作状态，接收、转换、处理火灾探测器输出的报警信号并进行声光报警，指示报警的具体部位和时间，同时执行相应的辅助控制等诸多任务，是火灾自动报警系统中的核心组成部分。

在火灾报警装置中，还有一些如中间继电器、火灾显示盘等功能不完整的报警装置，它们可视为火灾报警控制器的演变或补充。它们在特定条件下的应用与火灾报警控制器同属于火灾报警装置。

火灾报警控制器的基本功能主要有：主电源、备用电源自动转换；备用电源充电；电源故障监测；电源工作状态指示；为火灾探测器回路供电；火灾报警控制器或系统故障时进行声光报警；火灾时进行声光报警；火灾报警记忆；时钟单元；火灾报警优先故障报警；声响报警、音响消音和再次声响报警。

3）火灾警报装置

在火灾自动报警系统中，用以发出区别于环境声、光的火灾警报信号的装置称为火灾警报装置。声光报警器就是一种最基本的火灾警报装置，它以声、光的方式向报警区域发出火灾警报信号，以提醒人们展开安全疏散、灭火救灾措施。

警铃、讯响器也是一种火灾警报装置。在发生火灾时，它们接收由火灾报警装置通过联动控制模块、中间继电器发出的控制信号，发出有别于环境声音的音响，它们大多安装于建筑物的公共空间部分，如走廊、大厅。

4）电源

火灾自动报警系统属于消防用电设备，其主电源应采用消防电源，备用电源一般采用蓄电池组。系统电源除为火灾报警控制器供电外，还为与系统相关的消防控制设备等供电。

5）控制装置

在火灾自动报警系统中，在接收到火灾报警后能自动或手动启动相关消防联动控制装置并显示其工作状态的装置称为控制装置（联动设备）。控制装置一般位于消防控制室，以便实行集中统一控制。如果控制装置位于被控消防联动设备所在现场，其动作信号则必须返回消防控制室，以便实行集中与分散相结合的控制方式。

火灾自动报警系统的组成形式也可按火灾报警控制器、火灾探测器、按钮、模块、警报器、联动控制盘、楼层火灾显示盘等设备进行划分。其中，火灾自动报警系统的核心为火灾报警控制器，其主要外部设备为火灾探测器和模块。

2. 火灾自动报警系统的工作原理

火灾自动报警系统是为了尽早探测火灾的发生并发出火灾警报，启动有关防火、灭火装置而在建筑物中设置的一种自动消防设施。通过设置在建筑物中的触发器件和火灾报警装置，火灾自动报警系统可以在火灾发生的初期自动探测火灾，并通过火灾警报装置发出火灾警报，组织人员撤离，同时启动防烟、排烟和防火、灭火设施，以便人员撤离，防止火灾发展和蔓延，控制和扑救火灾。

火灾自动报警系统的工作原理（见图 2-4）：在火灾发生的初期，系统通过设置在现场的感烟火灾探测器、感温火灾探测器等触发器件自动接收火灾燃烧所产生的烟雾、温度变化与热辐射等物理量信号，并将其变换成电信号输入火灾报警控制器，也可以通过手动报警按钮以手动的方式向火灾报警控制器通报火警。火灾报警控制器对输入的报警信号进行处理、分析，当判断为火灾时，立即通过声光报警器等火灾警报装置向人们发出火灾警报，并记录、显示火灾发生的时间和位置，同时向防/排烟系统、自动喷水灭火系统、室内消火栓系统、管网气体灭火系统、泡沫灭火系统、干粉灭火系统，以及防火门、防火卷帘门、挡烟垂壁等防烟、防火设施发出控制指令，启动各种消防装置，指挥人员疏散，控制火灾蔓延、发展。

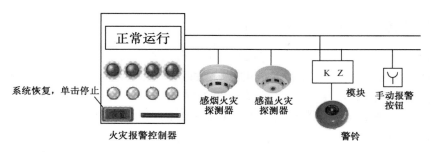

图 2-4　火灾自动报警系统的工作原理

2.2　火灾自动报警系统的基本形式和选择

火灾自动报警及消防联动控制系统的主要内容如图 2-5 所示。

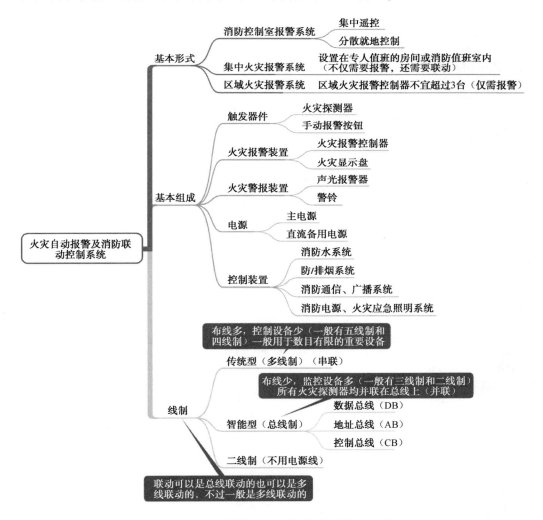

图 2-5　火灾自动报警及消防联动控制系统的主要内容

2.2.1 火灾自动报警系统的基本形式

随着电子技术的迅速发展和计算机软件技术在现代消防技术中的大量应用，火灾自动报警系统的结构、形式越来越灵活多样，很难精确划分成几种固定的模式。火灾自动报警技术的发展趋向于智能化系统，这种系统可以组合成任何形式的火灾自动报警网络结构。它既可以是区域火灾报警系统形式，又可以是集中火灾报警系统和控制中心火灾报警系统形式。它们无绝对明显的区别，设计人员可任意组合设计成自己需要的系统形式。根据火灾自动报警系统联动功能的复杂程度和系统保护范围的大小，将火灾自动报警系统分为区域火灾报警系统、集中火灾报警系统和控制中心火灾报警系统3种基本形式。

1. 区域火灾报警系统

区域火灾报警系统通常由区域火灾报警控制器、火灾探测器、手动报警按钮、火灾警报装置和电源组成，其结构如图2-6所示。该系统功能简单，适用于较小范围的保护。

采用区域火灾报警系统时，区域火灾报警控制器不应超过3台，由于未设集中火灾报警控制器，因此当报警区域过多而又分散时，不便于集中监控与管理。

2. 集中火灾报警系统

集中火灾报警系统通常由集中火灾报警控制器、至少两台区域火灾报警控制器或火灾显示盘、火灾探测器、手动报警按钮、火灾警报装置和电源组成，其结构如图2-7所示。该系统功能较复杂，适用于较大范围内多个区域的保护。

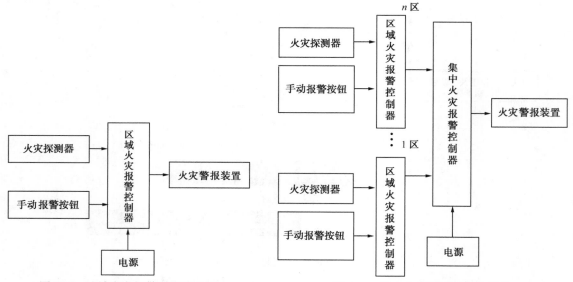

图2-6 区域火灾报警系统的结构　　　　图2-7 集中火灾报警系统的结构

集中火灾报警系统应设置在由专人值班的房间或消防控制室内，若集中火灾报警系统不设在消防控制室内，则应将它的输出信号引至消防控制室，这有助于建筑物内整体火灾自动报警系统的集中监控和统一管理。

3. 控制中心火灾报警系统

控制中心火灾报警系统通常由至少一台集中火灾报警控制器、一台消防联动控制设备、至少两台区域火灾报警控制器或火灾显示盘、火灾探测器、手动报警按钮、火灾警报装置、火警电话、火灾应急照明、火灾应急广播、联动装置和电源组成，其结构如图2-8所示。该系统的容量较大，消防联动设备控制功能较全，适用于大型建筑的保护。集中火灾报警控制器设在消防控制室内，其他消防联动设备与消防联动控制设备可采用分散控制和集中遥控两种方式。各消防联动设备工作状态的反馈信号必须集中显示在消防控制室的监视器或总控制台上，以便对建筑物内的防火安全设施进行全面控制与管理。控制中心火灾报警系统的探测区域可多达数百个甚至上千个。

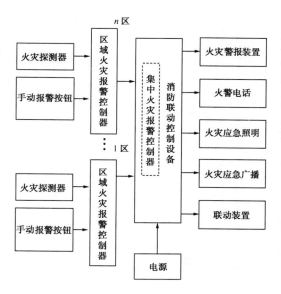

图2-8 控制中心火灾报警系统的结构

2.2.2 火灾自动报警系统的适用场所与选择

1. 火灾自动报警系统保护对象级别的确定

火灾自动报警系统保护对象的分级要根据不同情况和火灾自动报警系统设计的特点，结合保护对象的实际需要有针对性地划分。火灾自动报警系统保护对象的分级如表2-1所示。

表2-1 火灾自动报警系统保护对象的分级

等级	保护对象	
特级	建筑高度超过100 m的高层民用建筑	
一级	建筑高度不超过100 m的高层民用建筑	一类建筑
	建筑高度超过24 m的民用建筑和建筑高度超过24 m的单层公共建筑	1. 200张床及以上的病房类，每层建筑面积为1 000 m² 及以上的门诊楼 2. 每层建筑面积超过3 000 m² 的百货楼、商场、展览楼、高级旅馆、财贸金融楼、电信楼、高级办公楼 3. 藏书超过100万册的图书馆、书库 4. 超过3 000个座位的体育馆 5. 重要的科研楼、资料档案楼 6. 省级（含计划单列市）的邮政楼、广播电视楼、电力调度楼、防灾指挥调度楼 7. 重要文物保护场所 8. 大型以上的影剧院、会堂、礼堂
	工业建筑	1. 甲、乙类生产厂房 2. 甲、乙类物品库房 3. 占地面积或总建筑面积超过1 000 m² 的丙类物品库房 4. 总建筑面积超过1 000 m² 的地下丙、丁类生产车间和物品库房

续表

等级	保护对象	
一级	地下民用建筑	1. 地下铁道、车站 2. 地下电影院、礼堂 3. 使用面积超过 1 000 m² 的地下商场、医院、旅馆、展览厅和其他商业或公共活动场所 4. 重要的实验室、图书室、资料室、档案库
二级	建筑高度不超过 24 m 的民用建筑	1. 设有空气调节系统的或每层建筑面积超过 2 000 m² 但不超过 3 000 m² 的商业楼、财贸金融楼、电信楼、展览楼、旅馆、办公楼、车站、海河客运站、航空港的公共建筑和其他商业或公共活动场所 2. 市、县级的邮政楼、广播电视楼、电力调度楼、防灾指挥调度楼 3. 中型以下的影剧院 4. 高级住宅 5. 图书馆、书库、资料档案楼
	工业建筑	1. 丙类生产厂房 2. 建筑面积大于 50 m² 但不超过 1 000 m² 的丙类物品库房 3. 建筑面积大于 50 m² 但不超过 1 000 m² 的地下丙、丁类生产车间和物品库房
	地下民用建筑	1. 长度超过 500 m 的城市隧道 2. 使用面积不超过 1 000 m² 的地下商场、医院、旅馆、展示厅和其他商业或公共活动场所

注：1. 一类建筑、二类建筑的划分应符合现行国家标准《建筑设计防火规范》［GB 50016—2014（2018 年版)］的规定；工业厂房、仓库的火灾危险性分类应符合现行《建筑设计防火规范》［GB 50016—2014（2018 年版)］的规定。
　　2. 本表未列出的建筑等级可按同类建筑的类比原则确定。

2. 火灾自动报警系统的设置场所

除上述规范明确的特殊场所（生产和储存火药、弹药、火工品等场所）外，其他工业建筑与民用建筑是火灾自动报警系统的基本保护对象，是火灾自动报警系统的设置场所。火灾自动报警系统的设计除执行上述规范外，还应符合国家现行的有关标准、规范的规定。

1)《建筑设计防火规范》［GB 50016—2014（2018 年版)］ 的要求

（1）建筑物的下列部位应设火灾自动报警装置。

① 大、中型计算机房，特殊贵重的机器、仪表、仪器设备室，贵重物品库房，占地面积超过 1 000 m² 的棉、毛、丝、麻、化纤及其织物库房，设有卤代烷、二氧化碳等固定灭火装置的其他房间，广播电视楼、电信楼的重要机房，火灾危险性大的重要实验室。

② 图书、文物珍藏库，每座藏书超过 100 万册的书库，重要的档案库、资料室，占地面积超过 500 m² 或总建筑面积超过 1 000 m² 的卷烟厂库房。

③ 超过 3 000 个座位的体育馆观众厅，有可燃物的吊顶内及其电信设备室，每层建筑面积超过 3 000 m² 的百货楼、展览楼和高级旅馆等。

（2）散发可燃气体、可燃蒸气的甲类厂房和场所应设置可燃气体浓度检漏报警装置。

2)《人民防空工程设计防火规范》（GB 50098—2009）的要求

（1）下列人防工程或房间应设置火灾自动报警装置。

① 使用面积超过 1 000 m² 的商场、医院、旅馆、展览厅等。

② 使用面积超过 1 000 m² 的丙、丁类生产车间和丙、丁类物品库房。

③ 电影院和礼堂的舞台、放映室、观众厅、休息室等火灾危险性较大的部位。

④ 大、中型计算机房、通信机房、变压器室、柴油发电机室和重要的实验室、图书室、资料室、档案库等。

（2）当火灾探测器的安装高度低于 2.4 m 时，应选用半埋入式火灾探测器或外加保护网。

3. 火灾自动报警系统的选择

火灾自动报警系统设计应根据保护对象的分级规定、功能要求和消防管理体制等因素综合考虑确定。

火灾自动报警系统的 3 种基本形式的适用对象如下。

（1）区域火灾报警系统：一般适用于二级保护对象。

（2）集中火灾报警系统：一般适用于一、二级保护对象。

（3）控制中心火灾报警系统：一般适用于特级、一级保护对象。

为了既规范设计又不限制技术发展，国家规范对火灾自动报警系统的基本形式制定了一些基本原则。设计人员可在符合这些基本原则的条件下，根据工程大、中、小的规模和对联动控制的复杂程度选用比较好的产品，组成可靠的火灾自动报警系统。

1）区域火灾报警系统

区域火灾报警系统比较简单，但使用面很广，既可单独用在工矿企业的计算机机房等重要部位和民用建筑的塔楼公寓、写字楼等处，又可作为集中火灾报警系统和控制中心火灾报警系统中最基本的组成设备。

区域火灾报警系统在设计时应符合下列几点规定。

（1）在一个区域火灾报警系统中，宜选用一台通用区域火灾报警控制器，最多不超过两台。

（2）区域火灾报警控制器应设在有人值班的房间。

（3）该系统比较小，只能设置一些功能简单的消防联动控制设备。

（4）当用该系统警戒多个楼层时，应在每个楼层的楼梯口和消防电梯前室等明显部位设识别报警楼层的灯光显示装置。

（5）当区域火灾报警控制器安装在墙上时，其底边距地面或楼板的高度为 1.3～1.5 m，靠近门轴的侧面操作距离不小于 0.5 m，正面操作距离不小于 1.2 m。

2）集中火灾报警系统

传统的集中火灾报警系统由集中火灾报警控制器、区域火灾报警控制器和火灾探测器等组成。近年来，火灾自动报警系统采用总线制编码传输技术，现代集中火灾报警系统成为与传统的集中火灾报警系统完全不同的新型系统。这种新型的集中火灾报警系统是由火灾报警控制器、火灾显示盘（又称楼层显示器或复示盘）、声光报警器，以及火灾探测器（带地址模块）、联动控制模块（控制消防联动设备）等组成的总线制编码传输的集中火灾报警系统。这两种系统在国内的实际工程中同时并存，各有其特点，设计者可根据工程的投资情况和控制要求进行选择。

按照《火灾自动报警系统设计规范》（GB 50116—2013）的规定，集中火灾报警系统应设有一台集中火灾报警控制器（通用火灾报警控制器）和两台以上的区域火灾报警控制器或楼层显示器、声光报警器。

集中火灾报警系统在一级中档宾馆、饭店中用得比较多。根据宾馆、饭店的管理情况，集中火灾报警控制器设在消防控制室，区域火灾报警控制器或楼层显示器设在各楼层服务台，这样管理比较方便。

集中火灾报警系统在设计时应注意以下几点。

（1）应设置必要的消防联动控制输入接点和输出接点（输入、输出模块），可控制有关消防联动设备，并接收其反馈信号。

（2）在火灾报警控制器上应能准确显示火灾报警的具体部位，并能实现简单的联动控制。

（3）集中火灾报警控制器的信号传输线（输入、输出信号线）应通过端子连接，且应有明显的标记编号。

（4）集中火灾报警控制器应设在消防控制室或有专人值班的房间。

（5）控制盘前后应按消防控制室的要求留出便于操作、维修的空间。

（6）集中火灾报警控制器所连接的区域火灾报警控制器或楼层显示器应符合区域火灾报警系统的技术要求。

3）控制中心火灾报警系统

控制中心火灾报警系统是由设置在消防控制室的消防联动控制设备、集中火灾报警控制器、区域火灾报警控制器和火灾探测器等组成的火灾自动报警系统。由于技术的发展，该系统也可能是由设在消防控制室的消防联动控制设备、火灾报警控制器、火灾显示盘或灯光显示装置、火灾探测器等组成的功能复杂的火灾自动报警系统。这里所指的消防联动控制设备主要是火灾报警控制器的联动控制装置，火警电话、空调通风和防/排烟、消防电梯等联动控制装置，火灾事故广播和固定灭火系统的联动控制装置等。简而言之，集中火灾报警系统和消防联动控制设备构成了控制中心火灾报警系统。

控制中心火灾报警系统主要用于大型宾馆、饭店、商场、办公室等场所。此外，它还多用于大型建筑群和大型综合楼工程。

在确定火灾自动报警系统的构成方式时，还要结合所选用厂家的具体设备的性能和特点进行考虑。例如，有的厂家的火灾报警控制器的一个回路可带64个编址单元，有的厂家的一个回路可带127个编址单元，这就要求在进行回路分配时要考虑回路容量。又如，有的厂家的火灾报警控制器允许一定数量的联动控制模块进入报警总线回路，不用单独设置联动控制器，有的厂家的火灾控制器则必须单独设置联动控制器。

2.3 火灾报警控制器

扫一扫看
教学课件：
火灾报警
控制器

火灾报警控制器是火灾自动报警及消防联动控制系统的核心设备，它是给火灾探测器供电，接收、显示和传递火灾报警等信号并输出控制指令的一种自动报警装置。火灾报警控制器可单独用于火灾自动报警系统，也可与自动防灾及灭火系统联动，组成火灾自动报警及消防联动控制系统。火灾报警控制器的主要内容如图2-9所示。

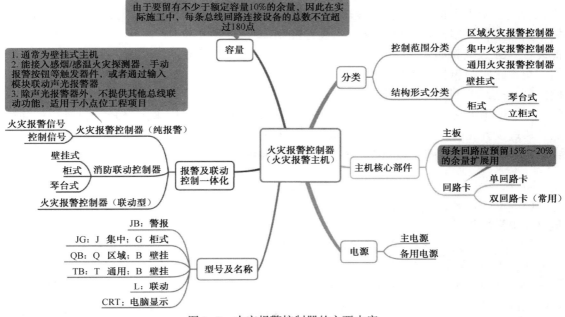

图2-9 火灾报警控制器的主要内容

《火灾自动报警系统设计规范》（GB 50116—2013）对系统总线设备带载设备量的要求："任一台火灾报警控制器所连接的火灾探测器、手动报警按钮和模块等设备总数和地址总数，均不应超过3 200点，其中每一总线回路连接设备的总数不宜超过200点，且应留有不少于额定容量10%的余量；任一台消防联动控制器地址总数或火灾报警控制器（联动型）所控制的各类模块总数不应超过1 600点，每一联动总线回路连接设备的总数不宜超过100点，且应留有不少于额定容量10%的余量。"

2.3.1 火灾报警控制器的种类和区别

1. 火灾报警控制器的种类

火灾报警控制器种类繁多，从不同角度有不同分类。

1）按控制范围分类

（1）区域火灾报警控制器：直接连接火灾探测器，处理各种报警信息。区域火灾报警控制器种类日益增多，并且功能不断完善和齐全。区域火灾报警控制器一般都是由火警部位记忆显示单元、自检单元、总火警和故障报警单元、电子钟、电源、充电电源，以及与集中火灾报警控制器相配合时需要的巡检单元等组成的。区域火灾报警控制器有总线制区域火灾报警控制器和多线制区域火灾报警控制器之分。外形有壁挂式、琴台式和立柜式3种。区域火灾报警控制器可以在一定区域内组成独立的火灾自动报警系统，也可以与集中火灾报警控制器连接起来组成大型火灾自动报警系统，并作为集中火灾报警控制器的一个子系统。总之，能直接接收保护空间的火灾探测器或中间继电器发来的报警信号的单回路或多回路火灾报警

控制器称为区域火灾报警控制器。

（2）集中火灾报警控制器：一般不与火灾探测器相连，而与区域火灾报警控制器相连，处理区域火灾报警控制器送来的报警信号，常使用在较大型的火灾自动报警系统中。集中火灾报警控制器能接收区域火灾报警控制器（包括相当于区域火灾报警控制器的其他装置）或火灾探测器送来的报警信号，并发出某些控制信号使区域火灾报警控制器工作。集中火灾报警控制器的接线形式根据不同的产品有不同的线制，如两线制、三线制、四线制、全总线制和二总线制等。

（3）通用火灾报警控制器：兼有区域火灾报警控制器和集中火灾报警控制器的双重特点。通过设置或修改某些参数（可以是硬件或软件方面的），既可用于区域级，连接区域火灾报警控制器，又可用于集中级，连接集中火灾报警控制器。

2）按结构形式分类

（1）壁挂式火灾报警控制器：连接火灾探测器的回路相对少一些，控制功能较简单，区域火灾报警控制器多采用这种形式。

（2）琴台式火灾报警控制器：连接火灾探测器的回路数较多，联动控制较复杂，使用操作方便，集中火灾报警控制器常采用这种形式。

（3）立柜式火灾报警控制器：可实现多回路连接，具有复杂的联动控制，集中火灾报警控制器可采用此类型。

壁挂式、琴台式、立柜式火灾报警控制器的外形如图 2-10 所示。

3）按内部电路设计分类

（1）普通型火灾报警控制器：内部电路设计采用逻辑组合形式，具有成本低廉、使用简单等特点。虽然其功能较简单，但可采用标准单元的插板组合方式进行功能扩展。

（a）壁挂式　　　（b）琴台式　　　（c）立柜式

图 2-10　火灾报警控制器的外形

（2）微机型火灾报警控制器：内部电路设计采用微机结构，对软件和硬件程序均有相应的要求，具有功能扩展方便、技术要求复杂、硬件可靠性高等特点，是火灾报警控制器的首选类型。

4）按系统布线方式分类

（1）多线制火灾报警控制器：与火灾探测器的连接采用一一对应的方式，每台火灾探测器至少有一根线与其连接，有五线制、四线制、三线制、两线制等形式，但连线较多，仅适用于小型火灾自动报警系统。

（2）总线制火灾报警控制器：与火灾探测器采用总线方式连接，所有火灾探测器均并联或串联在总线上，一般总线有二总线制、三总线制、四总线制。总线制火灾报警控制器的连接导线大大减少，给安装、使用和调试带来较大方便，适用于大、中型火灾自动报警系统。

5）按信号处理方式分类

（1）有阈值火灾报警控制器：处理的探测信号为阶跃开关量信号，对火灾探测器发出的

报警信号不能进一步处理，火灾报警取决于火灾探测器。

（2）无阈值模拟量火灾报警控制器：处理的探测信号为连续的模拟量信号，其报警主动权掌握在火灾报警控制器方面，可具有智能结构，是现代化报警的发展方向。

6）按防爆性能分类

（1）防爆型火灾报警控制器：有防爆性能，常用于有防爆要求的场所，其性能指标应同时满足《火灾报警控制器》（GB 4717—2005）等国家标准的要求。

（2）非防爆型火灾报警控制器：无防爆性能，民用建筑中使用的绝大多数火灾报警控制器为非防爆型。

7）按容量分类

（1）单回路火灾报警控制器：仅处理一条回路中火灾探测器的火灾信号，一般仅用于某些特殊的联动控制系统。

（2）多回路火灾报警控制器：能同时处理多条回路中火灾探测器的火灾信号，并显示具体的着火部位。

8）按使用环境分类

（1）陆用型火灾报警控制器：在建筑物内或其附近安装，消防灭火系统中通用的火灾报警控制器。

（2）船用型火灾报警控制器：用于船舶、海上作业，其技术性能指标相应提高，如工作环境的温度、湿度、耐腐蚀、抗颠簸等要求高于陆用型火灾报警控制器。

2. 区域火灾报警控制器和集中火灾报警控制器的区别

区域火灾报警控制器和集中火灾报警控制器在组成和工作原理上基本相似，但选择上有以下几点区别。

（1）区域火灾报警控制器控制范围小，可单独使用，而集中火灾报警控制器负责整个系统，不能单独使用。

（2）区域火灾报警控制器的信号来自各种各样的火灾探测器，而集中火灾报警控制器的输入一般来自区域火灾报警控制器。

（3）区域火灾报警控制器必须具备自检功能，而集中火灾报警控制器应有自检和巡检两种功能。

由于上述区别，所以在使用时两者不能混同。当监测区域较小时，可单独使用一台区域火灾报警控制器组成火灾自动报警系统，而集中火灾报警控制器不能代替区域火灾报警控制器单独使用。

2.3.2 火灾报警控制器的工作原理和基本功能

1. 火灾报警控制器的构造

以深圳市高新投三江电子股份有限公司（简称三江）的 JB-QGL-9000 联动型立柜式火灾报警控制器为例，其主要部件构成示意图如图 2-11 所示。

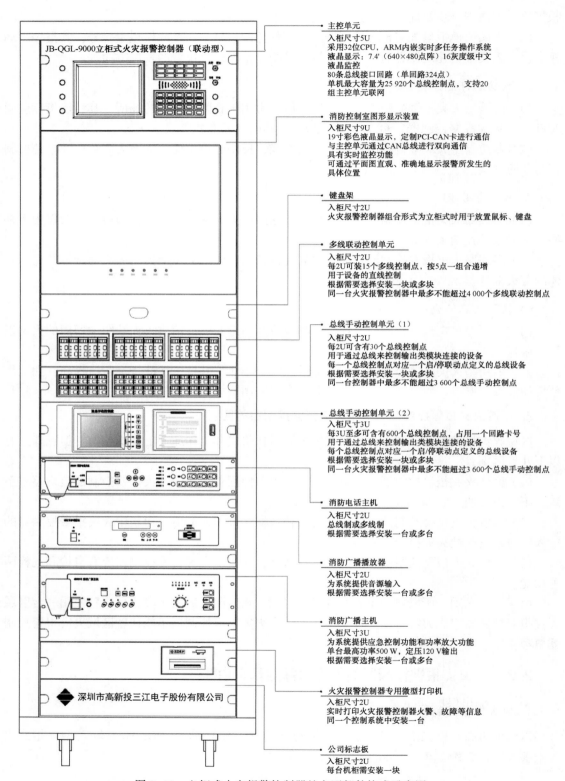

主控单元

入柜尺寸5U
采用32位CPU，ARM内嵌实时多任务操作系统
液晶显示：7.4'（640×480点阵）16灰度级中文
液晶监控
80条总线接口回路（单回路324点）
单机最大容量为25 920个总线控制点，支持20
组主控单元联网

消防控制室图形显示装置

入柜尺寸9U
19寸彩色液晶显示，定制PCI-CAN卡进行通信
与主控单元通过CAN总线进行双向通信
具有实时监控功能
可通过平面图直观、准确地显示报警所发生的
具体位置

键盘架

入柜尺寸2U
火灾报警控制器组合形式为立柜式时用于放置鼠标、键盘

多线联动控制单元

入柜尺寸2U
每2U可装15个多线控制点，按5点一组合递增
用于设备的直线控制
根据需要选择安装一块或多块
同一台火灾报警控制器中最多不能超过4 000个多线联动控制点

总线手动控制单元（1）

入柜尺寸2U
每2U可含有30个总线控制点
用于通过总线来控制输出类模块连接的设备
每一个总线控制点对应一个启/停联动点定义的总线设备
根据需要选择安装一块或多块
同一台控制器中最多不能超过3 600个总线手动控制点

总线手动控制单元（2）

入柜尺寸3U
每3U至多可含有600个总线控制点，占用一个回路卡号
用于通过总线来控制输出类模块连接的设备
每个总线控制点对应一个启/停联动点定义的总线设备
根据需要选择安装一块或多块
同一台火灾报警控制器中最多不能超过3 600个总线手动控制点

消防电话主机

入柜尺寸2U
总线制或多线制
根据需要选择安装一台或多台

消防广播放大器

入柜尺寸2U
为系统提供音源输入
根据需要选择安装一台或多台

消防广播主机

入柜尺寸3U
为系统提供应急控制功能和功率放大功能
单台最高功率500 W，定压120 V输出
根据需要选择安装一台或多台

火灾报警控制器专用微型打印机

入柜尺寸2U
实时打印火灾报警控制器火警、故障等信息
同一个控制系统中安装一台

公司标志板

入柜尺寸2U
每台机柜需安装一块

图2-11　立柜式火灾报警控制器的主要部件构成示意图

2. 火灾报警控制器的工作原理

火灾报警控制器主要包括主机和电源，它们的工作原理如下。

1）主机部分

主机部分承担着对火灾探测器送来的信号进行处理、报警并中继的作用。从工作原理上讲，无论是区域火灾报警控制器，还是集中火灾报警控制器，都遵循同一工作模式，即收集火灾探测器信号→输入控制接口单元→自动监控单元→输出控制接口单元。同时，为了使用方便、增加功能，主机部分增加了辅助人机接口，即键盘、显示部分、输出联动控制部分、计算机通信部分、打印机部分等。火灾报警控制器主机部分的工作原理如图 2-12 所示。

主机部分的核心部件如下。

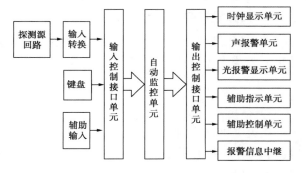

图 2-12　火灾报警控制器主机部分的工作原理

（1）主板：是火灾报警控制器的核心，因不同产品、不同型号而有所不同。它决定了火灾报警控制器的最大容量和性能。选用时要先了解本工程是否还有后期工程需要共用本主机，如果有，则要事先留好后期工程的容量；如果没有，则直接计算本工程的所有设备地址点数，同时根据回路卡的数量选用主机主板即可。

（2）回路卡：目前市场上一般都是双回路卡，单回路卡一般只用于点数很少的工程。回路卡因生产商的不同有较大差异，选用时一定要先了解该回路卡的具体情况。例如，NOTI-FIER 的 AFP-400 系列与 AM2020 系列的回路卡可带智能火灾探测器 99 只和可编码监视/联动控制模块 99 个，而 NFS-640 系列与 NFS-3030 系列的回路卡可带智能火灾探测器 159 只和可编码监视/联动控制模块 159 个。同一种品牌不同系列的回路卡可带设备数量都不相同，而海湾的回路卡则可将智能火灾探测器和编址模块混带，可带回路点数为 242。因此，选择回路卡首先要根据所选回路卡的容量、防火分区和楼层计算出总的回路点数，然后确定回路卡的需要数量。一般每条回路还应预留 15%～20% 的余量用于扩展。

2）电源部分

电源部分承担主机和火灾探测器供电的任务，是整个火灾报警控制器的供电保证环节。对于输出功率要求较大的设备，大多采用线性调节稳压电路，在输出部分增加相应的过压、过流保护。线性调节稳压电路具有稳压精度高、输出稳定的优点，但存在电源转换效率相对较低、电源部分热损耗较大、影响整机的热稳定性的缺点。目前使用的开关型稳压电源利用大规模微电子技术将各种分立元器件进行集成和小型化处理，使整个电源部分的体积大大缩小。同时，输出保护环节也日趋完善，电源部分除具有一般的过压、过流保护外，还增加了过热、欠压保护和软启动等功能。开关型稳压电源因主输出功率工作在高频开关状态，整个电源部分转换效率也大大提高，可达 80%～90%，并大大改善了电源部分的热稳定性，提高了整个火灾报警控制器的技术性能。

直流不间断电源在火灾自动报警及消防联动控制系统中是为联动控制模块和被控设备供

电的。它在整个火灾自动报警及消防联动控制系统中是重中之重，一旦出现问题，消防联动控制系统将面临瘫痪。直流不间断电源主要由智能电源盘和蓄电池组成，以交流 220 V 作为主电源，DC 24 V 密封铅电池作为备用电源。备用电源应能在断开主电源后保证设备工作至少 8 小时。选用的电源盘应具有输出过流自动保护与主电源和备用电源自动切换、备用电源自动充电、备用电源过放电保护功能。

3. 火灾报警控制器的基本功能

火灾报警控制器的基本功能有提供主电源和备用电源、火灾报警、故障报警、时钟显示锁定、火警优先、调显火警、自动巡检、自动打印、测试、输出、联动控制、报警阈值设定。

1）提供主电源和备用电源

在火灾报警控制器中备有充电池，当火灾报警控制器投入使用时，应将电源盒上方的主电源和备用电源开关全打开。当主电源有电时，火灾报警控制器自动利用主电源供电，同时对电池充电，当主电源断电时，火灾报警控制器会自动切换，改用电池供电，以保证系统的正常运行。当主电源供电时，面板主电源指示灯亮，时钟正常显示时、分值。当备用电源供电时，备用电源指示灯亮，时钟只有秒点闪烁，无时、分值显示，这是为了节省用电，其内部仍在正常走时。当有故障或火警时，时钟重新显示时、分值，且锁定首次报警时间。

2）火灾报警

当接收到火灾探测器、手动报警按钮、消火栓报警开关和输入模块所配接的设备发来的火警信号时，均可在火灾报警控制器中报警。火灾指示灯亮并发出火灾变调声响，同时显示首次报警地址编号和总数。

3）故障报警

火灾自动报警系统在正常运行时，主控单元能对现场所有的设备（火灾探测器、手动报警按钮、消火栓报警开关等）、火灾报警控制器内部的关键电路和电源进行监视，如果有异常，则立即报警。在报警时，故障灯亮并发出长音故障声响，同时显示报警地址编号和类型号（不同型号的产品报警地址编号不同）。

4）时钟显示锁定

火灾自动报警系统中时钟的走时是通过软件编程实现的，并显示年、月、日、时、分值。每次开机时，时、分值从"00：00"开始，月、日值从"01：01"开始，因此需要调校。当出现火警或故障时，时钟显示锁定，但内部能正常走时，火警或故障一旦消除，时钟将显示实际时间。

5）火警优先

如果在火灾自动报警系统存在故障的情况下出现火警，则火灾报警控制器能由报故障自动转变为报火警，而当火警被清除后自动恢复报故障。当火灾自动报警系统存在某些故障而未被修复时，会影响火警优先功能。当电源故障或本部位的火灾探测器损坏时，本部位出现火警、总线部分故障（信号线对地短路、总线开路与短路等）等情况均会影响火警优先功能。

6）调显火警

当火灾报警时，数码管显示首次报警地址，通过键盘操作可以调显其他的火警地址。

7）自动巡检

火灾自动报警系统长期处于监控状态，为提高报警的可靠性，火灾报警控制器设置了检查键，供用户定期或不定期进行电模拟火警检查。当处于检查状态时，凡是运行正常的部位均能向火灾报警控制器发回火警信号。如果火灾报警控制器能接收到现场发回来的信号并对此反应而报警，则说明系统处于正常的运行状态。

8）自动打印

当有火警、故障或有联动时，打印机将自动打印火警、故障或联动的地址编号。此地址编号同显示的地址编号一致，并打印火警、故障、联动的时间（月、日、时、分值）；当对火灾自动报警系统进行手动检查时，如果控制正常，则打印机自动打印正常（OK）。

9）测试

火灾报警控制器可以对现场设备信号电压、总线电压、内部电源电压进行测试。通过测量电压值来判断现场部件、总线、电源等是否正常。

10）输出

（1）火灾报警控制器中有V端子，V端子与G端子之间输出DC 24 V、2 A，向该火灾报警控制器所监视的某些现场部件和控制接口提供24 V电源。

（2）火灾报警控制器有端子L1、L2，可用双绞线将多台火灾报警控制器连通以组成多区域集中火灾报警系统，该系统中，一台作为集中火灾报警控制器，其他作为区域火灾报警控制器。

（3）火灾报警控制器有GTRC端子，用来同CRT联机，其输出信号是标准RS-232信号。

11）联动控制

联动控制可分为自动联动和手动启动两种方式，但都是总线联动控制方式。当采用自动联动方式时，先按"E"键与"自动"键，"自动"灯亮，使火灾自动报警系统处于自动联动状态。当现场主动型设备（包括火灾探测器）发生动作时，满足既定逻辑关系的被动型设备将自动被联动。联动逻辑因工程而异，出厂时已存储于火灾报警控制器。手动启动方式在"手动允许"时才能实施，手动启动操作应按操作顺序进行。

无论是自动联动还是手动启动，应该发生动作的设备的编号均应在控制面板上显示，同时"启动"灯亮。已经发生动作的设备的编号也应在控制面板上显示，同时"回答"灯亮。"启动"灯与"回答"灯能交替显示。

12）报警阈值设定

报警阈值（提前设定的报警动作值）对于不同类型的火灾探测器，其大小不一，目前，报警阈值是在火灾报警控制器的软件中设定的。因此，火灾报警控制器不仅具有智能化，提供高可靠的火灾报警，还可以按各探测部位所在应用场所的实际情况灵活方便地设定其报警阈值，以便更加可靠地报警。

4. 智能火灾报警控制器

上述介绍的是火灾报警控制器的基本功能，随着技术的不断革新，新一代的火灾报警控制器层出不穷，其功能更加强大，操作更加简便。

（1）火灾报警控制器的智能化。火灾报警控制器采用大屏幕汉字液晶显示，清晰直观。除可显示各种报警信息外，还可显示各类图形。火灾报警控制器可直接接收火灾探测器传送的各类状态信号，通过火灾报警控制器可将现场火灾探测器设置成信号传感器，并将该信号传感器采集到的现场环境参数进行数据分析和曲线分析，为更准确地判断现场是否发生火灾提供了依据。

（2）报警和联动控制一体化。火灾报警控制器采用内部并行总线设计、积木式结构，容量扩充简单方便。火灾自动报警系统可采用报警和联动共线式布线，也可采用报警和联动分线式布线，彻底解决了变更产品设计带来的原设计图纸改动的问题。

（3）数字化总线技术。火灾探测器与火灾报警控制器采用无极性信号二总线技术，通过数字化总线通信，火灾报警控制器可方便地设置火灾探测器的灵敏度等工作参数，查阅火灾探测器的运行状态。由于采用无极性信号二总线技术，因此整个火灾自动报警系统的布线简化，便于工程安装、线路维修，降低了工程造价。火灾自动报警系统还设有总线故障报警功能，随时监测总线工作状态，保证系统可靠地工作。

2.4 火灾探测器

火灾探测器的主要内容如图 2-13 所示。

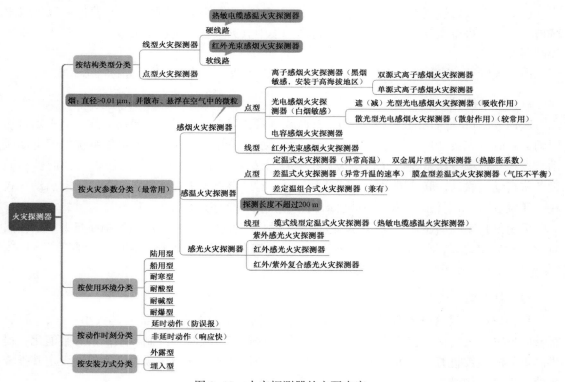

图 2-13 火灾探测器的主要内容

2.4.1　火灾探测器的定义和工作原理

1. 火灾探测器的分类

所谓火灾探测器，是指用来响应其附近区域由火灾产生的物理和（或）化学现象的探测器件。它是火灾自动报警系统的重要组成部分，也叫探头或敏感头。

火灾探测器的作用：是火灾自动报警系统的传感部分，能在现场发出火灾报警信号或向控制和指示设备发出现场火灾状态信号。

任务：探测火灾的发生，向火灾自动报警系统发送火灾信号，向人们报警。

火灾探测器自发明以来，人们认真分析、研究了物质燃烧过程中所伴随的燃烧气体、烟雾、热、光等物理和化学变化的情况，研制了不同类型的火灾探测器，并不断提高火灾探测器技术，使火灾探测器的灵敏度不断提高，预报早期火灾的能力不断增强。根据火灾探测器对不同火灾参数的响应和不同响应方式，可分为感温火灾探测器、感烟火灾探测器、感光火灾探测器、复合型火灾探测器和可燃气体火灾探测器5种。同时，根据结构类型的不同可分为点型和线型两种形式。按使用环境的不同可分为陆用型、船用型、耐寒型、耐酸型、耐碱型、耐爆型等。

随着电子技术和计算机通信技术的快速发展，火灾自动报警系统也发生了巨大的变化。目前，火灾自动报警系统已经处于第3代产品阶段，即模拟量传输式智能火灾自动报警系统。火灾探测器的探测技术也相应得到提高，出现了各种高性能的新型火灾探测器，即智能型火灾探测器。由此，市场上出现了智能型火灾探测器和普通型火灾探测器。

智能型火灾探测器包括智能离子感烟火灾探测器、智能光电感烟火灾探测器、智能定温感温火灾探测器、智能差定温感温火灾探测器、智能感光（紫外感光、红外感光）火灾探测器，以及严酷环境中使用的智能感烟火灾探测器。普通型火灾探测器包括普通光电感烟火灾探测器、普通离子感烟火灾探测器、普通定温感温火灾探测器、普通感光（紫外感光、红外感光）火灾探测器。

图2-14所示为感烟火灾探测器分类示意图，图2-15所示为感温火灾探测器分类示意图，图2-16所示为感光火灾探测器分类示意图，图2-17为复合型火灾探测器和可燃气体火灾探测器分类示意图。

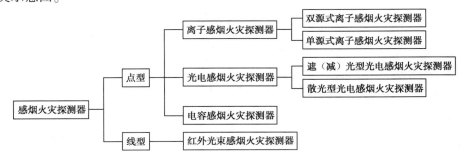

图2-14　感烟火灾探测器分类示意图

2. 火灾探测器的工作原理和主要技术性能

各种火灾探测器均对火灾发生时的至少一个适宜的物理或化学特征进行监测，并将信号传送至火灾探测器。由于所响应的火灾参数不同，因此其工作原理也各不相同。

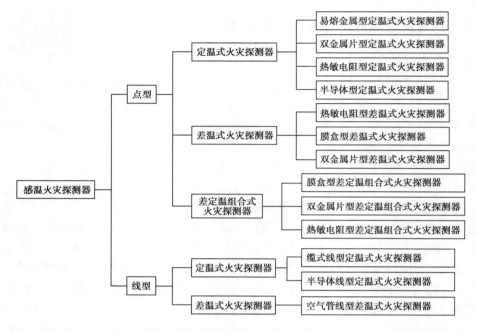

图 2-15　感温火灾探测器分类示意图

图 2-16　感光火灾探测器分类示意图

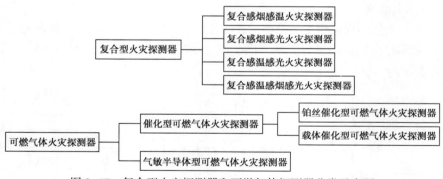

图 2-17　复合型火灾探测器和可燃气体探测器分类示意图

扫一扫看教学课件：点型感烟火灾探测器

1）点型火灾探测器

点型火灾探测器是一种响应某一点周围的火灾参数的火灾探测器。

（1）感烟火灾探测器。感烟火灾探测器是响应环境烟雾浓度的火灾探测器，根据探测烟雾范围的不同，感烟火灾探测器可分为点型感烟火灾探测器和线型感烟火灾探测器。其中，点型感烟火灾探测器可分为离子感烟火灾探测器、光电感烟火灾探测器等，光电感烟火灾探测器又可分为散光型光电感烟火灾探测器和遮（减）光型光电感烟火灾探测器；线型感烟

火灾探测器即红外光束感烟火灾探测器。点型感烟火灾探测器外形如图2-18所示。

① 离子感烟火灾探测器。离子感烟火灾探测器是利用电离室离子流的变化基本正比于进入电离室的烟雾粒子浓度的原理来探测火灾的。电离室内的放射源（放射性元素"镅241"）将室内的纯净空气电离，形成正、负离子。当两个收集极板间加一电压后，极板间形成电场，在电场的作用下，离子分别向正、负极板运动形成离子流。当烟雾粒子进入电离室后，由于烟雾粒子的

图2-18　点型感烟火灾探测器外形

直径大大超过被电离的空气粒子的直径，因此烟雾粒子在电离室内对离子产生阻挡和俘获的双重作用，从而减少了离子流。

图2-19所示的离子感烟火灾探测器有两个电离室，一个为烟雾粒子可以自由进入的外电离室（测量电离室），另一个为烟雾不能进入的内电离室（平衡电离室），两个电离室串联并在两端外加电压，正常状态下 $U=U_1+U_2$。当烟雾粒子进入外电离室时，离子流减少并使两个电离室电压重新分配，U_1 变成 U_{11}，U_2 变成 U_{22}，当 $U_{11}<U_1$，$U_{22}>U_2$ 时，第2节点的电位发生变化，从而输出火灾报警信号。

② 光电感烟火灾探测器。光电感烟火灾探测器是利用烟雾能够改变光的传播特性这一基本性质研制的。根据烟雾粒子对光线的吸收和散射作用，光电感烟火灾探测器又分为散光型和遮（减）光型两种。

散光型光电感烟火灾探测器的工作原理如图2-20所示，当烟雾粒子进入光电感烟探测器的烟雾检测室时，火灾探测器内的发光管发出的光线被烟雾粒子散射，其散射光被处于光路一侧的光敏接收管感应。光敏接收管的响应程度与散射光的大小有关，且由烟雾粒子浓度决定。当火灾探测器感受到的烟雾粒子浓度超过一定量时，光敏接收管接收到的散射光的能量足以激发火灾探测器动作，从而输出火灾报警信号。

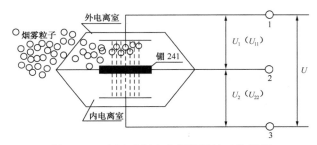

图2-19　离子感烟火灾探测器的工作原理

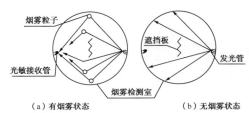

图2-20　散光型光电感烟火灾探测器的工作原理

遮（减）光型光电感烟火灾探测器的工作原理：火灾探测器的烟雾检测室内装有发光元器件和受光元器件。在正常情况下，受光元器件接收发光元器件发出的一定光亮。在发生火灾时，火灾探测器的烟雾检测室进入大量烟雾，由于烟雾粒子对光源发出的光产生散射和吸收作用，使受光元器件接收的光亮减少，从而导致光电流减小。当烟雾粒子浓度上升到某一预定值时，火灾探测器就输出火灾报警信号。

传统的光电感烟火灾探测器采用前向散射光采集技术，但其存在一个很大的缺陷，即对

黑烟灵敏度较低，对白烟灵敏度较高。由于大部分火灾在早期产生的烟都是黑烟，所以大大地限制了这种火灾探测器的使用范围。

（2）感温火灾探测器。感温火灾探测器是对警戒范围中的温度进行监测的一种火灾探测器。物质在燃烧过程中释放大量热量使环境温度升高，致使火灾探测器中热敏元器件发生物理变化，从而将温度转变为电信号，并传送给火灾报警控制器，由火灾报警控制器发出火灾报警信号。感温火灾探测器根据结构造型的不同分为点型感温火灾探测器和线型感温火灾探测器两类；根据监测温度参数的特性不同可分为定温式火灾探测器、差温式火灾探测器和差定温组合式火灾探测器3类。定温式火灾探测器用于响应环境的异常高温；差温式火灾探测器用于响应环境温度异常变化的升温速率；差定温组合式火灾探测器则是以上两种火灾探测器的组合。点型感温火灾探测器外形如图2-21所示。

① 定温式火灾探测器。定温式火灾探测器的工作原理：当它的感温元器件被加热到预定温度值时，输出火灾报警信号。定温式火灾探测器一般用于环境温度变化较大或环境温度较高的场所，用于监测火灾发生时温度的异常升高。常用的定温式火灾探测器有双金属片型、易熔金属型、水银接点型、热敏电阻型和半导体型等。

图2-21 点型感温火灾探测器外形

双金属片型定温式火灾探测器是以具有不同热膨胀系数的双金属片为敏感元器件的一种定温式火灾探测器，常用的结构形式有圆筒状和圆盘状两种，如图2-22所示，其中，圆筒状的结构如图2-22（a）、（b）所示，由不锈钢管、铜合金片和调节螺栓等组成。两个铜合金片上各装有一个电接点，其两端通过固定块分别固定在不锈钢管和调节螺栓上。由于不锈钢管的膨胀系数大于铜合金片，当环境温度升高时，不锈钢管外筒的伸长大于铜合金片，因此铜合金片被拉直。在图2-22（a）中，两电接点闭合时输出火灾报警信号；在图2-22（b）中，两电接点打开时输出火灾报警信号。双金属片型圆盘状定温式火灾探测器的结构如图2-22（c）所示。

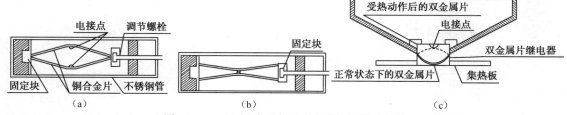

图2-22 双金属片型定温式火灾探测器的结构

热敏电阻型定温式火灾探测器和半导体PN结定温式火灾探测器是分别以热敏电阻与半导体为敏感元器件的定温式火灾探测器。两者的原理大致相同，区别仅仅是火灾探测器所用的敏感元器件不同。热敏电阻定温式火灾探测器的电路原理如图2-23所示，当环境温度升高时，热敏电阻 R_T 随着环境温度的升高，电阻值变小，A 点电位升高；当环境温度达到或超过某一规定值时，A 点电位高于 B 点电位，电压比较器输出高电平，高电平经处理后输出火灾报警信号。

② 差温式火灾探测器。当火灾发生时，室内局部温度将以超过常温数倍的异常速率升

高。差温式火灾探测器就是利用对这种异常速率产生感应而研制的一种火灾探测器。当环境温度以不大于 $1℃/min$ 的速率缓慢升高时，差温式火灾探测器不输出火灾报警信号，较适用于发生火灾时温度快速变化的场所。点型差温式火灾探测器主要有膜盒型差温式火灾探测器、双金属片型差温式火灾探测器、热敏电阻型差温式火灾探测器 3 种类型。常见的膜盒型差温式火灾探测器由感温外壳、波纹片、漏气孔和定触点等几部分构成，其结构如图 2-24 所示。

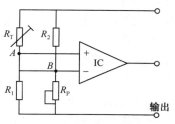

图 2-23　热敏电阻型定温式火灾探测器的电路原理

③ 差定温组合式火灾探测器。差定温组合式火灾探测器是将差温式、定温式两种感温火灾探测器结合在一起，同时兼有两种火灾探测功能的一种火灾探测器。如果某一种功能失效，则另一种功能仍起作用，因而大大提高了可靠性，使用相当广泛。点型差定温组合式火灾探测器主要有膜盒型差定温组合式火灾探测器、双金属片型差定温组合式火灾探测器和热敏电阻型差定温组合式火灾探测器 3 种。

膜盒型差定温组合式火灾探测器的结构如图 2-25 所示。它的差温部分的工作原理与膜盒型差温式火灾探测器相同。它的定温部分的工作原理：弹簧片的一端用易熔合金焊在外壳内侧，当环境温度达到标定温度时，易熔合金熔化，弹簧片弹回，压迫固定在波纹片上的动触点，从而输出火灾报警信号。

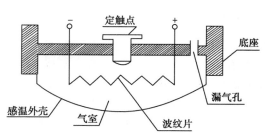

图 2-24　膜盒型差温式火灾探测器的结构

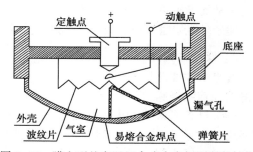

图 2-25　膜盒型差定温组合式火灾探测器的结构

（3）感光火灾探测器。物质在燃烧时除了产生大量的烟和热，还产生波长为 400 nm 以下的紫外光、波长为 $400\sim700$ nm 的可见光和波长为 700 nm 以上的红外光。由于火焰辐射的紫外光和红外光具有特定的峰值波长范围，因此感光火灾探测器可以用来探测火焰辐射的红外光和紫外光。感光火灾探测器又称火焰火灾探测器，它能响应火灾的光学特性，即火焰辐射光的波长和火焰的闪烁频率，可分为红外感光火灾探测器和紫外感光火灾探测器等。感光火灾探测器对火灾的响应速度比感烟火灾探测器和感温火灾探测器快，其传感元器件在接收火焰辐射光后几毫秒，甚至几微秒内就能发出信号，非常适用于突然起火而无烟雾的易燃、易爆场所。由于它不受气流扰动的影响，因此它是唯一能在室外使用的火灾探测器。

扫一扫看教学课件：感光火灾探测器

① 红外感光火灾探测器。红外感光火灾探测器是对火焰辐射光中红外光敏感的一种火灾探测器。在大多数火灾的燃烧中，火焰的辐射光谱主要偏向红外波段，同时火焰本身具有

一定的闪烁性，其闪烁频率为 3 ~ 30 Hz。红外感光火灾探测器内部电路的工作流程如图 2-26 所示。用于红外感光火灾探测器的敏感元器件有硫化铝、热敏电阻、硅光电池等。

燃烧产生的火焰辐射光经红外滤光片的过滤，只有红外光进入火灾探测器内部，红外光经凸透镜聚焦在红外光敏管上，将光信号转换成电信号，放大器根据火焰闪烁频率鉴别火焰燃烧信号并进行放大。为防止现场其他红外光辐射源偶然波动可能引起的误动作，红外感光火灾探测器还有一个延时电路，它给火灾探测器一个相应的响应时间，用来

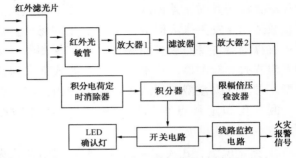

图 2-26　红外感光火灾探测器内部电路的工作流程

排除其他红外光辐射源的偶然波动对火灾探测器的干扰。延时时间的长短根据光场特性和设计要求选定，通常有 3 s、5 s、10 s 和 30 s 等几档。当连续鉴别所出现信号的时间超过给定要求时，触发火灾报警装置，输出火灾报警信号。

　　② 紫外感光火灾探测器。紫外感光火灾探测器是对火焰辐射光中的紫外光敏感的一种火灾探测器，灵敏度高、响应速度快，对爆燃火灾和无烟燃烧（酒精）火灾尤为适用。

　　当火灾发生时，大量的紫外光透过石英玻璃窗射入紫外光敏管，光电子受到电场的作用而加速。由于紫外光敏管内充有一定的惰性气体，当光电子与惰性气体分子碰撞时，惰性气体分子被电离成正离子和负离子（电子），而电离后产生的正、负离子又在强电场的作用下被加速，从而导致更多的惰性气体分子被电离。因此，在极短的时间内造成"雪崩"式放电过程，使紫外光敏管导通，输出火灾报警信号。紫外感光火灾探测器的结构如图 2-27 所示。

　　2）线型火灾探测器

扫一扫看教学课件：线型感烟火灾探测器

　　线型火灾探测器是一种响应某一连续线路周围的火灾参数的火灾探测器，连续线路可以是"光路"，也可以是实际的线路或管网。

　　（1）红外光束感烟火灾探测器。红外光束感烟火灾探测器为线型火灾探测器，其工作原理与遮（减）光型光电感烟火灾探测器相同。它由发射器和接收器两个独立部分组成（见图 2-28），作为测量用的光路暴露在被保护的空间，且加长了许多倍。如果有烟雾扩散到测量区，烟雾粒子对红外光束起吸收和散射的作用，使到达受光元器件的光信号减弱。当光信号减弱到一定程度时，火灾探测器就输出火灾报警信号。

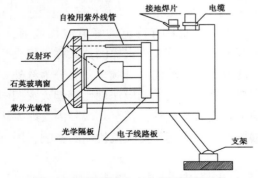

图 2-27　紫外感光火灾探测器的结构

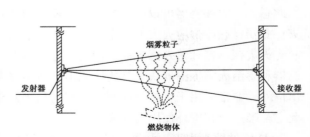

图 2-28　红外光束感烟火灾探测器的工作原理

对射式红外光束感烟火灾探测器最大的一个缺点是安装调试较为困难和复杂。现在有一种新型红外光束感烟火灾探测器有效地解决了这一问题，其工作原理如图2-29所示。它将发射器与接收器安装在同一墙面上，在其相对的一面安装反射装置。正常情况下，红外光束射向反射装

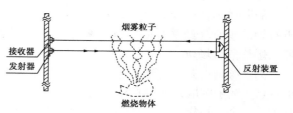

图2-29 新型红外光束感烟火灾探测器的工作原理

置，由反射装置反射回来的光到接收器上，当火灾发生时，射向反射装置及其反射回来的光减少，因此输出火灾报警信号。反射装置的大小视保护范围内发射器至反射装置的距离而定，当距离远时，反射面积大；反之，反射面积小。

（2）线型感温火灾探测器。线型感温火灾探测器的热敏元器件是沿一条线路连续分布的，只要在线路的任何一点上出现温度异常，就输出火灾报警信号。

扫一扫看教学课件：线型感温火灾探测器

缆式线型定温式火灾探测器是对保护范围中某条线路周围温度升高而发生响应的火灾探测器。这种火灾探测器的结构一般用两根涂有热敏绝缘材料的载流导线铰接在一起，或者将同芯电缆中的两根载流导线用热敏绝缘材料隔离起来。在正常工作状态下，两根载流导线间呈高阻状态。当环境温度升高到或超过规定值时，热敏绝缘材料熔化，造成载流导线短路，或者使热敏绝缘材料阻抗发生变化，呈低阻状态，从而输出火灾报警信号。缆式线型定温式火灾探测器的结构原理详见本书项目4中火灾探测器的安装内容。

扫一扫看教学课件：探测器的选择和安装

2.4.2 火灾探测器的选择与布置

在火灾自动报警系统中，火灾探测器的选择是否合理关系到系统能否正常运行。另外，火灾探测器的合理布置也是保证探测质量的关键环节。为此，在选择和布置火灾探测器时应符合国家规范。

1. 火灾探测器种类的选择

火灾探测器种类的选择应根据探测区域内的环境条件、火灾特点、安装场所、房间高度等选用与其相适宜的火灾探测器或几种火灾探测器的组合。

1）根据环境条件、火灾特点和安装场所选择火灾探测器

火灾受可燃物的类别、着火的性质、可燃物的分布、着火场所的条件、火灾荷载、新鲜空气的供给程度和环境温度等因素的影响，一般把火灾的发生与发展分为下列4个阶段。

（1）前期：火灾尚未形成，只出现一定量的烟，基本上未造成物质损失。

（2）早期：火灾开始形成，烟量大增，温度升高，已开始出现火，造成了较小的物质损失。

（3）中期：火灾已经形成，温度很高，燃烧加速，造成了较大的物质损失。

（4）晚期：火灾已经扩散。

根据以上对火灾的发生与发展的分析，对火灾探测器的选择方法如下。

感烟火灾探测器在前期、早期报警是非常有效的，凡是要求火灾损失小的重要地点，火灾早期有阴燃阶段的，即产生大量的烟和少量的热，很少或没有火焰辐射的火灾，如棉、麻

织物的阴燃等都适合选择感烟火灾探测器。不适合选择感烟火灾探测器的场所包括正常情况下有烟的场所（经常有粉尘等固体），液体微粒出现的场所，火灾发生迅速、生烟极少的场所和爆炸危险场所。

离子感烟火灾探测器与光电感烟火灾探测器的适用场合基本相同，但应注意它们各有不同的特点。离子感烟火灾探测器对人眼看不到的微小颗粒同样敏感，如人能嗅到的油漆味、烤焦味等，甚至一些分子量大的气体分子也会使火灾探测器发生动作。在风速过大的场合（风速大于 6 m/s）将引起火灾探测器不稳定，且其敏感元器件的寿命较光电感烟火灾探测器短。

对于有强烈的火焰辐射而仅有少量烟和热产生的火灾，如轻金属及它们的化合物的火灾应选择感光火灾探测器。但不宜在火焰出现前有浓烟扩散的场所和火灾探测器的镜头易被污染、遮挡，以及存在电焊、X 射线等影响的场所中使用。

感温火灾探测器在火灾初期（早期、中期）报警非常有效，其工作稳定，不受非火灾性烟雾、水蒸气、粉尘等干扰。凡无法应用感烟火灾探测器、允许产生一定的物质损失、非爆炸危险场所都可采用感温火灾探测器。它特别适用于经常存在大量粉尘、烟雾、水蒸气的场所，以及相对湿度经常高于 95% 的房间，但不适用于有可能产生阴燃的场所。

定温式火灾探测器允许温度有较大的变化，其工作比较稳定，但火灾造成的损失较大，在 0℃ 以下的场所不宜选用。差温式火灾探测器适用于火灾早期报警、火灾造成损失较小的情况，但如果火灾温度升高过慢，则会因无反应而漏报。差定温组合式火灾探测器具有差温式火灾探测器的优点，但又比其更可靠，因此最好选择差定温组合式火灾探测器。

各种火灾探测器都可配合使用，如感烟火灾探测器与感温火灾探测器的组合适用于大中型计算机房、洁净厂房和防火卷帘门设施的部位等。对于蔓延迅速、有大量的烟和热产生、有火焰辐射的火灾，如油品燃烧等宜选择 3 种火灾探测器的组合。

总之，离子感烟火灾探测器具有稳定性好、误报率低、寿命长、结构紧凑等优点，因而得到广泛应用。其他类型的火灾探测器只在某些特殊场合作为补充使用。例如，在厨房、发电机房、地下车库和具有气体自动灭火装置，以及需要提高灭火报警可靠性而与感烟火灾探测器组合使用的地方考虑用感温火灾探测器。

点型火灾探测器的适用场所如表 2-2 所示。

表 2-2　点型火灾探测器的适用场所

序号	适用场所或情形	火灾探测器类型							说明
		感烟		感温			感光		
		离子	光电	定温	差温	差定温	红外	紫外	
1	饭店、宾馆、教学楼、办公楼的厅堂、卧室、办公室	○	○						厅堂、办公室、会议室、值班室、娱乐室、接待室等，灵敏度可设定为中、低、可延时
2	计算机房、通信机房、电影电视放映室等	○	○						这些场所的灵敏度要高或高、中档次联合使用
3	楼梯、走道、电梯、机房等	○	○						灵敏度档次为高、中
4	书库、档案库	○	○						灵敏度档次为高
5	有电气火灾危险	○	○						早期热解产物，气溶胶微粒小，可用离子感烟火灾探测器；气溶胶微粒大，可用光电感烟火灾探测器
6	气流速度大于 5 m/s	×	○						

续表

序号	适用场所或情形	火灾探测器类型							说明
		感烟		感温			感光		
		离子	光电	定温	差温	差定温	红外	紫外	
7	相对湿度经常高于95%以上	×				○			根据不同要求也可选择定温式火灾探测器或差温式火灾探测器
8	有大量粉尘、水雾滞留	×	×	○	○	○			根据具体要求选择
9	有可能发生无烟火灾	×	×	○	○	○			
10	在正常情况下有烟和水蒸气滞留	×	×	○	○	○			
11	有可能产生水蒸气和油雾		×						
12	厨房、锅炉房、发电动机房、茶炉房、烘干车间等			○		○			在正常高温环境下,感温火灾探测器的额定动作温度值可定得高些,或者选用温度动作值高的感温火灾探测器
13	吸烟室、小会议室等				○	○			若选用感烟火灾探测器,则应选择低灵敏档次
14	汽车库				○	○			
15	其他不宜安装感烟火灾探测器的厅堂和公共场所	×	×	○	○	○			
16	可能产生阴燃或发生火灾不及早报警将造成重大损失的场所	○	○	×	×	×			
17	温度在0℃以下			×					
18	正常情况下,温度变化较大的场所	×							
19	可能产生腐蚀性气体	×							
20	产生醇类、醚类、酮类等有机物质		×						
21	可能产生黑烟		×						
22	存在高频电磁干扰		×						
23	银行、百货店、商场、仓库	○	○						
24	火灾时有强烈的火焰辐射						○	○	例如,含有易燃材料的房间、飞机库、油库、海上石油钻井和开采平台、炼油裂化厂
25	需要对火焰做出快速反应						○	○	例如,镁和金属粉末的生产厂、大型仓库、码头
26	无阴燃阶段的火灾						○	○	
27	博物馆、美术馆、图书馆	○	○				○	○	
28	电站、变压器间、配电室	○	○				○	○	
29	可能发生无火焰火灾						×	×	
30	在火焰出现前有浓烟扩散						×	×	
31	火灾探测器的镜头易被污染						×	×	

续表

序号	适用场所或情形	火灾探测器类型							说明
		感烟		感温			感光		
		离子	光电	定温	差温	差定温	红外	紫外	
32	火灾探测器的"视线"易被遮挡						×	×	
33	火灾探测器易受阳光或其他光源直接或间接照射						×	×	
34	在正常情况下有明火作业和X射线、弧光等影响						×	×	
35	电缆隧道、电缆竖井、电缆夹层							○	发电厂、发电站、化工厂、钢铁厂
36	原料堆垛							○	纸浆厂、造纸厂、卷烟厂和工业易燃堆垛
37	仓库堆垛							○	粮食、棉花仓库和易燃仓库堆垛
38	配电装置、开关设备、变压器、电控中心						○		
39	地铁、名胜古迹、市政设施					○			
40	耐碱、防潮、耐低温等恶劣环境					○			
41	皮带运输机生产流水线和滑道的易燃部位					○			
42	控制室、计算机室的吊顶内、地板下和重要设施隐蔽处等					○			
43	其他环境恶劣不适合点型感烟火灾探测器安装的场所					○			

注：1. 符号说明："○"表示适合的火灾探测器，应优先选择；"×"表示不适合的火灾探测器，不应选择；空白（无符号）表示需谨慎选用。

2. 在散发可燃气的场所宜选择可燃气体火灾探测器，以实现早期报警。

3. 对可靠性要求高，需要有自动联动装置或安装自动灭火系统的采用感烟火灾探测器、感温火灾探测器、感光火灾探测器（同类型或不同类型）的组合。

4. 在实际使用时，如果在所列项目中找不到，那么可以参照类似场所，如果没有把握或很难判定是否合适，那么最好做燃烧模拟试验最终确定。

5. 下列场所不设火灾探测器。

（1）厕所、浴室等。

（2）不能有效探测火灾的场所。

（3）不便维修、使用（重点部位除外）的场所。

在实际工程中，危险性大又很重要的场所（需设置自动灭火系统或联动装置的场所）均应采用感烟火灾探测器、感温火灾探测器、感光火灾探测器的组合。

线型火灾探测器的适用场所如下。

（1）下列场所宜选择缆式线型定温式火灾探测器。

① 计算机室、控制室的吊顶内、地板下和重要设施隐蔽处等。

② 开关设备、发电厂、变电站和配电装置等。

③ 各种皮带运输装置。

④ 电缆夹层、电缆竖井、电缆隧道等。

⑤ 其他环境恶劣不适合点型火灾探测器安装的危险场所。

（2）下列场所宜选择空气管线型差温式火灾探测器。

① 不宜安装点型火灾探测器的夹层、吊顶。

② 公路隧道工程。

③ 古建筑。

④ 可能产生油类火灾且环境恶劣的场所。

⑤ 大型室内停车场。

（3）下列场所宜选择红外光束感烟火灾探测器。

① 隧道工程。

② 古建筑、文物保护的厅堂等。

③ 档案馆、博物馆、飞机库、无遮挡大空间的库房等。

④ 发电厂、变电站等。

（4）下列场所宜选择可燃气体火灾探测器。

①煤气表房、燃气站及大量存储液化石油气罐的场所。

②使用管网煤气或燃气的房屋。

③其他散发或积聚可燃气体和可燃液体蒸气的场所。

④有可能产生大量一氧化碳气体的场所宜选择一氧化碳气体火灾探测器。

2）根据房间高度选择火灾探测器

由于各种火灾探测器的特点各异，其适用的房间高度也不一致，为了使选择的火灾探测器能更有效地达到保护的目的，表 2-3 列举了根据房间高度可以选择的常用火灾探测器，供学习和设计参考。

表 2-3   根据房间高度选择火灾探测器

房间高度 h/m	感烟火灾探测器	感温火灾探测器			感光火灾探测器
		一级	二级	三级	适合
$12 < h \leq 20$	不适合	不适合	不适合	不适合	适合
$8 < h \leq 12$	适合	不适合	不适合	不适合	适合
$6 < h \leq 8$	适合	适合	不适合	不适合	适合
$4 < h \leq 6$	适合	适合	适合	不适合	适合
$h \leq 4$	适合	适合	适合	适合	适合

如果高出顶棚的面积小于整个顶棚面积的 10%，只要这一顶棚部分的面积不大于一只火灾探测器的保护面积，则该较高的顶棚部分同整个顶棚面积一样看待；否则，较高的顶棚部分应按分隔开的房间处理。

在按房间高度选择火灾探测器时，应注意这仅仅是按房间高度对火灾探测器的大致选择，在具体选择时，还需结合火灾的危险度和火灾探测器本身的灵敏度档次。当判断不准时，需做燃烧模拟试验来确定。

2. 火灾探测器数量的确定

在实际工程中，房间大小和探测区域大小不一，房间高度、棚顶坡度也各异，那么怎样确定火灾探测器的数量呢？国家有关规范规定，探测区域内每个房间应至少设置一只火灾探测器。一个探测区域内所设置的火灾探测器数量应按下式计算：

$$N \geqslant \frac{S}{K \cdot A}$$

式中，N——一个探测区域内所设置的火灾探测器数量，单位用"只"表示，N 应取整数。

S——一个探测区域的地面面积（m^2）。

A——火灾探测器的保护面积（m^2），指一只火灾探测器能有效探测的地面面积。由于建筑物房间的地面通常为矩形，因此所谓有效探测的地面面积，就是指火灾探测器能探测到的矩形地面面积。火灾探测器的保护半径 $R(m)$ 是指一只火灾探测器能有效探测的单向最大水平距离。

K——安全修正系数。特级保护对象的 K 取 $0.7 \sim 0.8$，一级保护对象的 K 取 $0.8 \sim 0.9$，二级保护对象的 K 取 $0.9 \sim 1.0$。选取时根据设计者的实际经验，并考虑火灾可能对人身和财产造成损失的程度、火灾危险性的大小、疏散与扑救火灾的难易程度，以及对社会的影响大小等多种因素。

对一只火灾探测器而言，其保护面积和保护半径的大小与其类型、探测区域的地面面积、房间高度和顶棚坡度都有一定的联系。表 2-4 展示了两种常用的火灾探测器的保护面积、保护半径与其他参数的相互关系。

表 2-4　两种常用的火灾探测器的保护面积、保护半径与其他参数的相互关系

火灾探测器的种类	地面面积 S/m^2	房间高度 h/m	火灾探测器的保护面积 A 和保护半径 R					
			顶棚坡度 θ					
			$\theta \leqslant 15°$		$15° < \theta \leqslant 30°$		$\theta > 30°$	
			A/m^2	R/m	A/m^2	R/m	A/m^2	R/m
感烟火灾探测器	$S \leqslant 80$	$h \leqslant 12$	80	6.7	80	7.2	80	8.0
	$S > 80$	$6 < h \leqslant 12$	80	6.7	100	8.0	120	9.9
		$h \leqslant 6$	60	5.8	80	7.2	100	9.0
感温火灾探测器	$S \leqslant 30$	$h \leqslant 8$	30	4.4	30	4.9	30	5.5
	$S > 30$	$h \leqslant 8$	20	3.6	30	4.9	40	6.3

另外，确定火灾探测器的数量还要考虑通风换气对火灾探测器的保护面积的影响。在通风换气房间，烟的自然蔓延方式受到破坏。换气越频繁，燃烧产物（烟气）的浓度越低，部分烟被空气带走，导致火灾探测器接收的烟减少，或者说火灾探测器感烟灵敏度相对降低。常用的补偿方法有两种：一是压缩每只火灾探测器的保护面积；二是增大火灾探测器的灵敏度，但要注意防止误报。

3. 火灾探测器的布置

火灾探测器的布置和安装得合理与否直接影响其保护效果。一般火灾探测器应安装在室内吊顶表面或顶棚内部（没有吊顶的场合安装在室内顶棚表面上）。考虑到维护管理的方

便，其距地面的高度不宜超过 20 m。

在布置火灾探测器时，首先考虑安装间距如何确定，同时考虑梁的影响和特殊场合火灾探测器的安装要求。

1）火灾探测器安装间距的确定

（1）相关规范要求。

① 火灾探测器周围 0.5 m 之内不应有遮挡物（以确保探测安全）。

② 火灾探测器至墙壁（梁边）的水平距离不应小于 0.5 m，如图 2-30 所示。

（2）安装间距的确定。

火灾探测器在房间中布置时，如果是多只火灾探测器，那么两只火灾探测器的水平距离和垂直距离称为安装间距，分别用 a 和 b 表示。

安装间距 a、b 的确定方法如下。

① 计算法：根据从表 2-4 中查得的保护面积 A 和保护半径 R，计算 D 值（$D = 2R$），根据所算 D 值的大小和对应的保护面积 A 在图 2-31 所示的火灾探测器安装间距的极限曲线中的粗实线上（D 值所包围部分）取

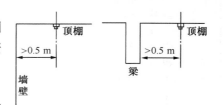

图 2-30　火灾探测器在顶棚上安装
时与墙壁或梁的距离

一点，此点所对应的数值即安装间距 a、b 的值。注意，实际布置距离应不大于查得的 a、b 的值。在具体布置后应检验火灾探测器到最远点的水平距离是否超过了火灾探测器的保护半径，如果超过，则应重新布置或增加火灾探测器的数量。

图 2-31 曲线中的安装间距是以二维坐标的极限曲线的形式给出的，即给出了感温火灾探测器的 3 种保护面积（20 m²、30 m² 和 40 m²）及其 5 种保护半径（3.6、4.4 m、4.9 m、5.5 m 和 6.3 m）所适宜的安装间距的极限曲线 $D_1 \sim D_5$；给出了感烟火灾探测器的 4 种保护面积（60 m²、80 m²、100 m² 和 120 m²）及其 6 种保护半径（5.8 m、6.7 m、7.2 m、8.0 m、9.0 m 和 9.9 m）所适宜的安装间距的极限曲线 $D_6 \sim D_{11}$（含 D_9）。

② 经验法：因为对一般点型火灾探测器的布置为均匀布置法，所以可以根据工程实际经验总结火灾探测器安装间距的计算方法，具体公式如下：

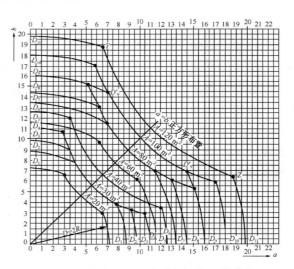

图 2-31　火灾探测器安装间距的极限曲线

$$横向间距 \ a = \frac{该房间（探测区域）的长度}{横向安装间距个数 + 1} = \frac{该房间的长度}{横向探测器数量}$$

$$纵向间距 \ b = \frac{该房间（探测区域）的宽度}{纵向安装间距个数 + 1} = \frac{该房间的宽度}{纵向探测器数量}$$

由此可见，这种方法不需查表即可非常方便地求出 a、b 的值，并与前面内容的布置过程相同即可。

另外，根据人们的实际工作经验，这里给出由保护面积和保护半径决定的最佳安装间距（见表2-5），供设计使用。

表2-5　由保护面积和保护半径决定的最佳安装间距

火灾探测器种类	保护面积 A/m^2	保护半径 R 的极限值/m	参照的极限曲线	最佳安装间距 a、b 及其保护半径 R 的值/m									
				$a_1 \times b_1$	R_1	$a_2 \times b_2$	R_2	$a_3 \times b_3$	R_3	$a_4 \times b_4$	R_4	$a_5 \times b_5$	R_5
感温火灾探测器	30	3.6	D_1	4.5×4.5	3.2	5.0×4.0	3.2	5.5×3.6	3.3	6.0×3.3	3.4	6.5×3.1	3.6
	30	4.4	D_2	5.5×5.5	3.9	6.1×4.9	3.9	6.7×4.8	4.1	7.3×4.1	4.2	7.9×3.8	4.4
	30	4.9	D_3	5.5×5.5	3.9	6.5×4.6	4.0	7.4×4.1	4.2	8.4×3.6	4.6	9.2×3.2	4.9
	30	5.5	D_4	5.5×5.5	3.9	6.8×4.4	4.0	8.1×3.7	4.5	9.4×3.2	5.0	10.6×2.8	5.5
	40	6.3	D_6	6.5×6.5	4.6	8.0×5.0	4.7	9.4×4.3	5.2	10.9×3.7	5.8	12.2×3.3	6.3
感烟火灾探测器	60	5.8	D_5	7.7×7.7	5.4	8.3×7.2	5.5	8.8×6.8	5.6	9.4×6.4	5.7	9.9×6.1	5.8
	80	6.7	D_7	9.0×9.0	6.4	9.6×8.3	6.3	10.2×7.8	6.4	10.8×7.4	6.5	11.4×7.0	6.7
	80	7.2	D_8	9.0×9.0	6.4	10.0×8.0	6.4	11.0×7.3	6.6	12.0×6.7	6.9	13.0×6.1	7.2
	80	8.0	D_9	9.0×9.0	6.4	10.6×7.5	6.5	12.1×6.6	6.9	13.7×5.8	7.4	15.4×5.3	8.0
	100	8.0	D_9	10.0×10.0	7.1	11.1×9.0	7.1	12.2×8.2	7.3	13.3×7.5	7.6	14.4×6.9	8.0
	100	9.0	D_{10}	10.0×10.0	7.1	11.8×8.5	7.3	13.5×7.4	7.7	15.3×6.5	8.3	17.0×5.9	9.0
	120	9.9	D_{11}	11.0×11.0	7.8	13.0×9.2	8.0	14.9×8.1	8.5	16.9×7.1	9.2	18.7×6.4	9.9

2）梁对火灾探测器的影响

当顶棚有梁时，由于烟的蔓延受到梁的阻碍，因此火灾探测器的保护面积会受梁的影响。如果梁间区域的面积较小，则梁对热气流或烟气流形成障碍，并吸收一部分热量，因而火灾探测器的保护面积必然下降。不同房间高度和梁高对火灾探测器布置的影响如图2-32所示。查表2-6可以确定一只火灾探测器能够保护的梁间区域的个数，这样就减少了计算工作。由图2-32可知，当房间高度在5 m以下、梁高小于200 mm时，不计梁的影响；当房间高度在5 m以上、梁高大于200 mm时，火灾探测器的保护面积受房间高度的影响，可按房间高度与梁高之间的线性关系考虑。

表2-6　按梁间区域确定一只探测器能够保护的梁间区域的个数

火灾探测器的保护面积 A/m^2	梁隔断的梁间区域面积 Q/m^2	一只火灾探测器保护的梁间区域的个数
感温火灾探测器　20	$Q>12$	1
	$8<Q \leqslant 12$	2
	$6<Q \leqslant 8$	3
	$4<Q \leqslant 6$	4
	$Q \leqslant 4$	5

由图2-32可查得三级感温火灾探测器极限值的房间高度为4 m，梁高限度为200 mm；二级感温火灾探测器极限值的房间高度为6 m，梁高限度为225 mm；一级感温火灾探测器极限值

的房间高度为8 m，梁高限度为 275 mm；感烟火灾探测器极限值的房间高度为 12 m，梁高限度为375 mm。在线性直线的左边部分均不计梁的影响。

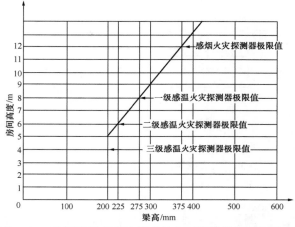

图 2-32 不同房间高度和梁高对火灾探测器布置的影响

可见，当梁突出顶棚的高度在 200～600 mm 时，应按图 2-32 和表 2-6 确定梁对火灾探测器布置的影响与一只火灾探测器能够保护的梁间区域的个数；当梁突出顶棚的高度超过 600 mm 时，被梁隔断的部分需单独划为一个探测区域，即每个梁间区域应至少布置一只火灾探测器。

当被梁隔断的梁间区域面积超过一只火灾探测器的保护面积时，应将被隔断的梁间区域视为一个探测区域，并应按规范的有关规定计算火灾探测器的布置数量。探测区域的划分如图 2-33 所示。

当梁间净距小于 1 m 时，可视为平顶棚。

如果探测区域内有过梁，则当感温火灾探测器安装在梁上时，其下端到安装面必须在 0.3 m 以内；当感烟火灾探测器安装在梁上时，其下端到安装面必须在 0.6 m 以内，如图 2-34 所示。

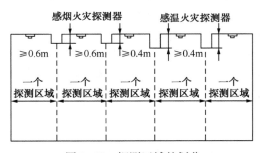

图 2-33 探测区域的划分

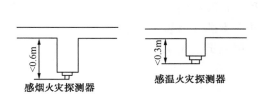

图 2-34 在梁下端安装时火灾探测器至顶棚的尺寸

3）火灾探测器在一些特殊场合安装时的注意事项

（1）在宽度小于 3 m 的内走道的顶棚上布置火灾探测器时应居中。感温火灾探测器的安装间距不应超过 10 m，感烟火灾探测器的安装间距不应超过 15 m。火灾探测器至端墙的距离不应大于火灾探测器安装间距的一半。建议在内走道的交叉和会合区域上必须安装一只火灾探测器，如图 2-35 所示。

（2）当房间被书架、储藏架或设备等分隔时，如果其顶部至顶棚或梁的距离小于房间净高的 5%，则每个被分隔的部分至少应安装一只火灾探测器，如图 2-36 所示。

（3）在空调机房内，火灾探测器应安装在离送风口 1.5 m 以上的地方，离多孔送风顶棚孔口的距离不应小于 0.5 m，如图 2-37 所示。

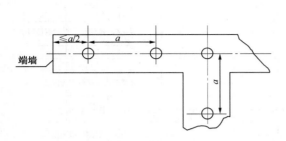

图 2-35　火灾探测器布置在内走道的顶棚上

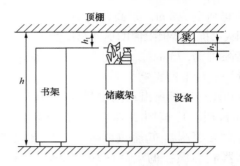

图 2-36　房间有书架、储藏架或设备
等分隔时火灾探测器的安装

【例】　某书库地面面积为 40 m²，房间高度为 3 m，内有两个书架分别放在房间中间，书架高度为 2.9 m，问：应选用几只感烟火灾探测器？

答：房间高度减去书架高度等于 0.1 m，为房间净高的 3.3%，可见书架顶部至顶棚的距离小于房间净高的 5%，因此应选用 3 只感烟火灾探测器（每个被分隔的部分均应安装一只火灾探测器）。

（4）楼梯或斜坡道垂直距离每 15 m（三级灵敏度的火灾探测器为 10 m）至少应安装一只火灾探测器。

（5）火灾探测器宜水平安装，当需倾斜安装时，倾斜角不应大于 45°；当屋顶倾斜角大于 45° 时，应加木台或类似方法安装火灾探测器，如图 2-38 所示。

（6）在电梯井、升降机井布置火灾探测器时，未按每层封闭的管网井（竖井）的情况下，当顶棚坡度不大于 45° 时，其安装位置宜在井道上方的机房顶棚上，如图 2-39 所示。这种布置既有利于井道中火灾的探测，又便于日常检查维修。因为在电梯井、升降机井的提升井绳索的井道盖上通常有一定的开口，烟会顺着井绳索冲到机房内部。为尽早探测火灾，规定用感烟火灾探测器保护，且在顶棚上安装。

图 2-37　火灾探测器安装在空调机房内的位置

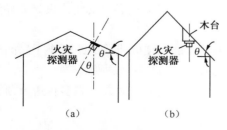

图 2-38　火灾探测器的安装角度

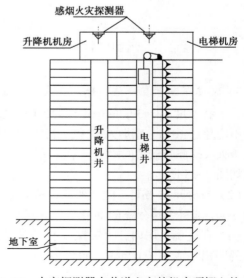

图 2-39　火灾探测器在井道上方的机房顶棚上的布置

（7）当房屋顶部有热屏障时，感烟火灾探测器下表面至顶棚或屋顶的距离如表2-7所示。

表2-7　感烟火灾探测器下表面至顶棚或屋顶的距离

火灾探测器的安装高度 h/m	感烟火灾探测器下表面至顶棚或屋顶的距离 d/mm					
	顶棚坡度 θ					
	$\theta \leqslant 15°$		$15° < \theta \leqslant 30°$		$\theta > 30°$	
	最小	最大	最小	最大	最小	最大
$h \leqslant 6$	30	200	200	300	300	500
$6 < h \leqslant 8$	70	250	250	400	400	600
$8 < h \leqslant 10$	100	300	300	500	500	700
$10 < h \leqslant 12$	150	350	350	600	600	800

（8）在顶棚较低（小于2.2 m）、面积较小（不大于10 m²）的房间安装感烟火灾探测器时，宜安装在入口附近。

（9）在楼梯间、走廊等处安装感烟火灾探测器时，宜安装在不直接受外部风吹入的位置。安装光电感烟火灾探测器时应避开日光或强光直射的位置。

（10）在浴室、厨房、开水房等房间连接的走廊安装火灾探测器时应避开其入口边缘1.5 m处。

（11）安装在顶棚上的火灾探测器边缘与下列设施边缘的水平间距：与电风扇不小于1.5 m；与自动喷水灭火喷头不小于0.3 m；与防火卷帘门、防火门一般安装在1～2 m的适当位置；与多孔送风顶棚孔口不小于0.5 m；与不突出的扬声器不小于0.1 m；与照明灯具不小于0.2 m；与高温光源灯具（碘钨灯、容量大于100 W的白炽灯等）不小于0.5 m。

（12）煤气火灾探测器的布置：在墙上安装时应距煤气灶4 m以上，距地面0.3 m；在顶棚上安装时应距煤气灶8 m以上；当屋内有排气口时，允许安装在排气口附近，但应距煤气灶8 m以上；当梁高大于0.8 m时，应安装在煤气灶一侧；在梁上安装时，与顶棚的距离应小于0.3 m。

（13）火灾探测器在厨房中的布置：饭店的厨房常有大的煮锅、油炸锅等，具有很大的火灾危险性，如果过热或遇到高的火灾荷载更易引起火灾。定温式火灾探测器适宜在厨房内使用，但是应预防煮锅或油炸锅喷出的一团团水蒸气，如在顶棚上使用隔板可防止热气流冲击火灾探测器，以减少或消除误报；而发生火灾时的热量足以克服隔板使火灾探测器输出火灾报警信号，如图2-40所示。

（14）火灾探测器在带网格结构的吊顶场所的布置：在宾馆等较大的空间场所设有带网格或格条结构的轻质吊顶，起到装饰或屏蔽作用。这种吊顶允许烟进入其内部，影响烟的蔓延，在此情况下布置火灾探测器应谨慎处理。

① 如果至少有一半的网格面积是通风的，则可把烟的进入看成是开放式的。如果烟可以充分地进入顶棚内部，则只在吊顶内部布置感烟火灾探测器，火灾探测器的保护面积除考虑火灾危险性外，仍按保护面积与房间高度的关系考虑，如图2-41所示。

② 如果带网格结构的吊顶开孔面积相当小（一半以上顶棚面积被覆盖），则可看成是封

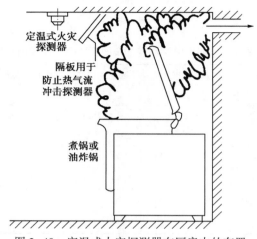

图 2-40　定温式火灾探测器在厨房中的布置

闭式顶棚，在顶棚上方和下方的空间必须单独监视。特别是当阴燃火发生时，产生热量极少，不能提供充足的热气流推动烟的蔓延，烟达不到顶棚中的火灾探测器，此时可采取二级探测方式，如图 2-42 所示。在吊顶下方，采用光电感烟火灾探测器，对阴燃火响应较好；在吊顶上方，采用离子感烟火灾探测器，对明火响应较好。每只火灾探测器的保护面积仍按火灾危险性与地面和顶棚之间的距离确定。

（15）下列场所可不布置火灾探测器：厕所、浴室及其他类似场所；不能有效探测火灾的场所；不便维修、使用（重点部位除外）的场所。

关于红外光束感烟火灾烟探测器、热敏电阻型火灾探测器、空气管线型差温式火灾探测器的布置与上述不同，具体情况在其安装中阐述。

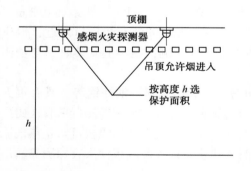

图 2-41　火灾探测器在吊顶中的定位

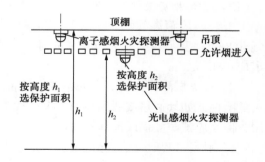

图 2-42　吊顶探测阴燃火的改进方法

2.5　传统型和智能型火灾自动报警系统

2.5.1　火灾自动报警系统的线制

无论是火灾自动报警系统，还是火灾探测器与火灾报警控制器的接线方式，常常碰到的

一个问题是它们的线制如何，因此有必要对其进行阐述。

在火灾自动报警系统安装布线中，探测区域之间的距离可以是几米至几十米。火灾报警控制器到探测区域之间可以是几十米到几百米、上千米。一台区域火灾报警控制器可带几十只或上百只火灾探测器，有的一台通用火灾报警控制器带 500 只火灾探测器，甚至上千个只。这样，火灾报警控制器到火灾探测器之间的接线数量和接线方式便出现了问题。

随着火灾自动报警系统的发展，火灾探测器与火灾报警控制器的接线方式变化很快，即从多线向少线至总线发展，给施工、调试和维护带来了极大的方便。我国采用的线制有四线制、三线制、两线制、四总线制、二总线制等几种。对于不同厂家生产的不同型号的火灾探测器，其接线方式也不一样，从火灾探测器到区域火灾报警控制器的接线数量也有很大差别。

这里说的线制是指火灾探测器和火灾报警控制器之间的接线数量。更确切地说，线制是火灾自动报警系统运行机制的体现。按线制，火灾自动报警系统有多线制系统和总线制系统之分。多线制系统目前基本不用，但已运行的工程中有部分仍为多线制系统。

1. 多线制系统

多线制系统的结构形式与早期的火灾探测器设计、火灾探测器与火灾报警控制器的连接等有关。一般要求每只火灾探测器采用两条或更多条导线与火灾报警控制器连接，以确保从每个火灾探测点输出火灾报警信号。简而言之，多线制系统结构的火灾自动报警系统采用简单的模拟或数字电路构成火灾探测器，并通过电平翻转输出火灾报警信号，火灾报警控制器依靠直流信号巡检，并向火灾探测器供电，火灾探测器与火灾报警控制器采用硬线——对应连接，有一个火灾探测点便需要一组硬线与之对应。

2. 总线制系统

总线制系统采用地址编码技术，整个系统只用几根总线，建筑物内布线极其简单，给设计、施工和维护带来了极大的方便，因此被广泛采用。值得注意的是，一旦总线回路中出现短路问题，则整个回路失效，甚至损坏部分火灾报警控制器和火灾探测器，因此为了保证系统正常运行和免受损失，必须采取短路隔离措施，如分段加装短路隔离器。

2.5.2 传统型（多线制）和智能型（总线制）火灾自动报警系统

1. 传统型火灾自动报警系统

传统型火灾自动报警系统即多线制开关量式火灾探测报警系统，现已很少使用，但在高层建筑和建筑群体的消防工程中，传统型火灾自动报警系统仍不失为一种实用、有效的重要消防监控系统。它的主要缺点是每只火灾探测器都有一根接线，导致线路复杂、接线数量多、安装与维护费用高、故障率和误报率高。在此不过多叙述。

2. 智能型火灾自动报警系统

随着新型消防产品的不断出现，火灾自动报警系统也由传统型火灾自动报警系统向智能型火灾自动报警系统发展。虽然生产厂家较多，火灾自动报警系统所能监控的范围随不同报警设备各异，但设备的基本功能日趋统一，并逐渐向总线制、智能化方向发展，使系统误报率降低。由于采用总线制，因此系统的施工和维护非常方便。

所谓智能型火灾自动报警系统，就是指使用火灾探测器将火灾发生期间所产生的烟、温度、光等以模拟量形式同外界相关的环境参数一起传送给火灾报警控制器，火灾报警控制器再根据获取的数据及内部存储的大量数据，利用火灾判据来判断火灾是否存在的系统。该系统为解决火灾自动报警系统存在的两大难题（误报、漏报）提供了新的方法和手段，并在处理火灾真伪方面表现出明显的有效性乃至创造性，这是火灾自动报警系统在技术上的飞跃。从传统型走向智能型是国内外火灾自动报警系统技术发展的必然趋势。

由于智能型火灾自动报警系统是用二总线制或三总线制来实现系统信息传输的，给工程的设计、安装和维护带来了极大的方便。

随着人们对火灾规律认识的进一步加深和微处理器、计算机、传感器技术的飞速发展，传统型火灾自动报警系统逐渐被智能型火灾自动报警系统所取代，这标志着火灾自动报警系统已进入一个全新的发展时期。同时，智能型火灾自动报警系统突破了火灾探测报警的范畴，与建筑物内的空调、供电、供水、照明、防盗系统等公共设施，以及其他公共安全和管理系统合并成一个整体，组成了楼宇自动化管理系统，提供了中央监控和智能分散管理。

智能型火灾自动报警系统普遍采用集成电路和微型计算机，以往由硬件电路完成的功能已由软件功能代替。在线路构成上，通常采用模块式结构方式，通过插入式更换不同的模块来改变火灾报警控制器的功能或进行维护。在连接部件形式上，通过调整软件或插入（更换）联动控制模块，使模拟量传输式、地址编码式和普通式火灾探测器在同一火灾报警控制器上兼容。在控制方式上，为确保及时、准确地发出火灾报警信号，完成各种操作功能，常采用双或三CPU结构，分别负责控制数据采集、处理和外设控制、打印等功能。

智能型火灾自动报警系统分为两类，即主机智能系统和分布式智能系统。

1）主机智能系统

主机智能系统是将火灾探测器阈值比较电路取消，使火灾探测器成为火灾传感器。无论烟雾大小，火灾探测器本身不报警，而将烟雾影响产生的电流、电压变化信号通过编码电路和总线传给主机，由主机内置软件将火灾探测器传回的信号与典型火灾信号比较，根据其速率变化等因素判断是火灾信号还是干扰信号，并增加速率变化、连续变化量、时间、阈值幅度等一系列参考量的修正，只有信号特征与计算机内置的典型火灾信号特征相符时才会报警，这样就极大减少了误报的次数。

主机智能系统的主要优点：灵敏度信号特征模型可根据火灾探测器所在环境的特点来设定；可补偿各类环境中的干扰和灰尘积累对火灾探测器灵敏度的影响，并实现报警功能；主机采用微处理器技术，可实现时钟、存储、密码自检联动、联网等多种管理功能；可通过软件编程实现图形显示、键盘控制、翻译等高级扩展功能。

尽管主机智能系统比非智能系统优点多，但由于整个系统的监测、判断功能不仅全部要由火灾报警控制器完成，还要一刻不停地处理上千只火灾探测器传回的信息，因而系统软件程序复杂，并且火灾探测器巡检周期长，导致火灾探测点大部分时间失去监控，使系统可靠性降低，使用维护不便等。

2）分布式智能系统

分布式智能系统是在保留主机智能系统优点的基础上形成的，它将主机智能系统中对探测信号的处理、判断功能通过主机返回到每只火灾探测器，使火灾探测器真正地具有智能。

而主机由于免去了大量的现场信号处理负担，因此可以从容不迫地实现多种管理功能，从根本上提高了系统的稳定性和可靠性。

智能型火灾自动报警系统可按其主机线路方式分为多总线制和二总线制等。它的特点是软件和硬件具有相同的重要性，并在早期报警功能、可靠性和总成本费用方面显示出明显的优势。

3）智能型火灾自动报警系统的组成和特点

（1）智能型火灾自动报警系统的组成。

智能型火灾自动报警系统由智能火灾探测器、智能手动报警按钮、智能模块、火灾探测器并联接口、总线隔离器、可编程继电器卡等组成。以下简单介绍智能火灾探测器的作用和特点。

智能火灾探测器将所在环境收集的烟雾浓度或温度随时间变化的数据传送给火灾报警控制器，火灾报警控制器根据内置的智能资料库中有关火警状态资料对收集的数据进行分析比较，决定是否显示有火灾发生，从而做出是否报警的决定。智能资料库中存有火灾实验数据，智能型火灾自动报警系统的火警状态曲线如图2-43所示。智能型火灾自动报警系统将从现场收集的数据的变化曲线与图2-43所示的曲线进行比较，如果相符，系统则发出火灾报警信号。如果从现场收集的数据的变化曲线与图2-44所示的非火警状态曲线（昆虫进入火灾探测器或火灾探测器内落入粉尘）相符，系统则不发出火灾报警信号。

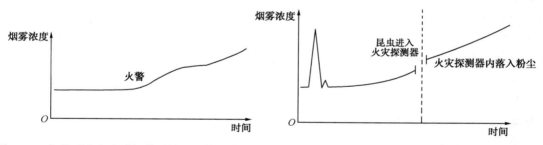

图2-43 智能型火灾自动报警系统的火警状态曲线　　图2-44 非火警状态曲线

通过图2-43和图2-44可以看出，昆虫和粉尘引起的烟雾浓度均超过火灾发生时的烟雾浓度，如果是非智能型火灾自动报警系统必然发出误报信号，可见智能型火灾自动报警系统判断火警的方法可使误报率大大降低，减少了由于误报启动各种灭火设备所造成的损失。

智能火灾探测器的种类随着不同厂家的不断开发而越来越多，目前比较常用的有智能离子感烟火灾探测器、智能感温火灾探测器、智能感光火灾探测器等。

（2）智能型火灾自动报警系统的特点。

① 为全面、有效地反映被监视环境的各种细微变化，智能型火灾自动报警系统采用了设有专用芯片的模拟量火灾探测器。对温度和粉尘等影响实施自动补偿，对电干扰及线路分布参数的影响进行自动处理，从而为实现各种智能特性、避免火灾误报和准确报警奠定了技术基础。

② 采用了大容量的控制矩阵和交叉查询软件包，以软件编程替代了硬件组合，提高了消防联动的灵活性和可修改性。

③ 采用主-从式网络结构，既解决了对不同工程的适应性问题，又提高了系统运行的可靠性。

④ 利用全总线计算机通信技术，既完成了总线报警，又实现了总线联动控制，彻底避免了控制输出与执行机构之间的长距离穿管布线，大大方便了系统布线设计和现场施工。

⑤ 具有丰富的自诊断功能，为系统维护和正常运行提供了有利条件。

知识梳理与总结

1. 火灾探测技术的发展同电子技术、通信技术的发展是同步的，随着技术的更新，火灾探测技术不断有新技术、新产品的产生，如已出现的无线火灾自动报警系统和智能型火灾自动报警系统的联网技术。

2. 针对不同的建筑规模和要求，火灾自动报警系统的基本形式分为区域火灾报警系统、集中火灾报警系统、控制中心火灾报警系统，它们的核心报警原理是相同的，但在应用场所和功能的复杂程度上有所不同。建筑物场所选择何种形式的火灾自动报警系统可根据国家消防规范进行报警系统装置的选取。由于二总线制火灾自动报警系统在安装布线和信号采集方面比多线制火灾自动报警系统具有无可比拟的优越性，因此目前市场上全部采用二总线制智能型火灾自动报警系统，多线制传统型火灾自动报警系统已被淘汰。

3. 火灾探测器作为火灾自动报警系统的"眼睛"，根据火灾燃烧产生的烟、光、热等特征分为感烟火灾探测器、感温火灾探测器、感光火灾探测器，感烟火灾探测器又分为离子感烟探测器和光电感烟火灾探测器；感温火灾探测器分为定温式火灾探测器、差温式火灾探测器和差定温组合式火灾探测器；感光火灾探测器分为红外感光火灾探测器和紫外感光火灾探测器。在火灾探测器的选择与布置方面，在各类建筑物中选择何种火灾探测器、如何布置应遵循相关的消防规范。

4. 火灾报警控制器作为火灾自动报警系统的核心设备，选取的基本依据是满足火灾报警基本技术指标和功能的要求。设备容量大小和回路数的多少是根据用户的实际需要来确定的，用户可根据现场需要选取琴台式、立柜式、壁挂式等不同的外形设备，同时应考虑设备的兼容性，即火灾报警控制器的选取同火灾自动报警系统和火灾探测器保持一致。

5. 本项目作为火灾自动报警系统的基础部分，是极为重要的内容，重点介绍了火灾自动报警系统的发展、组成、工作原理、线制、分类及其适用场所。同时对其关键核心部分——火灾报警控制器和火灾探测器，特别是对火灾探测器的工作原理、分类、选择与布置进行了详细阐述，这为后续项目4的安装部分打下了基础。

复习思考题2

1. 简述火灾自动报警系统的发展历程。

2. 火灾自动报警系统由哪几部分组成？各部分的作用是什么？

3. 简述区域火灾报警系统、集中火灾报警系统、控制中心火灾报警系统的区别和联系。

4. 什么是全面监视、局部监视和目标监视？

5. 火灾探测器分为几种？感烟火灾探测器、感温火灾探测器和感光火灾探测器的适用场所有哪些？

6. 选择火灾探测器主要应考虑哪些因素？

7. 什么叫灵敏度？感烟（感温）火灾探测器的灵敏度分哪几级？

8. 布置火灾探测器时应考虑哪些方面的问题？

9. 智能火灾探测器的特点是什么？智能型火灾自动报警系统有何优点？

10. 一个探测区域内火灾探测器的数量如何确定？受哪些因素影响？

11. 火灾探测器的保护面积和保护范围是如何确定的？

12. 哪些场合适合选用感光火灾探测器？

13. 离子感烟火灾探测器的工作原理是什么？其主要技术指标如何？

14. 定温式火灾探测器、差温式火灾探测器和差定温组合式火灾探测器的工作原理有何异同？定温式火灾探测器和差温式火灾探测器的区别是什么？

15. 感温、感烟火灾探测器适用场所的房间最大高度为多少？

16. 在一个探测区域内，如地面面积为 30 m×40 m 的生产车间，其顶棚坡度为 15°，房间高度为 8 m，应设多少只感烟火灾探测器？如何布置？

17. 火灾报警控制器有哪些种类？

18. 火灾报警控制器的功能是什么？

19. 区域火灾报警控制器与楼层显示器的区别是什么？

20. 台式火灾报警控制器和壁挂式火灾报警控制器在与火灾探测器连接时有何不同？

21. 多线制系统和总线制系统的火灾探测器接线各有何特点？

项目3

消防联动设备的联动控制

扫一扫看教学课件：火灾报警及消防联动控制综合应用

教	知识重点	1. 消防联动控制系统的概念； 2. 火灾自动报警系统和消防灭火系统之间的联动控制关系； 3. 火灾自动报警系统和疏散诱导系统之间的联动控制关系
	知识难点	1. 消防各系统和火灾自动报警系统之间的联动控制电气部分； 2. 火灾自动报警系统施工图中消防联动控制系统在发生火灾时所起的作用
	推荐教学方式	1. 理论部分讲授采用多媒体教学； 2. 结合实物讲授联动控制柜接线； 3. 结合典型的工程实例讲授消防联动控制器件的功能
	建议学时	8 学时
学	推荐学习方法	首先学习消防联动控制系统的概念，掌握自动喷水灭火系统、消火栓系统、防/排烟系统、消防通信系统和火灾自动报警系统之间的联动关系及各相关的联动器件，在火灾自动报警系统施工图中区别出各联动器件并清楚其作用
	必须掌握的理论知识	1. 消防灭火系统和疏散诱导系统的工作原理及其同火灾自动报警系统的联动控制关系； 2. 消防联动控制器件的作用和应用
	必须掌握的技能	1. 各类消防联动控制设备的选取和应用； 2. 常见的消防联动控制系统图的识读

3.1 消防联动控制系统

3.1.1 消防联动的概念与配合

扫一扫看
教学课件:
消防联动
控制

1. 消防联动的概念

所谓消防联动,就是指在发生火灾后,火灾报警装置(感烟/感温火灾探测器等)首先探知火灾信号,然后传递给报警主机,报警主机接收信号后按照设定的程序启动警铃、消防广播、排烟风机等设备,并切断非消防电源。所有这些动作是在报警主机接收信号后开始的,这些动作称为消防联动。

消防联动控制系统用于完成对消防灭火系统中重要设备的可靠控制,如消防泵、喷淋泵、排烟机、送风机、防火卷帘门、消防电梯等。

一个完整的火灾自动报警系统应由 3 部分组成,即火灾探测、报警控制和联动控制,从而实现从火灾探测、报警到现场消防联动设备的控制实施防火灭火、防烟排烟和组织人员疏散、避难等完整的系统控制功能。同时要求火灾报警控制器与现场消防联动设备能进行有效的联动控制。一般情况下,火灾报警控制器都具有一定的联动功能,但这远不能满足现代建筑物联动控制点数量和类型的需要,因此必须配置相应的消防联动控制器。

消防联动控制器与火灾报警控制器相配合,先通过数据通信接收并处理来自火灾探测器的火灾探测点数据,然后对其配套执行器件发出控制信号,实现对各类消防联动设备的控制。消防联动控制器及其配套执行器件相当于整个火灾自动报警系统的"躯干"和"四肢"。

另外,消防联动控制系统中的火灾事故照明和疏散指示标志、消防专用通信系统与防/排烟设施等均是为了火灾现场人员较好地疏散、减少伤亡所设。消防联动控制系统作为火灾报警控制器的重要配套设备,是用来弥补火灾报警控制器监视和操作不够直观、简便的缺点的。消防联动控制系统接线形式有总线式和多线式两大类:总线联动控制盘是通过总线控制输出模块来控制现场设备的,属于间接控制;多线联动控制盘是通过硬线直接控制现场设备的,属于直接控制。两大类接线形式结合火灾报警控制器综合使用,有助于提高系统的可靠性。

2. 火灾自动报警系统与消防联动控制系统的配合形式

(1)区域–集中报警、横向联动控制系统。此系统每层有一个复合区域火灾报警控制器,它具有火灾自动报警功能,能接收一些设备的火灾报警信号,如手动报警按钮、水流指示器、防火阀等,联动控制一些消防联动设备,如防火门、防火卷帘门、排烟阀等,并向集中火灾报警控制器发送火灾报警信号和联动设备动作的回授信号。此系统主要适用于高级宾馆建筑,此类建筑每层或每区有服务人员值班,全楼有一个消防控制室,有专门的消防人员值班。

(2)区域–集中报警、纵向联动控制系统。此系统主要适用于高层"火柴盒"式的宾馆建筑。这类建筑物标准层多,报警区域划分比较规则,每层有消防人员值班,整个建筑物设置一个消防控制室。

(3)大区域报警、纵向联动控制系统。此系统主要适用于没有标准层的办公大楼,如情报中心、图书馆、档案馆等。这类建筑物的每层没有消防人员值班,不宜设置区域火灾报警

控制器，而在消防控制室设置的区域火灾报警控制器，有专门的消防人员值班。

（4）区域–集中报警、分散控制系统。此系统在有消防联动设备的现场安装了"控制盒"，以实现消防联动设备的就地控制，消防联动设备动作的回授信号送到消防控制室。消防控制室的值班消防人员也可以手动操作消防联动设备。此系统主要适用于中小型高层建筑和房间面积大的场所。

3.1.2 消防联动控制器的类型

消防联动控制器的品种很多，大致有以下几种分类及其相应的类型。

1. 按组成方式分类

（1）单独的联动控制器。消防控制室的火灾自动报警系统由两方面构成，一方面是火灾探测器与火灾报警控制器单独构成的探测报警系统，另一方面是单独的联动控制器及其配套执行器件。

（2）带联动控制功能的火灾报警控制器。带联动控制功能的火灾报警控制器是通过配套执行器件联系现场消防外控设备的，联动关系是在火灾报警控制器内部实现的。

2. 按用途分类

（1）专用的联动控制器。专用的联动控制装置是指具有特定专用功能的联动控制装置，其品种较多，如水灭火系统控制装置、防烟排烟设备控制装置、气体灭火控制装置、火灾事故广播通信装置、电动防火门和防火卷帘门等防火分隔控制装置、火警现场声光报警与诱导指示控制装置等。在一个建筑物的防火工程中，消防联动控制系统是由部分或全部专用的联动控制器组成的。

（2）通用的联动控制器。通用的联动控制器可通过其配套执行器件提供控制节点，可控制各类消防外控设备，还可对火灾探测点与控制点现场编程设置控制逻辑对应关系。因此，消防联动控制系统简单明了，应用面广，可用于各类工程。

3. 按电气原理和系统连线分类

（1）多线制联动控制器。多线制联动控制器及其配套执行器件之间采用一一对应的关系，每个配套执行器件与报警主机之间分别有各自的控制线、反馈线等。通常情况下，控制点容量比较小。

多线制控制盘是消防联动控制系统的后备保证，它的作用是当报警主机因某种原因无法正常工作而又发生人为确认的火灾，需要启动某些设备时使用的控制盘。它的控制方式与消防联动设备一一对应，采用硬接点方式连接，相当于设备的现场启/停按钮。它主要针对排烟机、正压送风机、消防泵等消防联动设备。目前，市场上的多线制控制盘都会配合一个模块使用，模块是非编码的，主要作用是实现将火灾自动报警系统的弱电与消防联动设备的强电进行隔离，防止在设备动作时强电串入火灾自动报警系统而烧坏消防联动设备。但一定要注意，此处的模块禁止用编码联动控制模块代替，否则多线制控制盘将失去效用，在主机无法工作时不能启动消防联动控制设备。多线制控制盘上的控制点数根据排烟机、正压送风机、消防泵、喷淋泵等消防联动设备的数量而定。

（2）总线制联动控制器。总线制联动控制器及其配套执行器件的连接用总线方式，具体

有二总线制、三总线制、四总线制等不同形式。此类联动控制器具有控制点容量大，安装调试和使用方便等特点。

手动控制盘是手动远程控制消防联动设备的操作盘，属于总线制，主要用于控制正压送风机、排烟风机、电梯、消防广播、消防泵、喷淋泵等消防联动设备。选择前应计算出所需控制的总点数，然后选用大于总点数的消防联动设备数，并留 10% 的余量即可。

（3）总线制与多线制并存的联动控制器。总线制与多线制并存的联动控制器同时有总线控制输出和多线控制输出。总线控制输出适用于控制各楼层的消防外控设备，如各类电磁阀门、声光报警器，各楼层的空调、风机、防火卷帘门、防火门等；多线控制输出适用于控制整个建筑物中的中央消防外控设备，如消防泵、喷淋泵、中央空调，以及集中的送风机、排烟机和电梯等。

4. 按主机电路设计分类

（1）普通型联动控制器。普通型联动控制器的电路设计采用通用的逻辑组合形式，具有成本低廉、电路简单等特点，但其功能简单、控制对象专一，控制逻辑关系无法现场编程。

（2）微机型联动控制器。微机型联动控制器的电路设计采用微机结构形式，对软、硬件均有较高要求，技术要求较复杂，功能一般较齐全，应用面广，使用方便，且具有现场编程控制逻辑关系的功能。

5. 按机械结构形式分类

（1）壁挂式联动控制器。壁挂式联动控制器的联动控制点数比较少，控制功能比较简单，一般用于小型工程。

（2）柜式联动控制器。柜式联动控制器的联动控制点数比较多，控制功能较齐全、复杂。它常常与火灾报警控制器组合在一起，操作使用较方便，一般用于大中型工程。

（3）琴台式联动控制器。琴台式联动控制器与柜式联动控制器基本相同，仅结构形式不同。消防控制室等面积较大的工程可采用琴台式联动控制器。

6. 按使用环境分类

（1）按船用、陆用分类。

① 陆用型联动控制器。陆用型联动控制器的环境指示：工作温度为 0 ～ 40℃，相对湿度 ≤92%（40±2）℃。

② 船用型联动控制器。船用型联动控制器的工作温度、相对湿度等环境指标要求均高于陆用型联动控制器。

（2）按防爆性能分类。

① 非防爆型联动控制器。非防爆型联动控制器无防爆性能。目前，民用建筑中使用的绝大多数消防联动控制器均属此类型。

② 防爆型联动控制器。防爆型联动控制器具有防爆性能，常用于石油化工企业、油库、化学品仓库等易爆场合。

3.1.3　消防联动控制器的技术性能

1. 消防联动控制器的基本功能

消防联动控制器最基本的功能可以归纳为以下几点。

（1）能为自身和所连接的配套执行器件供电。

（2）能接收并处理来自火灾报警控制器的报警点数据，并对相关的配套执行器件发出控制信号，控制消防外控设备。

（3）能检查并发出系统本身的故障信号。

（4）有自动控制、手动控制和切换功能。

（5）受控的消防外控设备的工作状态能反馈给报警主机并有显示信号。

2. 消防联动控制器必需的显示或控制功能

1）联动灭火设备

（1）室内消火栓设备的启动表示。

（2）自动喷水灭火设备的启动表示。

（3）水喷雾灭火设备的启动表示。

（4）泡沫灭火设备的启动表示。

（5）二氧化碳灭火设备的启动表示。

（6）卤代烷灭火设备的启动表示。

（7）干粉灭火设备的启动表示。

（8）室外灭火设备的启动表示。

2）报警设备

（1）火灾自动报警设备的动作表示。

（2）漏电报警设备的动作表示。

（3）向消防救援大队通报设备的操作和动作表示。

（4）火灾警铃、警笛等音响设备的操作。

（5）可燃气体漏气报警设备的动作表示。

（6）气体灭火放气设备的操作和动作表示。

3）消防联动设备

（1）排烟口的开启表示和操作。

（2）排烟风机的动作表示和操作。

（3）防火卷帘门的动作表示。

（4）电动防火门的动作表示。

（5）各种空调的停止操作和显示。

（6）消防电梯轿厢的呼回和联动操作。

（7）可燃气体紧急关断设备的动作表示。

3. 消防联动控制器的技术性能

与火灾报警控制器类似，消防联动控制器主要包括电源部分和主机部分。

消防联动控制器的直流工作电压应符合国家标准《标准电压》（GB/T 156—2017）的规定，应优先采用 DC 24 V。消防联动控制器的电源部分同样由互补的主电源和备用电源组成，其技术要求与火灾报警控制器的电源部分相同。有些工厂的产品，当消防联动控制器和

火灾报警控制器组装在一起时，直接用一个一体化的电源同时为火灾报警控制器及其连接器件、消防联动控制器及其配套执行器件提供工作电压。

消防联动控制器的主机部分承担着接收来自火灾报警控制器的火警数据信号、根据所编辑的控制逻辑关系发出的控制驱动信号、显示消防联动控制器状态的反馈信号、系统自检和发出声光的故障信号等作用。消防联动控制器的数据通信接口与火灾报警控制器相连，驱动电路、发送电路与有关的配套执行器件相连。

同样，衡量消防联动控制器产品档次和质量高低的技术性能除了其电气原理、电路设计工艺和能实现的功能，还包括消防联动控制器的控制点容量、最长传输距离（从报警主机至最远端控制点的距离）、功耗（静态功率和额定功率）、结构和工艺水平（造型、表面处理、内部结构和生产工艺等）、可靠性（长期不间断工作时执行其所有功能的能力）、稳定性（在一个周期时间内执行其功能的一致性）和可维修性（对产品可以修复的难易程度）等。此外，还包括其主要部件的性能是否合乎要求，整机耐受各种环境条件的能力。这种能力包括耐受各种规定气候的能力（高温、低温、湿热、低温储存）、耐受各种机械干扰的能力（振动、冲击、碰撞等）、耐受各种电磁干扰的能力（主电源供电电压波动、电瞬变干扰、静电放电干扰、辐射电磁场干扰），以及产品的绝缘能力和耐压能力。

3.2　消防灭火系统及其消防联动控制

发生火灾后的灭火方式有两种：一种是人工灭火，即动用消防车、云梯车、消火栓、灭火弹、灭火器等器械进行灭火。这种灭火方式具有直观、灵活和工程造价低等优点，缺点是消防车、云梯车等所能达到的高度十分有限，灭火人员接近火灾现场困难，灭火缓慢，危险性大；另一种是自动灭火，在建筑物内设自动喷水灭火系统和消火栓灭火系统。

下面就主要的自动喷水灭火系统和消火栓灭火系统的工作原理及其相应的消防联动控制功能进行讲解。

3.2.1　自动喷水灭火系统及其消防联动控制

自动喷水灭火系统是目前世界上采用最广泛的一种固定式消防设施，从 19 世纪中叶开始使用，至今已有 100 多年的历史。它具有价格低廉、灭火效率高的特点。据统计，自动喷水灭火系统的灭火成功率在 96%以上，有的已达 99%。在一些发达国家（美国、英国、日本、德国等）的消防规范中，几乎所有的建筑物都要求具有自动喷水灭火系统。有的国家（美国、日本等）已将其应用于住宅。我国随着工业建筑和民用建筑的飞速发展，消防法规正逐步完善，自动喷水灭火系统在宾馆、公寓、高层建筑、石油化工中得到了广泛的应用。

1. 自动喷水灭火系统的基本功能与工作原理

1）基本功能

（1）能在火灾发生后自动地进行喷水灭火。

（2）能在喷水灭火的同时发出警报。

2）自动喷水灭火系统的分类

（1）湿式喷水灭火系统。

（2）干式喷水灭火系统。

（3）干湿两用喷水灭火系统。

（4）预作用喷水灭火系统。

（5）雨淋灭火系统。

（6）水幕系统。

（7）水喷雾灭火系统。

（8）轻装简易系统。

（9）泡沫雨淋系统。

（10）大水滴（附加化学品）系统。

（11）自动启动系统。

3）湿式喷水灭火系统的工作原理

湿式喷水灭火系统由闭式喷头、延时器、水力警铃、压力开关（安在干管上）、水流指示器、管网系统、供水设施、报警控制箱等组成，如图3-1所示。

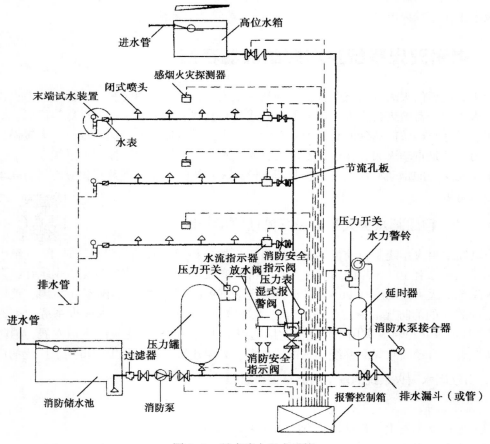

图3-1　湿式喷水灭火系统

在正常情况下，闭式喷头处于封闭状态。当发生火灾时，闭式喷头开启并喷水，它是由感温部件（热敏玻璃球）控制的。当装有热敏液体的玻璃球达到动作温度（57℃、68℃、

79℃、93℃、141℃、182℃、227℃、260℃）时，玻璃球内液体膨胀使压力升高，玻璃球炸裂，密封垫脱开，喷出压力水。喷水后压力降低，压力开关动作，将水压信号转化为电信号向喷淋泵控制装置发出启动喷淋泵信号，保证闭式喷头有水喷出。同时，流动的消防水使主管网分支处的水流指示器电接点动作，接通延时电路（延时 20～30 s），通过继电器触点发出声光信号，并传送给消防控制室，以识别火灾区域。

2. 喷淋泵系统的联动控制原理

喷淋泵系统的联动控制原理如图 3-2 所示。当火灾发生时，温度升高，喷头开启喷水，管网压力下降，报警阀动作后压力下降使阀板开启，接通管网和水源以供水灭火。管网中设置的水流指示器感应到水流动时发出电信号。管网中的压力开关因管网压力下降到一定值时也发出电信号，水泵开启供水，消防控制室同时接收到信号。

下面介绍喷淋泵系统的联动控制中的电气控制。

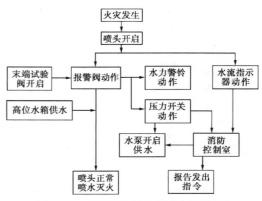

图 3-2　喷淋泵系统的联动控制原理

1）电路的组成

在高层建筑和建筑群体中，每座楼宇的喷淋泵系统所用的喷淋泵一般为两台或 3 台。采用两台喷淋泵时，平时管网中的压力水来自高位水箱，当喷头喷水，管网里有消防水流动时，水流指示器启动消防泵并向管网补充压力水。两台喷淋泵，平时一台工作，一台备用。当一台因故障停转、接触器触点不动作时，备用泵立即投入运行，两台喷淋泵可互为备用。图 3-3 所示为两台喷淋泵全电压启动的喷淋泵控制电路，图中 B1、B2、Bn 为区域水流指示器。如果分区较多，可有 n 个水流指示器和 n 个继电器与之配合。

采用 3 台喷淋泵的喷淋泵系统也比较常见，在 3 台喷淋泵中，其中两台为压力泵，一台为恒压泵。恒压泵一般功率很小，在 5 kW 左右，作用是使管网中的水压保持在一定范围之内。

喷淋泵系统的管网不得与自来水或高位水箱相连，管网消防用水来自消防储水池，当管网中的渗漏压力降到某一数值时，恒压泵启动补压。在达到一定压力后，所接压力开关断开恒压泵控制回路，恒压泵停止运行。

2）电路的工作情况分析

（1）正常工作（1 号喷淋泵工作，2 号喷淋泵备用）时：将 QS1、QS2、QS3 合上，将转换开关 SA 调至"1 自，2 备"位置，其 SA 的 2、6、7 号触头闭合，电源信号灯 HL（$n+1$）亮，做好火灾下的运行准备。

若二层着火，且火势使火灾区域现场的温度达到热敏玻璃球发热的程度时，二层的喷头爆裂并喷出水流。喷水后压力降低，压力开关动作，并向消防控制室发出信号，同时管网里有消防水流动时水流指示器 B2 闭合，使中间继电器 KA2 线圈通电，时间继电器 KT2 线圈通电；经延时电路后，中间继电器 KA（$n+1$）线圈通电，使接触器 KM1 线圈通电，1 号喷淋泵启动运行，向管网补充压力水；信号灯 HL（$n+1$）亮，同时警铃 HA2 响，信号灯 HL2

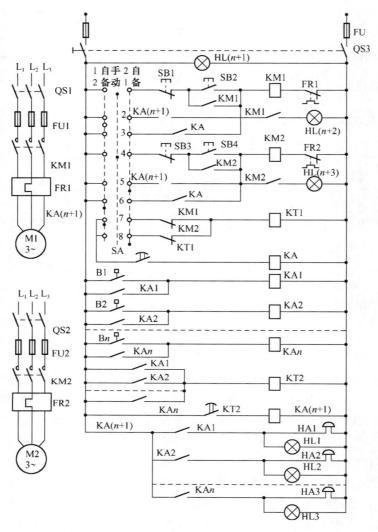

图 3-3　两台泵全电压启动的喷淋泵控制电路

亮，即发出声光报警信号。

（2）当 1 号喷淋泵发生故障时，2 号喷淋泵的自动投入运行过程（如果接触器 KM1 机械卡住）：如 n 层着火，n 层喷头因室温达到动作值而爆裂喷水，n 层水流指示器 Bn 闭合，中间继电器 KAn 线圈通电，时间继电器 KT2 线圈通电；经延时电路后，中间继电器 KA（$n+1$）线圈通电，信号灯 HLn 亮，警铃 HAn 响并发出声光报警信号；同时接触器 KM1 线圈通电，但因为接触器 KM1 机械卡住，其触头不动作，所以时间继电器 KT1 线圈通电，使备用中间继电器 KA 线圈通电，接触器 KM2 线圈通电，2 号喷淋泵自动投入运行，向管网补充压力水，同时信号灯 HL（$n+3$）亮。

（3）手动强投：如果接触器 KM1 机械卡住且时间继电器 KT1 也损坏，则应将 SA 调至"手动"位置，其 SA 的 1、4 号触头闭合；按下按钮 SB4 使接触器 KM2 线圈通电，2 号喷淋泵启动；停止时按下按钮 SB3，接触器 KM2 线圈失电，2 号喷淋泵停止。

当2号为工作泵，1号为备用泵时，其工作情况请读者自行分析。

在实际工程中，喷淋泵控制装置均与集中火灾报警控制器组装为一体构成控制琴台。

3. 水流指示器和压力开关的联动功能

水流指示器和压力开关是自动喷水灭火系统中同火灾自动报警系统联动的关键部件。

1）水流指示器

水流指示器是自动喷水灭火系统的组成部件，一般安装于系统侧管网的干管或支管的始端。当叶片探测到水流信号时，将水流信号转换成电信号，与电器开关导通启动报警系统或直接启动消防泵等电气设备，即水流指示器是安装在管网中的用于将自动喷水灭火系统中的水流信号转换成电信号的一种报警装置。

水流指示器的分类：按叶片形状分为板式和桨式两种；按安装基座形式分为管式、法兰连接式和鞍座式3种。

桨式水流指示器的工作原理：当发生火灾时，报警阀自动开启，流动的消防水使叶片摆动，带动其电接点动作，通过消防控制室启动喷淋泵供水灭火。

水流指示器的接线：水流指示器在应用时应通过模块与系统总线相连，水流指示器的外形如图3-4所示。

2）压力开关

压力开关（见图3-5）安装在湿式报警阀（见图3-6）中，其工作原理是：在湿式报警阀阀瓣开启后，压力开关触点动作并发出电信号传送至报警控制箱，从而启动消防泵。

  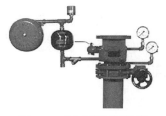

图3-4 水流指示器外形　　图3-5 压力开关外形　　图3-6 湿式报警阀外形

湿式报警阀由报警阀、压力开关、水力警铃等组成。它主要起两个作用：一是控制管网中的水不倒流；二是在喷头喷水时自动报警和启泵（由水力警铃发出声响报警，压力开关给出启动消防泵的指令）。

压力开关的接线：压力开关用在系统中需要经模块与报警总线相连。

3.2.2 室内消火栓系统及其消防联动控制

扫一扫看教学课件：消火栓系统

1. 室内消火栓系统概述

室内消火栓系统灭火是最常用的灭火方式。室内消火栓系统由水枪、水龙带、消火栓、消防管网等组成，如图3-7所示。这些设备的电气控制包括水池的水位控制、消防用水和加压水泵的启动。水位控制应能显示出水位的变化情况和高/低水位报警，控制水泵的启/停。为保证水枪在灭火时具有足够的水压，需要采用加压设备。常用的加压设备有两种：消防泵和气压给水装置。当采用消防泵时，在每个消火栓内设置消防按钮，灭火时用小锤击碎按钮上的玻璃小窗，按钮不受压而复位，从而通过控制电路启动消防泵。水压升高后，灭火水管有水，并使用水枪喷水灭火；当采用气压给水装置时，由于采用了气压水罐，并用气水分离器来保证供水压力，所以水泵功率较小，可采用电接点压力表，通过测量供水压力来控制消防泵的启动。

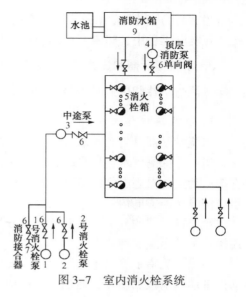

图 3-7　室内消火栓系统

2. 室内消火栓系统的联动控制原理

在现场对消防泵的手动控制有两种方式：一是通过消火栓按钮（打破玻璃按下启动按钮）直接启动消防泵；二是通过手动报警按钮，将手动报警信号送入消防控制室的火灾报警控制器后，由手动或自动信号控制消防泵启动，同时接收返回的水位信号。一般消防泵都是经消防控制室联动控制的，其联动控制过程如图 3-8 所示。

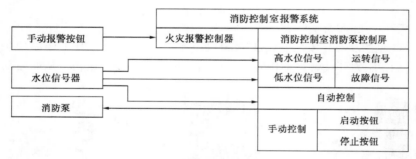

图 3-8　消防泵联动控制过程

在消火栓箱内打破玻璃按下启动按钮后直接启动消防泵的控制电路，如图 3-9 所示，其主电路如图 3-9（a）所示，图中的 ADC 为双电源自动切换箱。消防泵属一级供电负荷，需双电源供电，末端切换，两台消防泵一用一备。

图 3-9（b）中的 1SE，…，nSE 是设在消火栓箱内的消防泵专用控制按钮，按钮上带有消防泵运行指示灯。按钮 SE 平时被玻璃压着，其常开触点闭合，使 4KI 通电；其常闭触点断开，使 3KT 断电，消防泵不运转。这也是消防泵在非火灾时的常态。

当发生火灾时，打破消火栓箱内按钮 SE 的玻璃，按钮 SE 的常开触点复位到断开位置，使 4KI 断电，其常闭触点闭合，使 3KT 通电。经延时电路后，其延时闭合的常开触点闭合，使 5KI 通电吸合。此时，如果选择将开关 SIC 置于"1#用 2#备"，则 1#泵的接触器 1KM 通电，1#泵启动。如果 1#泵发生故障，1KM 跳闸，则 2KT 通电；经延时电路后，2KT 常开触点闭合，接触器 2KM 通电吸合，作为备用的 2#泵启动。如果将 SIC 置于"2#用 1#备"，则 2#泵先投入运行，1#泵处于备用状态，其动作过程与前述过程类似。

如果图 3-9（b）中线号 1-1 与 1-13，以及 2-1 与 2-13 之间分别接入消防联动控制系统联动控制模块的两个常开触点，则两台消防泵均受消防控制室集中控制启/停。

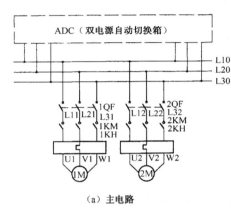

（a）主电路

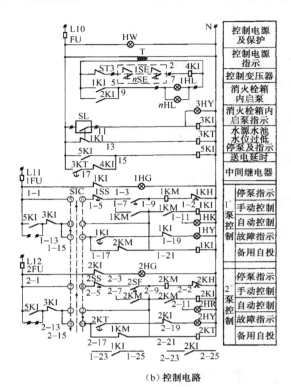

（b）控制电路

图 3-9 消防泵的控制电路

图 3-9（b）中 4KI 的作用是提高了控制电路的可靠性。如果不设 4KI，按一般习惯，用按钮 SE 控制消防泵，未出现火灾时就不会去打破玻璃按下启动按钮。如果按钮回路断线或接触不良，就不易被发现，一旦发生火灾，按下启动按钮电路仍不通，消防泵不能启动，影响灭火。而采用 4KI 后，由于将与 4KI 线圈串联的消火栓按钮强迫启动，所以使 4KI 通电吸合。一旦线路锈蚀断线或按钮接触不良，4KI 断电，消防泵启动。这样，故障被及时发现，提高了控制电路的可靠性。3KT 的延时作用主要是避免控制电路初通电时因 5KI 误动作而造成消防泵误启动。5KI 自保持触点的作用：一旦发生火灾，消防泵启动后便不受消火栓箱内按钮及其线路的影响，保持运转直至火灾被扑灭或人为停泵或水源水池无水停泵。

当水源水池无水时，液位器触点 SL 闭合，3KI 通电，其常闭触点断开，使两台消防泵的接触器均不能通电，当启动的消防泵不能启动时，正在运转的消防泵也停止运转。

水源水池的液位器可采用浮球式或干簧式，当采用干簧式时，需设下限触头以保证水池无水时可靠停泵。

3. 消火栓按钮的联动功能

消火栓按钮（见图 3-10）是室内消火栓（见图 3-11）系统同火灾自动报警系统联动的关键部件。

1）消火栓按钮的种类

为及时启动消防泵，在消火栓内或附近位置设置启动消防泵的按钮。

图 3-10 消火栓按钮示意图

在每个消火栓设备上均设有远距离启动消防泵的按钮和指示灯，并在按钮上配有玻璃壳罩。消火按钮的按动方式分为按下玻璃片型和打破玻璃片型两种，其触点方式分为常开触点型和常闭触点型两种。一般按下玻璃片型为常开触点型，打破玻璃片型为常闭触点型。

在具有总线制火灾自动报警系统的建筑物中，可选用带地址编码的消火栓按钮，按钮既可以动作报警，又可以直接启动消防泵。

图 3-11　室内消火栓示意图

2）相关消防规范规定

（1）临时高压给水系统的每个消火栓处应设直接启动消防泵的按钮，并应设有保护按钮的设施。

（2）当消防泵的控制设备采用总线编码模块控制时，还应在消防控制室设置手动直接控制装置。

（3）消防泵的启/停除自动控制外，还应能手动直接控制。

（4）消防联动设备对室内消火栓系统应有下列控制、显示功能。

① 控制消防泵的启/停。

② 显示消防泵的工作、故障状态。

③ 显示启动按钮的位置。

3.3　防/排烟系统与疏散诱导系统及其消防联动控制

在建筑物发生火灾后，烟气在建筑物内不断流动传播，不仅导致火灾蔓延，还引起人员恐慌，影响疏散与扑救。高层建筑的火灾由于蔓延快、疏散困难、扑救难度大、隐患多，因此高层建筑的防火、防烟和排烟非常重要。

安全疏散是指人们或物资在建筑物发生火灾后能够迅速、安全地退出他们所在的场所。在正常情况下，建筑物内的人员疏散可分为零散的（商场）和集中的（影剧院）两种，当发生紧急事故时，都变成集中而紧急的疏散。安全疏散设计是确保人员生命财产安全的有效措施，是建筑物防火的一项重要内容。

3.3.1　防/排烟系统及其消防联动控制

1. 防/排烟系统概述

1）设置防/排烟系统的必要性

日本、英国对火灾中造成人员伤亡的原因的统计结果表明，因一氧化碳中毒窒息死亡或被其他有毒烟气致死的人数一般占火灾总死亡人数的 40%～50%，最高甚至达 65%，而在死于火灾的人当中，多数是先中毒窒息晕倒后死亡的。

据测定分析，烟气中含有一氧化碳、二氧化碳、氟化氢、氯化氢等多种有毒成分，高温缺氧也会对人体造成危害。同时，烟气有遮光作用，使人的能见距离下降，这给疏散和救援活动造成了很大的障碍。

为了及时排除有害烟气，确保高层建筑和地下建筑内人员的安全疏散和消防扑救，在高层建筑和地下建筑设计中设置防烟、排烟设施是十分必要的。

扫一扫看教学课件：防排烟系统

防火的目的是防止火灾的发生与蔓延，以及为扑救火灾创造有利条件。而防烟、排烟的目的是将火灾产生的大量烟气及时予以排除，阻止烟气向防烟分区以外扩散，以确保建筑物内人员的顺利疏散、安全避难，以及为消防人员创造有利的扑救条件。因此，防烟、排烟是进行安全疏散的必要手段。

防烟、排烟的设计理论就是对烟气控制的理论。从烟气控制的理论分析，对于一幢建筑物，当内部某个房间或部位发生火灾时，应迅速采取必要的防烟、排烟措施，对火灾区域实行排烟控制，使火灾产生的烟气和热量能迅速排除，以利于人员的疏散和扑救；对非火灾区域和疏散通道等应迅速采用机械加压送风防烟措施，使该区域的空气压力高于火灾区域的空气压力，阻止烟气的侵入，控制火灾蔓延。例如，美国西雅图市的某大楼的防/排烟系统采用了计算机控制，在接收到烟气或热感应器发出的信号后，计算机立即命令空调系统进入火警状态，火灾区域的风机立即停止运行，空调系统转而进入排烟动作。同时，非火灾区域的空调系统继续送风并停止回风与排风，使非火灾区域处于正压状态，以阻止烟气的侵入。这种防/排烟系统对减少火灾损失是很有效的。但是，这种系统的控制和运行需要先进的控制设备和技术管理水平，投资比较高。从当前我国国情出发，《建筑设计防火规范》［GB 50016—2014（2018 年版）］对设置防烟、排烟设施的范围做出了规定，具体地说，是按以下两部分考虑的：一是防烟楼梯间及其前室、消防电梯前室和两者合用前室、封闭式避难层按条件设置防烟设施；二是走廊、房间和室内中庭等按条件设置机械排烟设施或采用可开启外窗的自然排烟设施。

2）高层建筑设置防烟、排烟设施的分类

高层建筑的防烟设施应分为机械加压送风的防烟设施和可开启外窗的自然防烟设施。高层建筑的排烟设施应分为机械排烟设施和可开启外窗的自然排烟设施。

3）高层建筑设置防烟、排烟设施的范围

（1）一类高层建筑和建筑高度超过 32 m 的二类高层建筑的下列部位应设置机械排烟设施。

① 长度超过 20 m 的内走道。

② 面积超过 100 m^2 且经常有人停留或可燃物较多的房间。

③ 中庭和经常有人停留或可燃物较多的地下室。

（2）高层建筑的下列部位应设置独立的机械加压送风的防烟设施。

① 不具备自然排烟条件的防烟楼梯间、消防电梯前室或合用前室。

② 采用可开启外窗的自然排烟设施的防烟楼梯间和不具备自然排烟条件的前室。

③ 封闭避难层（间）。

④ 建筑高度超过 50 m 的一类公共建筑和建筑高度超过 100 m 的居住建筑的防烟楼梯间及其前室、消防电梯前室或两者合用前室。

4）地下人防工程设置防烟、排烟设施的范围

（1）地下人防工程的下列部位应设置机械加压送风的防烟设施。

① 防烟楼梯间及其前室或合用前室。

② 避难走道的前室。

（2）地下人防工程的下列部位应设置机械排烟设施。

① 建筑面积大于 50 m² 且经常有人停留或可燃物较多的房间、大厅和丙、丁类生产车间。

② 总长度大于 20 m 的疏散走道。

③ 电影放映间、舞台等。

（3）丙、丁、戊类物品库宜采用密闭防烟措施。

（4）当自然排烟口的总面积大于该防烟分区面积的 2% 时，宜采用可开启外窗的自然排烟设施进行排烟。自然排烟口底部距室内地坪不应小于 2 m，同时应常开或在发生火灾时能自动开启。

2. 防/排烟系统的联动控制原理

防/排烟系统联动控制的设计是在选定自然排烟、机械排烟、自然与机械排烟并用或机械加压送风方式后进行的。排烟控制一般有中心控制和模块控制两种方式，如图 3-12 所示。其中，图 3-12（a）为中心控制方式，在消防控制室接收到火警信号后直接产生信号控制排烟阀开启、排烟风机启动，空调、正压送风机、防火门等关闭，并接收各设备的返回信号和防火阀动作信号，监测各设备的运行状况。图 3-12（b）为模块控制方式，在消防控制室接收到火警信号后产生排烟风机和排烟阀等动作信号，经总线和联动控制模块驱动各设备动作并接收其返回信号，监测其运行状态。

机械加压送风控制的原理及其过程与排烟控制相似，只是控制对象变成正压送风机和正压送风阀门，其控制框图类似于图 3-12。

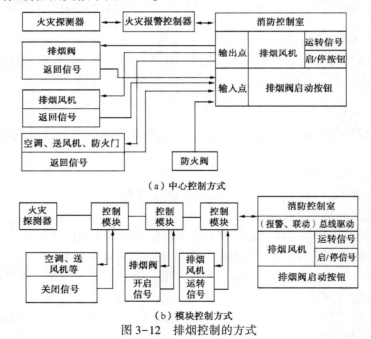

（a）中心控制方式

（b）模块控制方式

图 3-12　排烟控制的方式

3. 排烟阀的控制

（1）排烟阀的控制要求。

① 排烟阀宜由其排烟分区内设置的感烟火灾探测器组成的控制电路在现场控制开启。

② 排烟阀动作后应启动相关的排烟风机和正压送风机，关闭相关范围内的空调风机和其他送、排风机。

③ 当同一排烟分区内的多个排烟阀如果需要同时动作时，可采用接力控制方式开启，并由最后动作的排烟阀发送动作信号。

（2）设在排烟风机入口处的防火阀动作后应联动停止排烟风机。排烟风机入口处的防火阀是指安装在排烟主管网总出口处的防火阀（一般在 280℃ 时动作）。

（3）设于空调通风管网上的防火阀和排烟阀宜采用定温保护装置直接使阀门关闭。只有必须要求在消防控制室远方关闭的阀门，才采取远方控制。设在通风管道上的防/排烟阀是在各防火分区之间通过的通风管道内装设的防火阀（一般在 70℃ 时关闭）。这些阀门是为防止火焰经通风管串通而设置的。关闭信号要反馈至消防控制室，并关闭有关部位的风机。

（4）消防控制室应能对防烟、排烟风机（包括正压送风机）进行应急控制，即手动启动应急按钮。

3.3.2 防火门系统与防火卷帘门系统及其消防联动控制

1. 防火门系统及其消防联动控制

防火门、窗是建筑物防火分隔的设施之一，通常用在防火墙上、楼梯间出入口或管井开口部位，要求能分隔烟、火。防火门、窗对防止烟、火的扩散和蔓延，以及减少火灾损失起到了重要作用。

防火门按其耐火极限分为甲、乙、丙 3 级，其最低耐火极限为甲级防火门 1.2 h、乙级防火门 0.9 h、丙级防火门 0.6 h。按其燃烧性能，可分为非燃烧体防火门和难燃烧体防火门两类。

1）防火门的构造和原理

防火门由防火门锁、手动及自动环节组成，如图 3-13 所示。

防火门锁按门的固定方式可分为两种：一种是防火门被永久磁铁吸住处于开启状态，当发生火灾

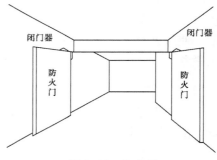

图 3-13 防火门

时，通过自动控制或手动关闭防火门。自动控制是由感烟火灾探测器或联动控制盘发出指令信号，使 DC 24 V、0.6 A 电磁线圈的吸着力克服永久磁铁的吸着力，从而靠弹簧将防火门关闭的。手动操作的方法是，只要把防火门或永久磁铁的吸着板拉开，防火门即关闭；另一种是防火门被电磁锁的固定销扣住呈开启状态。当发生火灾时，由感烟火灾探测器或联动控制盘发出指令信号使电磁锁动作，或者作用于防火门使固定销掉下，防火门关闭。

2）电动防火门的控制要求

（1）重点保护建筑中的电动防火门应在现场自动关闭，不宜在消防控制室集中控制（包括手动或自动控制）。

（2）电动防火门两侧应设专用感烟火灾探测器组成控制电路。

（3）电动防火门宜选用平时不耗电的释放器，且宜暗设。

（4）电动防火门关闭后，应有关闭信号反馈到联动控制盘或消防控制室。

电动防火门的设置如图 3-14 所示，S1～S4 为感烟火灾探测器，FM1～FM3 为电动防火门。当 S1 动作时，FM1 应自动关闭；当 S2 或 S3 动作时，FM2 应自动关闭；当 S4 动作

时，FM3 应自动关闭。

图 3-14　电动防火门的设置

电动防火门的作用是防烟与防火。它在建筑物中的状态：当正常（无火灾）时，处于开启状态；当发生火灾时，受控关闭，关闭后仍可通行。电动防火门的控制就是在火灾时控制其关闭，其控制方式可由现场的感烟火灾探测器控制，也可由消防控制室控制，还可以手动控制。电动防火门的工作方式有两种，即平时不通电，发生火灾时通电关闭；以及平时通电，发生火灾时断电关闭。

2. 防火卷帘门系统及其消防联动控制

建筑物的敞开电梯厅和一些公共建筑因面积过大，超过了防火分区最大允许面积的规定（百货楼的营业厅、展览楼的展览厅等），考虑到使用上的需要，可采取较为灵活的防火处理方法，如在设置防火墙或防火门有困难时可设防火卷帘门。

防火卷帘门通常设置在建筑物中防火分区的通道口外，以形成门帘式防火分隔。当发生火灾时，防火卷帘门根据消防控制室的联动信号或火灾探测器信号指令，也可就地手动操作控制，使防火卷帘门首先下降至预定点，经一定延时后，防火卷帘门下降至地面，从而达到人员紧急疏散、火灾区域隔烟、隔火、控制火势蔓延的目的。

1）电动防火卷帘门系统的组成

电动防火卷帘门系统的组成如图 3-15 所示，电动防火卷帘门系统的控制程序如图 3-16 所示，电动防火卷帘门系统的电气控制如图 3-17 所示。

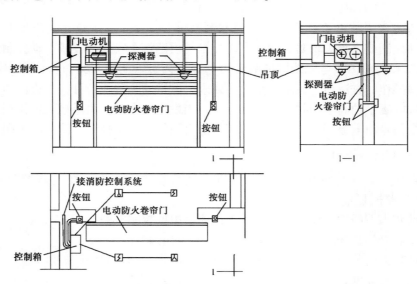

图 3-15　电动防火卷帘门系统的组成

2）防火卷帘门的联动控制原理

当正常无火灾时，防火卷帘门卷起，且用电锁锁住。当发生火灾时，防火卷帘门分两步下降，具体过程如下。

第一步下降：当火灾初期产生烟雾时，来自消防控制室的联动信号（感烟火灾探测器报警所致）使触点 1KA（在消防控制室火灾报警控制器上的继电器因感烟火灾探测器报警而动作）闭合；中间继电器 KA1 线圈通电动作使信号灯亮，发出报警信号，电警笛 HA 响，发出声报警信号；$KA1_{11\text{-}12}$ 号触头闭

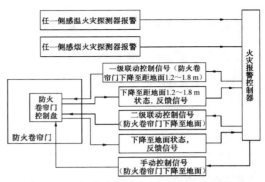

图 3-16　电动防火卷帘门系统的控制程序

合，给消防控制室一个防火卷帘门启动的信号（$KA1_{11\text{-}12}$ 号触头与消防信号灯相接）；将开关 QS1 的常开触头短接，全部电路通以直流电；电磁铁 YA 线圈通电，打开锁头，为防火卷帘门下降做准备；中间继电器 KM5 线圈通电，将接触器 KM2 线圈接通，KM2 触头动作，门电动机反转，防火卷帘门下降；当防火卷帘门下降至距地面 1.2～1.8 m 时，位置开关 SQ2 受碰撞而动作，使 KA5 线圈失电，KM2 线圈失电；门电动机停止，防火卷帘门停止下降（现场中常称为中停），这样即可隔断火灾初期产生的烟雾，也有利于灭火和人员逃生。

第二步下降：当火势增大，温度升高时，消防控制室的联动信号接点 2KA（安在消防中心控制器上且与感温火灾探测器联动）闭合，使中间继电器 KM2 线圈通电，其触头动作，使时间继电器 KT 线圈通电；经延时 30s 后其触点闭合，使 KA5 线圈通电，KM2 又重新通电，门电动机又反转，防火卷帘门继续下降；当防火卷帘门下降至地面时，碰撞位置开关 SQ3 使其触点动作，中间继电器 KA4 线圈通电；其常闭触点断开，使 KA5 失电释放，并使 KM2 线圈失电，门电动机停止；同时 $KA4_{3\text{-}2}$ 号、$KA4_{5\text{-}6}$ 号触头将防火卷帘门完全关闭信号（落地信号）反馈给消防控制室。

防火卷帘门上升控制：当火被扑灭后，按下消防控制室的防火卷帘门卷起按钮 SB4 或现场就地卷起按钮 SB5，均可使中间继电器 KA6 线圈通电，使接触器 KM1 线圈通电，门电动机正转，防火卷帘门上升；当上升到顶端时，碰撞位置开关 SQ1 使之动作，使 KA6

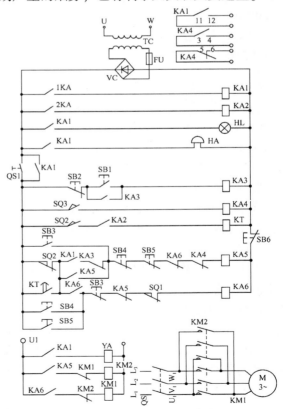

图 3-17　电动防火卷帘门系统的电气控制

失电释放，KM1失电，门电动机停止，上升结束。

开关QS1用于手动开、关防火门，而按钮SB6则用于手动停止防火卷帘门的升、降。

3.3.3 消防广播系统、消防电话系统与火灾应急照明和疏散指示系统及其消防联动控制

1. 消防广播系统

消防广播系统是火灾疏散和灭火指挥的重要设备，在整个消防控制室管理系统中起着极其重要的作用。当火灾发生时，应急广播信号由音源设备发出，经功率放大器放大后由输出模块切换至指定区域的音箱实现应急广播。它主要由音源设备、功率放大器、输出模块、音箱等设备构成。在为商场等大型场所选择功率放大器时应能满足3层所有音箱启动的要求，音源设备应具有放音、录音功能。如果业主要求应急广播在平时作为背景音乐的音箱，则功率放大器的功率应大于所有广播功率的总和，否则功率放大器将会过载保护导致无法输出背景音乐。

在高层建筑中，特别是高层宾馆、饭店、办公楼、综合楼、医院等，一般人员都比较集中，发生火灾时影响面很大。为了便于在发生火灾时统一指挥疏散，消防控制室报警系统应设置火灾应急广播系统。在条件许可时，集中火灾报警系统也应设置火灾应急广播。

火灾应急广播系统的扬声器应设置在走道和大厅等公共场所。扬声器的数量应能保证从本楼层的任何部位到最近一个扬声器的步行距离不超过25 m。在环境噪声大于60 dB的场所设置的扬声器，在其播放范围内最远点的播放声压级应超出环境噪声15 dB，每个扬声器的额定功率应不小于3 W。当客房内设置专用扬声器时，其功率不宜小于1 W。涉外单位的火灾应急广播系统应有两种以上的语言。

1）火灾应急广播系统与音响广播系统合用时应遵循的原则

（1）当发生火灾时，应能在消防控制室将火灾疏散层的扬声器和音响广播系统的扩音机强制转入火灾应急广播系统。强制转入的控制切换方式一般有以下两种。

① 火灾应急广播系统仅利用音响广播系统的扬声器和传输线路，而火灾应急广播系统的扩音机等装置是专用的。当发生火灾时，由消防控制室切换输出线路使音响广播系统的传输线路和扬声器投入火灾应急广播系统。

② 火灾应急广播系统完全利用音响广播系统的扩音机、传输线路和扬声器等装置在消防控制室设置紧急播放盒。紧急播放盒包括话筒放大器和电源、线路输出遥控电键等。当发生火灾时，遥控音响广播系统紧急开启进行火灾应急广播。

以上两种强制转入的控制切换方式应注意使扬声器无论处于关闭或播放背景音乐等状态下都能紧急播放火灾应急广播。尤其在设有扬声器开关或音量调节器的系统中的紧急广播方式应用继电器切换至火灾应急广播线路。

（2）在床头控制柜、背景音乐等已装有扬声器的高层建筑内设置火灾应急广播系统时，要求原有音响广播系统应具有火灾应急广播功能，即要求在发生火灾时，无论扬声器当时是处于开还是关的状态都应能紧急切换至火灾应急广播线路，以便进行火灾疏散广播。

（3）当音响广播扩音机没有设在消防控制室内时，无论采用哪种强制转入的控制切换方式，消防控制室都应能显示火灾应急广播系统的扩音机的工作状态。

（4）应设置火灾应急广播备用扩音机，其容量应不小于发生火灾时需同时广播范围内火

灾应急广播系统的扬声器最大容量总和的 1.5 倍。

未设置火灾应急广播系统的火灾自动报警系统应设置火灾警报装置。每个防火分区至少应安装一个火灾警报装置,其安装位置宜设在各楼层走道的靠近楼梯出口处,并且宜采用手动或自动控制方式。在环境噪声大于 60 dB 的场所设置火灾警报装置时,其报警器的声压级应超出环境噪声 15 dB。

2)火灾应急广播系统、火灾警报装置的控制程序

消防控制室应设置火灾警报装置与火灾应急广播系统的控制装置,其控制程序应符合下列要求。

(1)二层及二层以上的楼层发生火灾时应先接通着火层及其相邻的上、下层。

(2)首层发生火灾时应先接通本层、二层和地下一层。

(3)地下室发生火灾时应先接通地下各层和首层。

(4)含多个防火分区的单层建筑应先接通着火的防火分区及其相邻的防火分区。

2. 消防电话系统

消防电话系统是一种消防专用的通信系统,通过消防电话可及时了解火灾现场的情况,并及时通告消防人员救援。它有总线制和多线制两种主机。总线制消防电话系统由消防电话总机、消防电话接口模块、固定消防电话分机、消防电话插孔、手提消防电话分机等设备构成。所有消防电话插孔和手提消防电话分机与主机通话都要经过消防电话接口模块。而多线制消防电话系统则没有消防电话接口模块,一路线上的所有消防电话插孔和手提消防电话分机与多线制消防电话系统的主机面板上的呼叫操作键是一一对应的。一般设置为每个单元一路电话。

3. 火灾应急照明和疏散指示系统

当建筑物发生火灾且正常电源被切断时,如果没有火灾应急照明和疏散指示系统,那么受灾的人们往往因找不到安全出口而发生拥挤、碰撞、摔倒等事故,特别是高层建筑、影剧院、礼堂、歌舞厅等人员集中的场所,在发生火灾后极易造成较大的伤亡事故,同时不利于消防人员进行灭火、抢救伤员和疏散物资等。因此,设置符合规定的火灾应急照明和疏散指示系统是十分重要的。

1)设置部位

(1)单层、多层公共建筑,乙、丙类高层厂房,人防工程,高层民用建筑的下列部位应设置火灾应急照明设施。

① 封闭楼梯间、防烟楼梯间及其前室、消防电梯及其前室、合用前室和避难层(间)。

② 配电室、消防控制室、消防泵房、防/排烟机房、供消防用电的蓄电池室、自备发电动机房、电话总机房和发生火灾时仍需坚持工作的其他房间。

③ 观众厅、展览厅、多功能厅、餐厅、商场营业厅、演播室等人员密集的场所。

④ 人员密集且建筑面积超过 300 m² 的地下室。

⑤ 公共建筑内的疏散走道和居住建筑内长度超过 20 m 的内走道。

(2)公共建筑、人防工程和高层民用建筑的下列部位应设置灯光疏散指示标志。

① 除二类建筑外,高层建筑的疏散走道和安全出口处。

② 影剧院、体育馆、多功能礼堂、医院的病房楼等的疏散走道和疏散门。

③ 人防工程的疏散走道及其交叉口、拐弯处、安全出口处。

2）设置要求

（1）对于疏散用的火灾应急照明，其地面最低照度应不低于 0.5 lx。

（2）消防控制室、消防泵房、防/排烟机房、配电室和自备发电动机房、电话总机房与发生火灾时仍需坚持工作的其他房间的火灾应急照明仍应保证正常照明的照度。

（3）疏散用的火灾应急照明灯宜设置在墙面或顶棚上。安全出口标志灯宜设置在出口的顶部；走道疏散标志灯宜设置在疏散走道及其转角处距地面 1 m 以下的墙面上。走道疏散标志灯的间距应不大于 20 m。走道疏散标志灯及位置设置如图 3-18 所示。

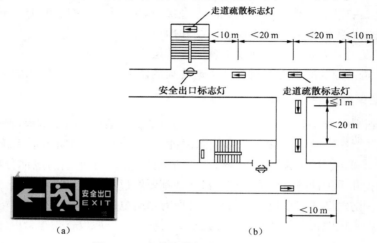

图 3-18　走道疏散标志灯及位置设置

（4）火灾应急照明和灯光疏散指示标志应设有玻璃或其他不可燃烧材料制作的保护罩。

（5）火灾应急照明和灯光疏散指示标志可采用蓄电池作为备用电源，且连续供电时间应不少于 20 min，高度超过 100 m 的高层建筑连续供电时间应不少于 30 min。

3.3.4　非消防电源、电梯系统及其消防联动控制

1. 消防供电

1）对消防供电的要求和规定

建筑物中火灾自动报警及消防联动控制系统的工作特点是连续、不间断的。为了保证消防灭火系统供电的可靠性及其配线的灵活性，根据《建筑设计防火规范》［GB 50016—2014（2018 年版）］，消防供电应满足下列要求。

（1）火灾自动报警系统应设有主电源和直流备用电源。

（2）火灾自动报警系统的主电源应采用消防电源，直流备用电源宜采用火灾报警控制器专用蓄电池。当直流备用电源采用消防灭火系统集中设置的蓄电池时，火灾报警控制器应采用单独的供电回路，并能保证消防灭火系统处于最大负荷状态时不影响火灾报警控制器的正常工作。

（3）火灾自动报警系统中的 CRT 显示器、消防通信设备、计算机管理系统、火灾应急广播系统等的交流电源应由 UPS 装置供电，其容量应按火灾报警控制器在监视状态下工作24 h 再加上两个分路报火警 30 min 的用电量之和来计算。

（4）对于消防联动控制器、消防泵、消防电梯、防/排烟设施、自动灭火装置、火灾自动报警系统设备、火灾应急照明和电动防火卷帘门、电动门窗、阀门等消防用电设备，一类建筑应按现行国家电力设计规范规定的一级消防负荷要求供电；二类建筑的上述消防用电设备应按二级消防负荷的双回路要求供电。

（5）消防用电设备的两个电源或双回路应在最末一级配电箱处自动切换。

（6）对容量较大或较集中的消防用电设备（消防电梯、消防泵等）应自配电室，并采用放射式供电。

（7）对于火灾应急照明、消防联动设备、火灾报警控制器等设备，如果采用分散供电设备层（最多不超过3或4层），则应设置专用消防配电箱。

（8）消防联动设备的直流操作电压应采用24 V。

（9）消防用电设备的电源不应设有漏电保护开关。

（10）消防用电设备的自备应急发电设备应设有自动启动装置，并能在15 s内供电，当由市电转换为柴油发电机电源时，自动启动装置应执行先停后送的程序，并应保证一定的时间间隔。

在设有消防控制室的民用建筑工程中，消防用电设备的两个独立电源或双回路宜在下列场所的配电箱处自动切换。

① 消防控制室。

② 消防电梯机房。

③ 防/排烟设备机房。

④ 火灾应急照明配电箱。

⑤ 各楼层消防配电箱。

⑥ 消防泵房。

2）消防联动设备的供电系统

消防联动设备的供电系统应能充分保证设备的工作性能，当发生火灾时，能充分发挥消防用电设备的功能，将火灾损失降到最低。这就要求对电力负荷集中的高层建筑或一、二级电力负荷（消防负荷）采用单电源或双电源的双回路供电方式，使用两个10 kV的电源进线和两台变压器构成消防主供电电源。

（1）一类建筑的消防供电系统。一类建筑（一级消防负荷）的消防供电系统如图3-19所示。

图3-19（a）中的供电系统采用不同电网构成双电源，两台变压器互为备用，单母线分段提供消防备用电源；图3-19（b）中的供电系统采用同一电网双回路供电，两台变压器互为备用，单母线分段，设置柴油发电动机组作为应急电源向消防用电设备供电，与主供电电源互为备用，满足一级消防负荷的要求。

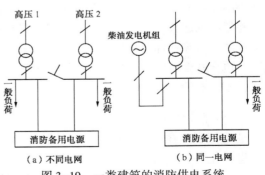

图3-19 一类建筑的消防供电系统

（2）二类建筑的消防供电系统。二类建筑（二级消防负荷）的消防供电系统如图3-20所示。从图3-20（a）中可知，一路低压电源供电系统由外部引来的一路低压电源与本部门

电源（自备柴油发电动机组）互为备用向消防用电设备供电；图3-20（b）是双回路供电系统，可满足二级消防负荷的要求。

3）消防备用电源自动投入装置

消防备用电源自动投入装置（BZT）可使两路消防联动设备的供电系统互为备用，也可用于主供电电源与应急电源（柴油发电动机组）的连接和应急电源的自动投入。

（1）消防备用电源自动投入装置的线路组成如图3-21所示。消防备用电源自动投入装置由两台变压器、3只交流接触器KM1、KM2、KM3，以及自动开关ZK、手动开关SA1、SA2、SA3组成。

（2）消防备用电源自动投入装置的原理：正常情况下，两台变压器分列运行，自动开关ZK处于闭合状态，将SA1、SA2先合上，再合上SA3，交流接触器KM1、KM2线圈通电闭合，KM3线圈断电触头释放。如果I段母线失压或1号回路断电，则KM1线圈断电触头释放，KM3线圈通电，其常开触头闭合，使I段母线通过II段母线接受2号回路的电源供电，以实现自动切换。

应当指出：两路电源在消防电梯、消防泵等消防设备端实现切换（末端切换）常采用消防备用电源自动投入装置。

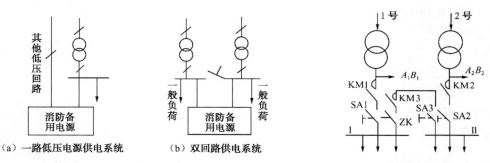

图3-20　二类建筑的消防供电系统　　图3-21　消防备用电源自动投入装置的线路组成

（a）一路低压电源供电系统　（b）双回路供电系统

2. 消防电梯

消防电梯是高层建筑特有的消防用电设备。高层建筑的工作电梯在发生火灾时常常因为断电和不防烟等而停止使用，这时楼梯则成为垂直疏散的主要设施。如果不设置消防电梯，一旦高层建筑高处起火，消防人员靠攀爬楼梯进行扑救，则会因体力不支和运送困难而耽误时间，并且消防人员经楼梯奔向起火部位进行扑救火灾工作势必和向下疏散的人员产生"对撞"的情况，也会耽误时间。另外，未疏散出来的楼内受伤人员不能利用消防电梯进行及时的抢救容易造成不应有的伤亡事故。因此必须设置消防电梯以控制火势蔓延，为扑救火灾赢得时间。

1）电梯运行盘及其控制

消防控制室在火灾确认后应能控制电梯全部停于首层，并接收其反馈信号。

电梯是高层建筑纵向交通的工具，消防电梯是火灾时供消防人员扑救火灾和营救人员使用的。当发生火灾时，一般电梯在没有特殊情况下不能进行疏散。因此，在发生火灾时对电梯的控制一定要安全可靠。对电梯的控制具体有两种方式：一种是将所有电梯控制显示的副盘设在消防控制室，消防值班人员可随时直接操作；另一种是消防控制室自行设计电梯控制装置，当发生火灾时，消防值班人员通过控制装置向电梯机房发出火灾信号和强制电梯全部

停于首层的指令。在一些大型公共建筑内，利用消防电梯前的感烟火灾探测器直接联动控制电梯也是一种控制方式。但必须注意感烟火灾探测器误报的危险性，最好还是通过消防控制室对电梯进行控制。

2）消防电梯的设置场所和数量

（1）消防电梯的设置场所。

① 一类公共建筑。

② 塔式住宅。

③ 12 层及 12 层以上的单元式住宅、相通廊式住宅。

④ 高度超过 32 m 的其他二类公共建筑。

（2）消防电梯的设置数量。

① 当每层建筑面积不大于 1 500 m² 时，应设一台。

② 当每层建筑面积大于 1 500 m² 但小于或等于 4 500 m² 时，应设两台。

③ 当每层建筑面积大于 4 500 m² 时，应设 3 台。

④ 消防电梯可与客梯或工作电梯兼用，但应符合消防电梯的要求。

3）消防电梯的设置应符合的规定

（1）消防电梯的载重应不小于 800 kg。

（2）消防电梯轿厢内装修时应采用不燃材料。

（3）消防电梯宜分别设在不同的防火分区内。

（4）消防电梯轿厢内应设专用电话，并应在首层设置供消防人员专用的操作按钮。

（5）消防电梯间应设前室，其面积为：居住建筑应不小于 4.5 m²；公共建筑应不小于 6 m²。当与防烟楼梯间合用前室时，其面积为：居住建筑应不小于 6 m²；公共建筑应不小于 10 m²。

（6）消防电梯井、机房与相邻的其他电梯井、机房之间应采用耐火极限不低于 2 h 的隔墙隔开，当在隔墙上开门时，应设甲级防火门。

（7）消防电梯间前室宜靠外墙设置，在首层应设直通外室的出口或经过长度不超过 30 m 的通道通向室外。

（8）消防电梯间前室的门应采用乙级防火门或具有停滞功能的防火卷帘门。

（9）消防电梯的行驶速度应按从首层到顶层的运行时间不超过 60 s 计算确定。

（10）动力与控制电缆、电线应采取防水措施；消防电梯间前室门口应设挡水设施。消防电梯的井底应设排水设施，排水井容量应不小于 2 m³，排水泵的排水量应不小于 10 L/s。

4）消防电梯的控制

消防电梯在火灾状态下应能在消防控制室和首层电梯门厅处明显的位置设控制归底的按钮。在设计消防联动控制系统时，常用总线或多线联动控制模块来完成此项功能。消防电梯控制系统的结构如图 3-22 所示。

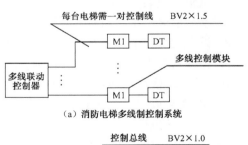

（a）消防电梯多线制控制系统

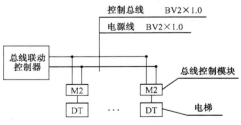

（b）消防电梯总线制控制系统

图 3-22 消防电梯控制系统的结构

知识梳理与总结

1. 本项目作为消防联动控制的基础部分，主要介绍了消防泵、喷淋泵系统联动，防火门、防火卷帘门系统联动，防/排烟系统联动，消防广播系统联动，火灾应急广播系统、音响广播系统联动，非消防电源、消防电梯系统联动的构成及其控制原理。

2. 所谓消防联动控制，就是指在发生火灾后启动相关的消防联动设备，如开启排烟机（排烟阀）、音响广播，启动消防泵，关闭防火门和防火卷帘门等。

3. 消防灭火系统中除火灾自动报警系统外，还有自动喷水灭火系统、室内消火栓系统和疏散诱导系统。自动喷水灭火系统和室内消火栓系统是在火灾发生后进行灭火的最主要的手段，自动喷水灭火系统同火灾自动报警系统相互联动的关键器件是压力开关和水流指示器，室内消火栓系统同火灾自动报警系统相互联动的关键器件是消火栓按钮。疏散诱导系统是在火灾发生后进行排烟、防止火势蔓延和利用音响广播通知人们逃生的系统，防/排烟系统同火灾自动报警系统相互联动的关键器件是排烟阀、防火阀。

4. 消防联动控制和火灾自动报警系统是不可分割的，它们共同完成对火灾的预报、扑救和疏散的任务。现在设备厂家生产的报警主机大多是报警联动一体化主机。

复习思考题3

1. 消防联动控制系统有哪几种基本形式？

2. 消防联动控制对象包括哪些内容？如何正确设置消防联动控制关系？

3. 防火阀与排烟阀的功能有什么区别？各用在什么场合？

4. 排烟阀的控制应符合哪些要求？试叙述排烟阀、送风阀、防火阀的区别。

5. 排烟风机控制电路的工作原理是什么？

6. 试叙述防火卷帘门控制电路的工作过程，以及电动防火卷帘门下降的方式。

7. 室内消火栓系统和喷淋泵系统有哪两大类？各有何特点？

8. 试叙述消防泵控制电路的工作原理。

9. 在湿式喷水灭火系统中，压力开关和水流指示器的作用有何不同？

10. 消防广播系统的特点和要求是什么？

11. 在发生火灾后，非消防电源应如何？电梯应如何？

12. 哪些部位需要设置火灾应急照明？

13. 火灾应急照明的安装要求有哪些？

项目 4

火灾报警设备和消防联动设备的安装

扫一扫看壁挂式火灾报警控制器（主机）的内部构造微课视频

扫一扫看火灾报警控制器前面各主要组成部件及功能微课视频

扫一扫看火灾报警控制器后面各主要组成部件及功能微课视频

教学导航

扫一扫看火灾自动报警系统的基本组成及原理微课视频

扫一扫看火灾自动报警系统的联动过程微课视频

教	知识重点	1. 火灾报警设备的安装；2. 消防联动设备的安装； 3. 消防控制室控制和接地装置的安装
	知识难点	1. 火灾探测器的安装与布线； 2. 火灾自动报警及消防联动控制系统的安装技能实训； 3. 火灾自动报警系统布线
	推荐教学方式	1. 理论部分采用多媒体教学； 2. 火灾报警设备的安装在实训室内完成； 3. 理论部分讲授后，安排两周安装实训课； 4. 安排到厂家参观火灾报警设备的生产； 5. 注重火灾自动报警系统布置与安装施工图的讲解，强调不同厂家的火灾报警设备不同，做到举一反三
	建议学时	8 学时（理论部分）
学	推荐学习方法	将前面项目的理论同本项目的内容结合起来，掌握关键火灾报警设备的安装，如火灾探测器、模块等，接线要严格按消防施工规范进行，同时注意不同厂家的火灾报警设备的相同点和不同点，比较其结构图和安装图的区别
	必须掌握的理论知识	1. 火灾自动报警及消防联动控制系统设备的安装与接线； 2. 消防布线要求和接地方法；3. 相关的消防安装施工规范
	必须掌握的技能	1. 火灾自动报警及消防联动控制系统设备的安装施工； 2. 火灾自动报警及消防联动控制系统的安装和接线施工图的识读

4.1 火灾报警设备的安装

扫一扫看火灾报警控制器模拟系统接线的器件及工具微课视频

扫一扫看火灾报警控制器模拟系统的编码微课视频

火灾报警设备的模块、手动报警按钮和其他器件的主要内容如图 4-1 所示。

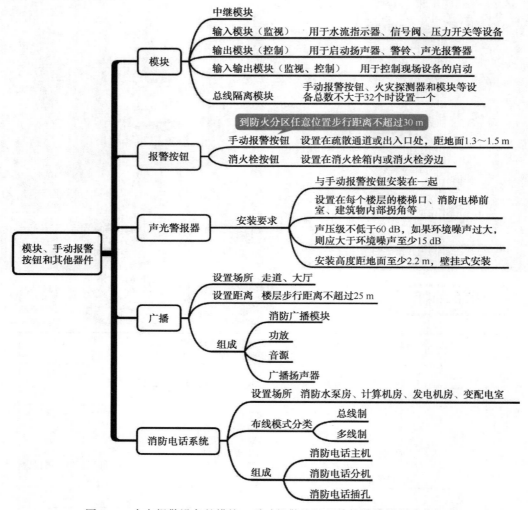

图 4-1　火灾报警设备的模块、手动报警按钮和其他器件的主要内容

为了确保火灾自动报警及消防联动控制系统的正常运行，并提高其可靠性，不仅要合理地设计，还要正确地安装、操作和经常维护。无论设备如何先进、设计如何完善、设备选择如何正确，如果安装不合理、管理不完善或操作不当，那么仍然会经常发生误报或漏报，容易造成建筑物内管理的混乱或贻误灭火时机。

火灾自动报警及消防联动控制系统施工安装的一般要求如下。

（1）火灾自动报警及消防联动控制系统施工安装的专业性很强，为了保证施工安装质量，确保安装后系统能投入正常运行，施工安装必须经有批准权限的公安消防监督机构批

准，并由有许可证的安装单位承担。

（2）安装单位应按设计图纸施工，如果需要修改，则应征得原设计单位的同意，并有文字批准手续。

（3）火灾自动报警系统的安装应符合《火灾自动报警系统施工及验收标准》（GB 50166—2019）等的规定，并满足设计图纸和设计说明书的要求。

（4）火灾自动报警系统的设备应选用经国家消防电子产品质量监督检验中心检测合格的产品。

（5）火灾自动报警系统的火灾探测器、手动报警按钮、火灾报警控制器和其他所有设备在安装前均应妥善保管，防止受潮、受腐蚀和其他损坏，安装时应避免机械损伤。

（6）施工单位在施工前应具有平面图、系统图、安装尺寸图、接线图和一些必要的设备安装技术文件。

（7）在火灾自动报警及联动控制系统安装完毕后，安装单位应提交下列资料和文件。

① 变更设计部分的实际施工图。

② 变更设计的证明文件。

③ 安装技术记录（包括隐蔽工程的检验记录）。

④ 检验记录（包括绝缘电阻、接地电阻的测试记录）。

⑤ 安装竣工报告。

4.1.1 火灾报警控制器的安装

 扫一扫看火灾报警控制器模拟系统的接线微课视频1

 扫一扫看火灾报警控制器模拟系统的接线微课视频1

 扫一扫看火灾报警控制器模拟系统的调试及联动报警微课视频

火灾报警控制器一般安装在建筑物的火警值班室或消防控制室。

1. 区域火灾报警控制器的安装

区域火灾报警控制器一般为壁挂式，可以直接安装在墙上，也可以安装在支架上，如图4-2所示。区域火灾报警控制器底边距地面的高度应不小于1.5 m，靠近门轴的侧面距墙应不小于0.5 m，正面操作距离应不小于1.2 m。

区域火灾报警控制器安装在墙面上可采用膨胀螺栓固定。如果区域火灾报警控制器的质量小于30 kg，则使用ϕ8×120膨胀螺栓固定，如果质量大于30 kg，则使用ϕ10×120膨胀螺栓固定。在安装时，应首先按施工图确定区域火灾报警控制器的具体位置，量好箱体安装孔尺寸，在墙上画好孔眼位置，然后钻孔安装。

如果区域火灾报警控制器安装在支架上，应先将支架做好，并进行防腐处理，将支架装在墙上后，再把控制器安装在支架上。

2. 集中火灾报警控制器的安装

集中火灾报警控制器一般为落地式，柜下面有进出线地沟，如图4-3所示。如果需要从后面检修，则柜后面板距墙应不小于1 m。当有一侧靠墙安装时，另一侧距墙应不小于1 m。集中火灾报警控制器的正面操作距离：当集中火灾报警控制器单列布置时，应不小于1.5 m；当双列布置时，应不小于2 m。在值班人员经常工作的一面，控制盘前距离应不小于3 m。

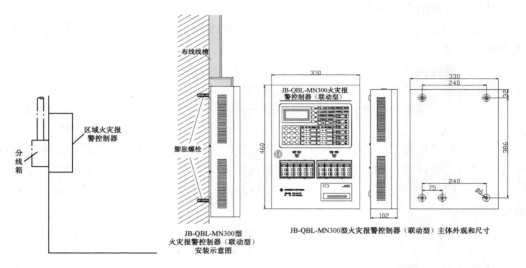

（a）安装示意　　　　　　　　　　　　（b）实物示例

图 4-2　区域火灾报警控制器的安装

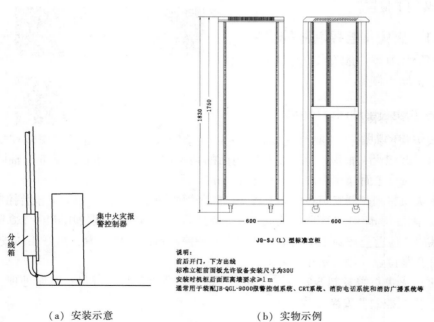

（a）安装示意　　　　　　　　　（b）实物示例

图 4-3　集中火灾报警控制器的安装

　　集中火灾报警控制器应被安装在型钢基础底座上。一般型钢采用 8 ～ 10 号槽钢，也可以采用相应的角钢。型钢基础底座的制作尺寸应与集中火灾报警控制器相等。安装集中火灾报警控制器前应检查内部元器件是否完好、清洁整齐，各种技术文件是否齐全，盘面有无损坏。

　　一般设有集中火灾报警控制器的火灾自动报警系统的规模都较大，竖向的传输线路应采

用竖井敷设。每层竖井分线处应设端子箱，端子箱内最少应有 7 个分线端子，分别作为电源负极、故障信号线、火警信号线、自检信号线、区域信号线、两条备用线。两条备用线在安装调试时可进行通信联络。

3. 火灾报警控制器的导线

（1）引入火灾报警控制器的配线应符合下列要求。

① 导线应整齐，避免交叉，并应用线扎或其他方式固定牢靠。

② 电缆芯线和所配导线的端部均应标明编号，即火灾报警控制器内应将电源线、探测回路线、通信线分别加套管并编号，楼层显示器内应将电源线、通信线分别加套管并编号，联动驱动器内应将电源线、通信线、音频信号线、联动信号线、反馈线分别加套管并编号。所有编号都必须与图纸上的编号一致，字迹要清晰，有改动处应在图纸上进行明确标注。

③ 电缆芯线和导线应留不小于 20 cm 的余量。

④ 接线端子上的接线必须用焊片压接在接线端子上，每个接线端子的压接线不得超过两根。

⑤ 导线引入线管后，在进线管处应封堵。

⑥ 火灾报警控制器的交流 220 V 主电源引入线应直接与消防电源连接，严禁使用电源插头。主电源应有明显标志。

⑦ 火灾报警控制器的接地应牢靠并有明显标志。

⑧ 在火灾报警控制器的安装过程中，严禁随意操作电源开关，以免损坏机器。

（2）火灾报警控制器的线路结构和端子接线图。

由于各生产厂家的不同，其火灾报警控制器的线路结构和端子接线图也不同，现以深圳市赋安安全系统有限公司的 AFN100 火灾报警控制器为例进行讲解。其中，表 4-1 所示为 AFN100 接线端子说明，图 4-4 所示为 AFN100 火灾报警控制系统构成图，图 4-5 所示为外形尺寸和安装尺寸图，图 4-6 所示为 AFN100 端子接线图。

表 4-1　AFN100 接线端子说明

接线端子编号		说明
S1–	S1+	第一回路总线
S2–	S2+	第二回路总线
BJK	BJD	直接启/停输出
FJK	FJD	火警继电器（常开或常闭）
BB1	AA1	第一回路 485 总线
BB2	AA2	第二回路 485 总线（接显示盘）
DGND	DGND	RS-485 通信接口公共地
GND	+24 V	直接 24 V 电源输出（200 mA）
VGND	V24 V	受控 24 V 输出（200 mA）
VGND	V24 V	受控 24 V 输出（200 mA）

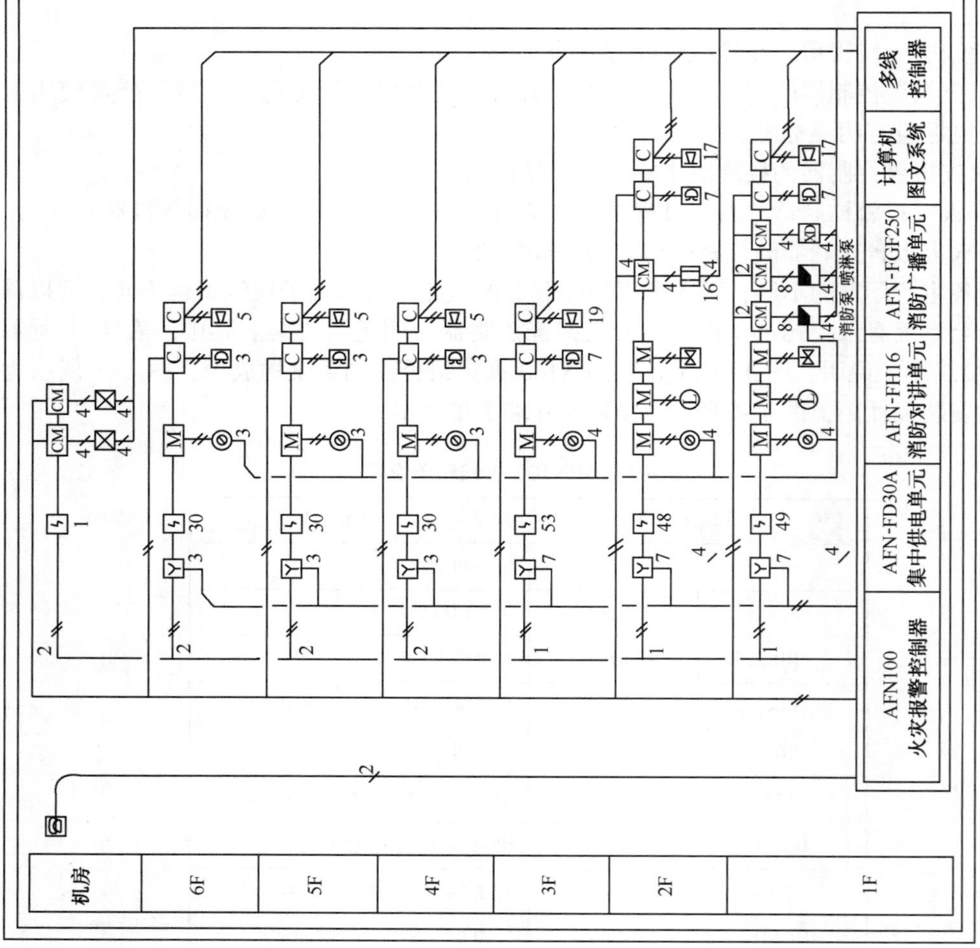

图例	名称	型号	数量	备注
⑤	智能感烟火灾探测器	FA1017	270	
⒤	智能感温火灾探测器	FA1015	2	
⊕	常规感温火灾探测器	FA1018	0	
⑤	常规感烟火灾探测器	FA1016	0	
Ⓨ	编码按钮（含电话插口）	AFN-MB4	49	
⊠	电梯		4	
①	水流指示器		2	
◎	消防栓按钮	AFN-MB7	38	
Ⓜ	区域中间继电器	AFN-M1219	4	
Ⓒ	区域控制模块	AFN-M1218	36	
CM	区域监控模块	AFN-M1220	43	
⊠	显示盘	AFN-FX01	0	
Ⓘ	风机电控箱		2	
⊠	信号阀		2	
⒲	扬声器	AFN-PG01	54	
⬛	防火阀		0	
⒤	火警电话分机	AFN-FH05	5	
⊠	水泵电控箱		1	
Ⅲ	正压送风口		34	
Ⅲ	防火卷帘门		0	

图 4-4 AFN100 火灾报警控制系统构成图

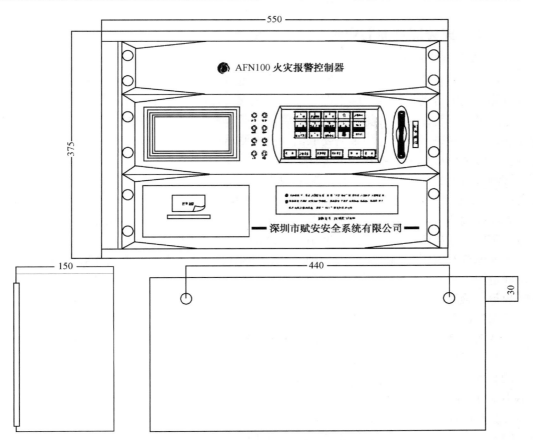

图 4-5 外形尺寸和安装尺寸图

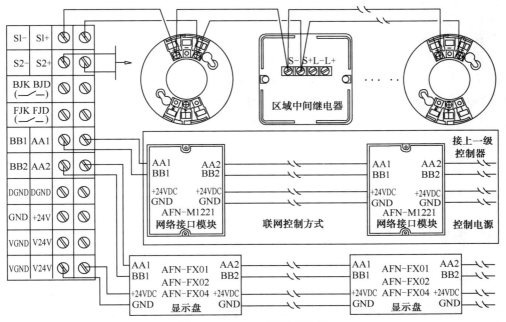

图 4-6 AFN100 端子接线图

4.1.2 火灾探测器的安装

1. 火灾探测器的定位

火灾探测器在安装时要按施工图选定的位置现场画线定位。在吊顶上安装时要注意纵横成排对称。火灾自动报警系统施工图一般只提供火灾探测器的数量和大致位置，在现场施工时会遇到诸如风管、风口、排风机、工业管网、天车和照明灯具等各种障碍，需要对火灾探测器的设计位置进行调整。如果需要取消火灾探测器或调整位置后超出了火灾探测器的保护范围，则应和设计单位联系并变更设计。

探测区域内的每个房间至少应安装一只火灾探测器。感温、感光火灾探测器距光源距离应大于 1 m。感烟、感温火灾探测器的保护面积和保护半径应按表 2-4 确定。

火灾探测器一般安装在室内顶棚上。当顶棚上有梁时，如果梁的净间距小于 1 m，则可视为平顶棚。如果梁突出顶棚的高度小于 200 mm，则在顶棚上安装感烟、感温火灾探测器时可不考虑梁对火灾探测器保护面积的影响。如果梁突出顶棚的高度为 200 ～ 600 mm，则应按规定图、表确定火灾探测器的安装位置。如果梁突出顶棚的高度大于 600 mm，则被梁隔断的每个梁间区域应至少安装一只火灾探测器。如果被梁隔断的区域面积超过一只火灾探测器的保护面积，则应将其视为一个探测区域，并按有关规定计算火灾探测器的数量。

安装在顶棚上的火灾探测器的边缘与下列设施边缘的水平净距应保持在规定范围内。

（1）与照明灯具的水平净距应大于 1 m。

（2）感温火灾探测器与高温光源灯具（碘钨灯、容量大于 100 W 的白炽灯等）的净距应不小于 0.5 m。

（3）与电风扇的净距应不小于 1.5 m。

（4）与不突出的扬声器的净距应不小于 0.1 m。

（5）与各种自动喷水灭火喷头的净距应不小于 0.3 m。

（6）与空调送风口边的水平净距应不小于 1.5 m（见图 4-7），与多孔送风顶棚孔口的净距应不小于 0.5 m。

（7）与防火门、防火卷帘门的净距应为 1 ～ 2 m。

在宽度小于 3 m 的走廊顶棚上安装火灾探测器时宜居中布置，即感温火灾探测器的安装间距应不大于 10 m，感烟火灾探测器的安装间距应不大于 15 m，火灾探测器与端墙的距离应不大于火灾探测器安装间距的一半，如图 4-8 所示。火灾探测器与墙壁、梁边的水平距离应不小于 0.5 m，如图 4-9 所示。火灾探测器周围 0.5 m 的距离内不宜有遮挡物。

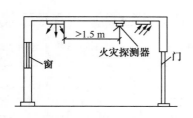

图 4-7　火灾探测器在有空调的室内的安装

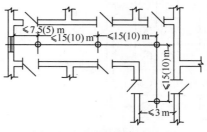

图 4-8　火灾探测器在宽度
小于 3 m 的走廊顶棚上的安装

当房间被书架、设备或隔断等分隔时，如果其顶部至顶棚或梁的距离小于房间净高的5%，则每个被隔开的部分应至少安装一只火灾探测器，如图4-10所示。

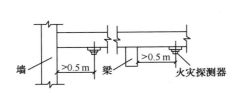

图4-9　火灾探测器至墙壁、梁的水平距离

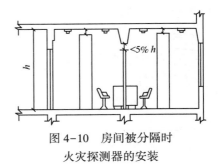

图4-10　房间被分隔时
火灾探测器的安装

当房屋顶部有热屏障时，感烟火灾探测器下表面至顶棚的距离应符合表2-7的规定。锯齿形屋顶和坡度大于15°的人字形屋顶应在每个屋脊处安装一排火灾探测器，如图4-11所示。火灾探测器下表面距屋顶最高处的距离也应符合表2-7的规定。火灾探测器宜水平安装，如果必须倾斜安装，则倾斜角度应不大于45°，如果倾斜角度大于45°，则需加装垫木使倾斜角度为0°，如图4-12所示。

在与厨房、开水房、浴室等房间连接的走廊安装火灾探测器时应避开其入口边缘1.5 m。在电梯井、升降机井和管网井安装火灾探测器时，其位置应在井道上方的机房顶棚上。未按每层封闭的管网井（竖井）安装火灾报警控制器时应在最上层顶部安装。隔层楼板高度在3层以下且完全处于水平警戒范围内的管网井（竖井）可以不安装。

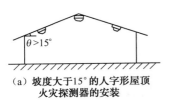

（a）坡度大于15°的人字形屋顶
火灾探测器的安装
（b）锯齿形屋顶火灾探测器的安装

图4-11　锯齿形、人字形
屋顶火灾探测器的安装

图4-12　坡度大于45°的
屋顶上火灾探测器的安装

有煤气灶房间内煤气火灾探测器的安装位置如图4-13所示。煤气火灾探测器分墙壁式和吸顶式安装。墙壁式安装时应安装在距煤气灶4 m以内，距地面高度为0.3 m，如图4-13（a）所示。吸顶式安装时应安装在距煤气灶8 m以内的屋顶棚上。当屋内有排气口时，煤气火灾探测器允许安装在排气口附近，但位置应距煤气灶8 m以上，如图4-13（b）所示。当房间内有梁且高度大于0.6 m时，煤气火灾探测器应安装在靠近煤气灶一侧，如图4-13（c）所示。当煤气火灾探测器在梁上安装时，其距屋顶应不大于0.3 m，如图4-13（d）所示。

2. 火灾探测器的固定

火灾探测器由底座和探头两部分组成，属于精密电子仪器，在建筑施工交叉作业时一定要保护好。在安装火灾探测器时应先安装底座，待整个火灾自动报警系统全部安装完毕再安装探头，并进行必要的调整工作。

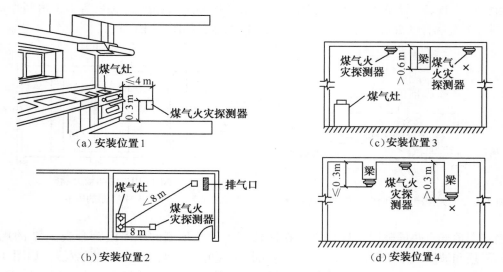

（a）安装位置1　　　　　　　　　　（c）安装位置3

（b）安装位置2　　　　　　　　　　（d）安装位置4

图4-13　有煤气灶房间内煤气火灾探测器的安装位置

常用的火灾探测器的底座按其结构形式分为普通底座、编码型底座、防爆底座、防水底座等专用底座。根据火灾探测器的底座是否明、暗装又可分为直接安装和用预埋盒安装的形式。火灾探测器的明装底座有的可以直接安装在建筑物室内装饰吊顶的顶棚上，如图4-14所示。对于需要与专用盒配套安装的火灾探测器，盒体要与土建工程配合，预埋施工。火灾探测器明装示意图如4-15所示，暗装示意图如4-16所示。

火灾探测器或其底座上的报警确认灯应面向主要入口方向，以便观察。预埋暗装盒时应将布线管一并埋入，用钢管时应将管网连接成一导电通路。

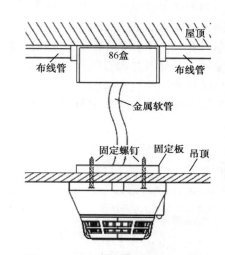

图4-14　火灾探测器吊顶安装示意

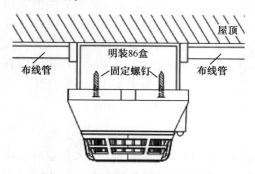

图4-15　火灾探测器明装示意图

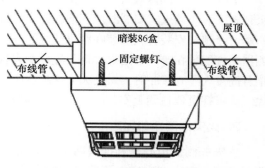

图4-16　火灾探测器暗装示意图

在吊顶内安装火灾探测器时，专用盒、灯位盒应安装在顶棚上，根据火灾探测器的安装位置，先在顶棚上钻个小孔，再根据小孔的位置将灯位盒与配管连接好并配至小孔位置，将保护管固定在吊顶的龙骨或吊顶内的支、吊架上。灯位盒应先紧贴在顶棚上，然后对顶棚上的小孔扩大，扩大面积应不大于盒口面积。

由于火灾探测器的型号、规格繁多，其安装方式各异，因此在施工图下发后应仔细阅读施工图和产品样本，了解产品的技术说明书，做到正确安装，达到合理使用的目的。

3. 火灾探测器的接线与安装

火灾探测器的接线其实就是其底座的接线，在安装火灾探测器的底座时，应先将预留在盒内的导线剥出线芯 10 ～ 15 mm（注意保留线号）。将剥好的线芯（剥头）连接在火灾探测器底座各对应的接线端子上，当需要焊接连接时，导线剥头应焊接焊片，通过焊片接于火灾探测器底座的接线端子上。

不同规格型号的火灾探测器的接线方法也有所不同，一定要参照产品说明书进行接线。接线完毕后，将底座用配套的螺钉固定在预埋盒上，并上好防潮罩。按设计图检查无误后拧上火灾探测器探头，探头通常以接插旋卡式与底座连接。火灾探测器的底座上有缺口或凹槽，探头上有凸出部分，在安装时，探头对准底座以顺时针方向旋转拧紧。

火灾探测器在安装时应注意以下问题。

（1）有些厂家的火灾探测器有中间型和终端型之分，每条报警回路（一个探测区域内的火灾探测器组成的一条报警回路）应有一个终端型火灾探测器，以实现线路故障监控。感温火灾探测器探头上有红色标记的为终端型，无红色标记的为中间型。感烟火灾探测器确认灯是白色发光二极管的为终端型，是红色发光二极管的为中间型。

（2）最后一个火灾探测器接终端电阻 R，其阻值大小应根据产品技术说明书的规定取值。并联火灾探测器的 R 值一般取 5.6 Ω。有的火灾探测器不需要接终端电阻，也有的用一个二极管和一个电阻并联，在安装时，二极管负极应与+24 V端子连接。

（3）并联火灾探测器一般应少于 5 只，如果要装设外接门灯，则必须用专用底座。

（4）当采用防水型火灾探测器有预留线时，应采用接线端子过渡分别连接，连接好后的端子必须用胶布包缠好，放入盒内后固定火灾探测器。

（5）采用总线制并要进行编码的火灾探测器应在安装前对照厂家技术说明书的规定，按层或区域先进行编码分类，然后按照上述工艺要求安装火灾探测器。

4. 具体厂家、型号的火灾探测器的安装

通常来讲，火灾探测器的安装一般主要由预埋盒、底座、火灾探测器 3 部分组成。火灾探测器的种类、型号、厂家不同，其安装接线也有很大的不同。下面针对具体厂家、型号的火灾探测器介绍它们安装的方法、程序。

1）点型火灾探测器的安装

（1）点型火灾探测器整体安装组合图。首先安装预埋盒、底座和布线管，再将与底座有关的导线接在底座的正确位置。对美观有特殊要求的安装场所可选用带装饰圈的底座。图 4-17和图 4-18所示为点型火灾探测器整体安装组合图。

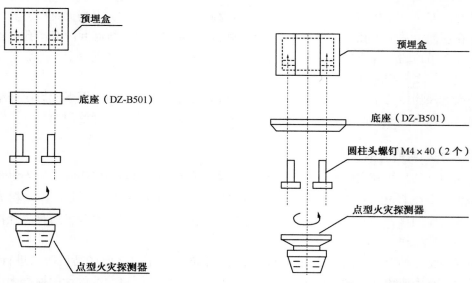

图 4-17 点型火灾探测器整体安装组合图 1　　图 4-18 点型火灾探测器整体安装组合图 2（带装饰圈）

（2）预埋盒安装。预埋盒的安装尺寸如图 4-19 所示，不同的底座使用的预埋盒安装孔距也有所不同。

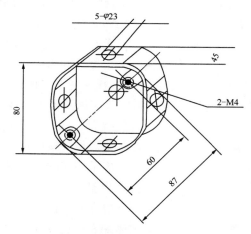

图 4-19 预埋盒的安装尺寸

（3）底座安装。底座是和火灾探测器相配套的器件，不同的火灾探测器需要不同的底座。火灾探测器的厂家不同，其底座有很大的区别；同一厂家的底座也有不同的系列。但底座有共同的功能特点，即它是与火灾探测器配套的器件，通过导线连接火灾报警控制器和火灾探测器。底座型号很多，下面以几个典型产品为例讲述火灾探测器底座的安装。

【例 4-1】　以深圳市赋安安全系统有限公司的产品为例，其底座产品分为智能火灾探测器底座（FA1104 系列和 FAB801 系列）和常规火灾探测器底座（FA1103 系列和 FAB401系列）。FA1104 系列和 FA1103 系列底座的接线端子分别如图 4-20 与图 4-21 所示。

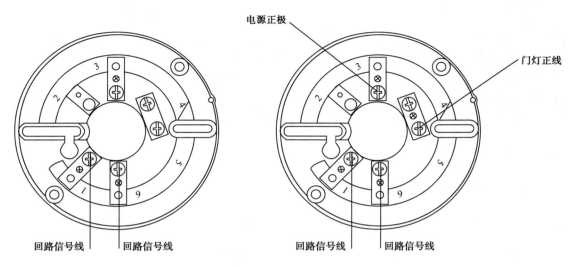

图 4-20 底座的接线端子（FA1104 系列）　　　　图 4-21 底座的接线端子（FA1103 系列）

按照所选定的 FA1104 系列和 FA1103 系列底座的安装说明进行接线，如图 4-22、图 4-23 所示。底座上备有带螺钉的端子，以提供各种方式的连接。

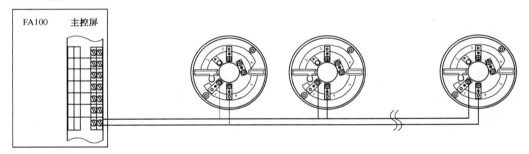

图 4-22 一个回路中多只智能火灾探测器并联连接（FA1104 系列）

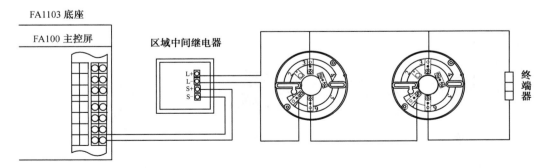

图 4-23 一个回路中多只常规火灾探测器串联连接（FA1103 系列）

安装时应注意：确认全部底座已安装好，且每个底座的接线极性准确无误。在安装火灾探测器前应切断回路的电源。

【例4-2】 以美国诺帝菲尔（NOTIFIER）公司产品为例，其智能火灾探测器底座产品型号为 B501/B501B（带装饰圈），常规火灾探测器底座产品型号为 B401/B401B（带装饰圈），它们的接线端子如图4-24和图4-25所示。B501/B501B 底座有3个接线端子，在接线时应注意极性，端子2接总线"+"，端子1接总线"−"。端子3为门灯接线端子，可兼容的门灯接在端子3（门灯"+"）、端子1（门灯"−"）上做远程指示用。B401/B401B 底座的端子5一般不用，只在强干扰场合下作为屏蔽线端子使用。

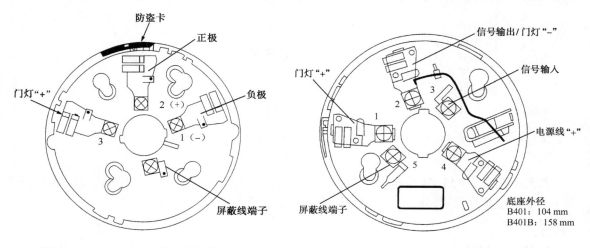

图 4-24　B501/B501B 底座的接线端子　　　　图 4-25　B401/B401B 底座的接线端子

B401/B401B 底座可提供5个接线端子，端子4接电源线"+"，端子3接信号输入，端子2接信号输出/门灯"−"，端子1接门灯"+"，端子5接屏蔽线端子。

按照所选定的底座的安装说明进行接线，如图4-26和图4-27所示。底座上备有带螺钉的端子提供各种方式的连接。

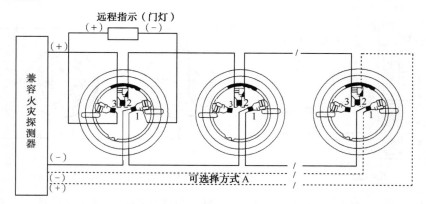

图 4-26　一个回路中多只火灾探测器的连接

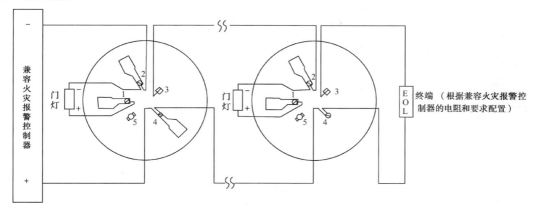

图 4-27　多只火灾探测器的连接

【例 4-3】　以深圳市高新投三江电子股份有限公司产品为例，其底座产品分为智能火灾探测器底座（DZ910 系列）和常规火灾探测器底座（DZ910K 系列）。DZ910、DZ910K 系列火灾探测器底座的端子接线分别如图 4-28 和图 4-29 所示。本系列火灾探测器属于无极性两线制，在安装时不需要考虑底座接线端子的极性。

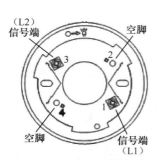

图 4-28　DZ910 系列火灾探测器底座的端子接线

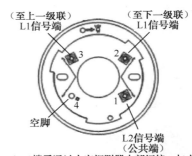

图 4-29　DZ910K 系列火灾探测器底座的端子接线

按照所选定的 DZ910 系列和 DZ910K 系列底座的安装说明进行接线，分别如图 4-30 和图 4-31 所示。底座上备有带螺钉的端子提供各种方式的连接。

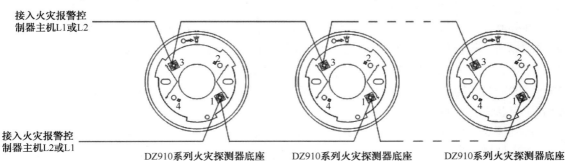

图 4-30　一个回路中多只智能火灾探测器并联连接（DZ910 系列）

第一种方式：将信号线直接接入传统开关量报警主机

第二种方式：将信号线分别接入JK-952型输入模块的T0+与T0-

终端电阻

DZ910K系列火灾探测器底座　　DZ910K系列火灾探测器底座　　DZ910K系列火灾探测器底座

图4-31　一个回路中多只常规火灾探测器串联连接（DZ910K系列）

（4）点型火灾探测器的安装步骤（见图4-32）。

① 在安装火灾探测器之前要先切断回路电源。

② 按照各自底座接线端子的要求将底座接好线。

③ 确定探测器类型与图纸或底座标签上的要求是否一致。

④ 对于拨码式火灾探测器，将火灾探测器的拨码开关拨至预定的地址号。

⑤ 将火灾探测器插入底座。

⑥ 沿顺时针方向旋转火灾探测器直至其落入卡槽。

⑦ 继续沿顺时针方向旋转火灾探测器直至锁定就位。

2）线型火灾探测器的安装

（1）红外光束火灾探测器（见图4-33）。

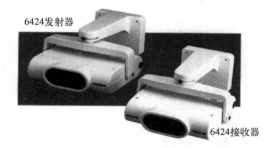

6424发射器

6424接收器

图4-32　点型火灾探测器的安装步骤　　　图4-33　红外光束火灾探测器

① 性能特点。对于使用环境温度范围大（-33～55℃），点型感温、感烟火灾探测器的安装、维护都较困难的区域（车库、厂房、货仓等）可采用红外光束火灾探测器对烟进行探测。

红外光束火灾探测器由一对发射器和接收器组成，对于不能使用点型感温、感烟火灾探测器的场所，可提供可靠的报警信号。它同时具有对灰尘影响自动补偿的功能。

通常，红外光束火灾探测器可工作在两种距离方式下，即9～30 m为短距离方式，30～100 m为长距离方式。红外光束火灾探测器设有报警、故障、正常3种状态指示灯，并设有4只状态指示灯用于调试。

红外光束火灾探测器可安装于墙壁，也可安装于天花板，两种安装方式的安装支架不同。无论墙壁安装还是天花板安装，所要安装的表面必须没有振动、位移，否则易引起火灾探测器误报故障。红外光束火灾探测器在墙壁上的安装如图4-34所示。红外光束探测器在

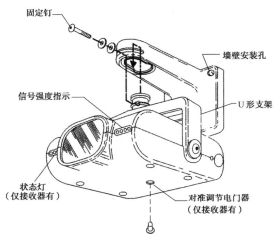

图 4-34　红外光束火灾探测器在墙壁上的安装

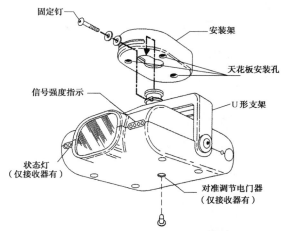

图 4-35　红外光束火灾探测器在天花板上的安装

天花板上的安装如图 4-35 所示。

② 安装的位置关系。

平滑天花板区域。两只红外光束火灾探测器的水平间距可为 9 ～ 18 m，假设此距离为 S，则靠墙的火灾探测器距墙壁的最大距离为 $S/2$，火灾探测器距天花板的距离为 0.3 m，如图 4-36所示。如果火灾探测器安装于天花板，则它距墙壁的最大距离为 $S/4$，如图 4-37所示，其中，TX 表示发射器，RX 表示接收器。

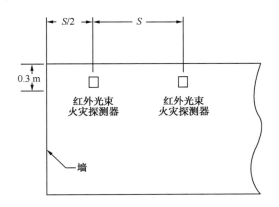

图 4-36　火灾探测器之间的水平间距（侧视图）

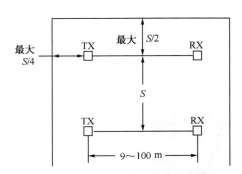

图 4-37　火灾探测器与火灾探测器、墙壁的距离（水平图）

斜顶或尖顶房屋。斜顶、尖顶房屋红外光束火灾探测器的安装位置如图 4-38 和图 4-39 所示。

红外光束火灾探测器的前面板如图 4-40 所示。

红外光束火灾探测器的发射器有 4 只灯，接收器有 8 只灯，各指示灯的功能如图 4-40 所示。接收器附加滤光棱镜如图 4-41 所示。

（2）线型感温电缆火灾探测器（见图 4-42）。

① 性能特点。线型感温电缆火灾探测器由两根弹性钢丝、热敏绝缘材料、塑料包带和塑料外护套组成，如图 4-43 所示。在正常时，两根钢丝间呈绝缘状态。火灾报警控制器通

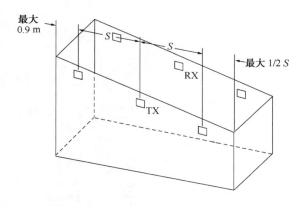

图 4-38　斜顶房屋红外光束火灾探测器的安装位置

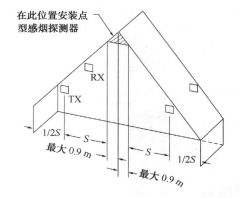

图 4-39　尖顶房屋红外光束火灾探测器的安装位置

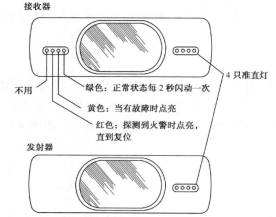

图 4-40　红外光束火灾探测器的前面板

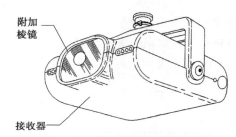

图 4-41　接收器附加滤光棱镜

图 4-42　线型感温电缆探测器

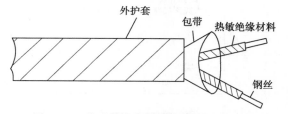

图 4-43　线型感温电缆火灾探测器的组成

过传输线、接线盒、热敏电缆和终端盒构成一个报警回路。火灾报警控制器和所有的报警回路组成数字式线型感温火灾自动报警系统，如图 4-44 所示。

正常情况下，在每根热敏电缆中都有一极小的电流流动。当热敏电缆线路上任何一点的温度（可以是电缆周围空气或它所接触物品的表面温度）升高并达到额定的动作温度时，其绝缘材料熔化，两根钢丝互相接触。此时，报警回路电流骤然增大，火灾报警控制器发出声、光报警的同时数码管显示火灾报警的回路信号和火警的距离（热敏电缆动作部分的米数）。报警后经人工处理的热敏电缆可重复使用。当热敏电缆或传输线任何一处断线时，火灾报警控制器可自动发出故障信号。缆式线型定温火灾探测器的动作温度如表 4-2 所示。

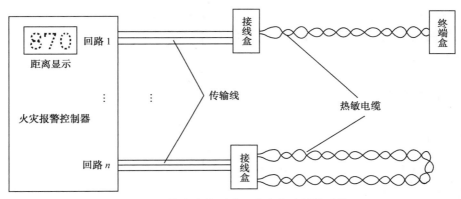

图4-44 数字式线型感温火灾自动报警系统

表4-2 缆式线型定温探测器的动作温度

安装地点允许的温度范围/℃	额定动作温度/℃	备注
−30～40	68×(1±10%)	适用于室内、可架空和靠近安装
−30～55	85×(1±10%)	适用于室内、可架空和靠近安装
−40～75	105×(1±10%)	适用于室内、室外
−40～100	138×(1±10%)	适用于室内、室外

② 适用部位和场所。

a. 控制室、计算机室的吊顶内、地板下、公共重要设施隐蔽处等。

b. 配电装置，包括电阻排、电机控制中心、变压器、变电所、开关设备等。

c. 灰土收集器、高架仓库、市政设施、冷却塔等。

d. 卷烟厂、造纸厂、纸浆厂和其他工业易燃的原料场所等。

e. 各种皮带输送装置、生产流水线和滑道的易燃部位等。

f. 电缆桥架、电缆夹层、电缆隧道、电缆竖井等。

g. 其他环境恶劣不适合点型火灾探测器安装的危险场所。

③ 典型应用。

● 电缆桥架（见图4-45）。

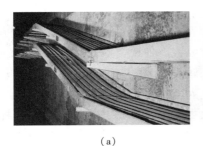

（a）　　　　　　　　　　　　（b）

图4-45 电缆桥架

图4-46所示为线型感温电缆（热敏感温电缆）以正弦波的形式在电缆桥架上安装的间

隔尺寸。该线型感温电缆沿电缆桥架所有电力电缆、控制电缆的上部延续，当在电缆桥架上增设电缆时，它们也被置于线型感温电缆的下方。

线型感温电缆的长度 = 电缆桥架长度×倍乘系数，不同宽度的电缆桥架对应的倍乘系数如表4-3所示。

表4-3　不同宽度的电缆桥架对应的倍乘系数

电缆桥架的宽度/m	倍乘系数
1.2	1.75
0.9	1.50
0.6	1.25
0.2	1.15

安装的线卡数量 = 电缆桥架长度÷3+1

● 自储设备。在自储设备中，线型感温电缆可以很容易地纵向安装在每一建筑中，因而能够覆盖每一独立的存储间隔。为了能确定分隔出的报警位置，可使用一个带有报警点定位仪表的消防灭火系统控制板在靠近控

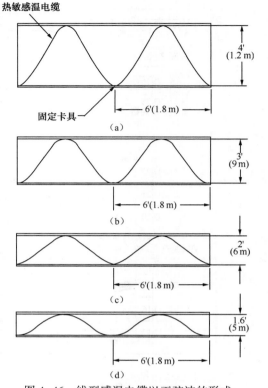

图4-46　线型感温电缆以正弦波的形式在电缆桥架上安装的间隔尺寸

制板处标明一个设备安装平面图（见图4-47），参照仪表上显示的报警点，根据每一间隔的线性距离可以很容易地确定报警发生的位置。

4.1.3　报警按钮、模块等报警附件的安装

随着电子技术的发展，火灾报警产品不断更新，相关配套设备也层出不穷。不同厂家、不同系列其相关产品虽然不同，但其产品性能基本相同。下面介绍一些常见的火灾报警配套设备。

1. 报警按钮的安装

在火灾自动报警系统中，常见的报警按钮有手动报警按钮和消火栓报警按钮两大类。

1）手动报警按钮

火灾自动报警系统应有自动和手动两种触发装置。各种类型的火灾探测器是自动触发装置，而手动报警按钮是手动触发装置。它具有在应急情况下人工手动通报火警或确认火警的功能，可以起到确认火情或人工发出火警信号的特殊作用。

手动报警按钮是人工发送火灾信号、通报火警信息的部件，一般安装在楼梯口、走道、疏散通道或经常有人出入的地方。在人们发现火灾后，可通过手动报警按钮进行人工报警。手动报警按钮的主体部分为装于金属盒内的按键，一般将金属盒嵌入墙内，外露带有红色边框的保护罩。人工确认火灾后敲破保护罩，将键按下。此时，一方面，就地的报警设备（火警电铃等）动作；另一方面，火灾信号还送到区域火灾报警控制器，发出火灾警报。在

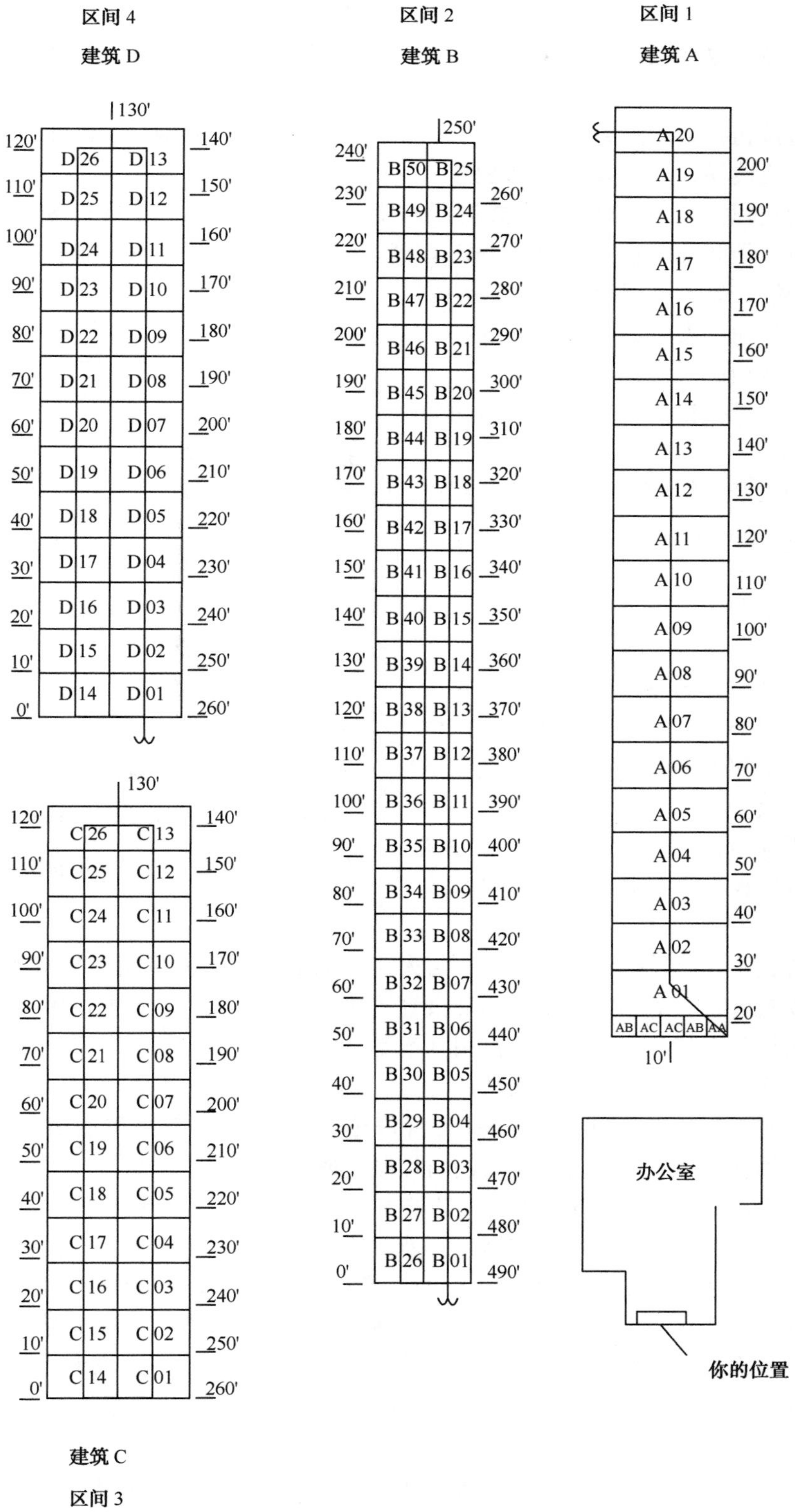

区间 4

建筑 D

130'			140'
120'	D 26	D 13	
110'	D 25	D 12	150'
100'	D 24	D 11	160'
90'	D 23	D 10	170'
80'	D 22	D 09	180'
70'	D 21	D 08	190'
60'	D 20	D 07	200'
50'	D 19	D 06	210'
40'	D 18	D 05	220'
30'	D 17	D 04	230'
20'	D 16	D 03	240'
10'	D 15	D 02	250'
0'	D 14	D 01	260'

区间 2

建筑 B

250'			
240'	B 50	B 25	
230'	B 49	B 24	260'
220'	B 48	B 23	270'
210'	B 47	B 22	280'
200'	B 46	B 21	290'
190'	B 45	B 20	300'
180'	B 44	B 19	310'
170'	B 43	B 18	320'
160'	B 42	B 17	330'
150'	B 41	B 16	340'
140'	B 40	B 15	350'
130'	B 39	B 14	360'
120'	B 38	B 13	370'
110'	B 37	B 12	380'
100'	B 36	B 11	390'
90'	B 35	B 10	400'
80'	B 34	B 09	410'
70'	B 33	B 08	420'
60'	B 32	B 07	430'
50'	B 31	B 06	440'
40'	B 30	B 05	450'
30'	B 29	B 04	460'
20'	B 28	B 03	470'
10'	B 27	B 02	480'
0'	B 26	B 01	490'

区间 1

建筑 A

	A 20	
	A 19	200'
	A 18	190'
	A 17	180'
	A 16	170'
	A 15	160'
	A 14	150'
	A 13	140'
	A 12	130'
	A 11	120'
	A 10	110'
	A 09	100'
	A 08	90'
	A 07	80'
	A 06	70'
	A 05	60'
	A 04	50'
	A 03	40'
	A 02	30'
	A 01	
AB	AC	AC	AB	AA	20'

10'

办公室

你的位置

建筑 C

区间 3

130'			140'
120'	C 26	C 13	
110'	C 25	C 12	150'
100'	C 24	C 11	160'
90'	C 23	C 10	170'
80'	C 22	C 09	180'
70'	C 21	C 08	190'
60'	C 20	C 07	200'
50'	C 19	C 06	210'
40'	C 18	C 05	220'
30'	C 17	C 04	230'
20'	C 16	C 03	240'
10'	C 15	C 02	250'
0'	C 14	C 01	260'

图 4-47　线型感温电缆在自储设备中的设备安装平面图

火灾信号消除后，该按钮可手动复位，不需借助工具，可多次重复使用。像火灾探测器一样，手动报警按钮也在系统中占有一个部位号。有的手动报警按钮还具有动作指示、接收返回信号等功能。

手动报警按钮报警的紧急程度比火灾探测器高，一般不需要确认。因此，手动报警按钮要求更可靠、更确切，处理火灾要求更快。

手动报警按钮宜与集中火灾报警控制器连接，且应单独占用一个部位号。因为集中火灾报警控制器设在消防控制室内，能更快采取措施，所以当没有集中火灾报警控制器时，它接入区域火灾报警控制器，但应占用一个部位号。

手动报警按钮的安装如图4-48所示。

手动报警按钮的安装要求如下。

（1）手动报警按钮的安装高度距地面为1.5 m。

（2）手动报警按钮应安装在明显的和便于操作的部位，如楼梯口、走廊至疏散方向的明显部位。

（3）手动报警按钮处宜设电话插孔（一体或分体）。

（4）报警区域内的每个防火分区应至少设置一个手动报警按钮。从一个防火分区内的任何位置到最邻近的一个手动报警按钮的步行距离应不大于30 m。

（5）当手动报警按钮并联安装时，终端按钮内应加装监控电阻，其阻值由生产厂家提供。

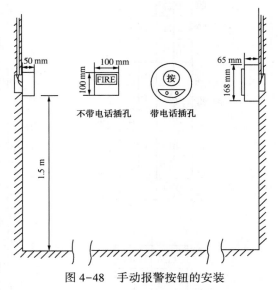

图4-48　手动报警按钮的安装

总体来说，手动报警按钮的安装基本与火灾探测器相同，需采用相配套的灯位盒安装。随着火灾自动报警系统的不断更新，手动报警按钮也在不断发展，不同厂家生产的不同型号的手动报警按钮各有特色，但其主要作用基本是一致的。下面介绍几种手动报警按钮的构造和原理，以了解不同手动报警按钮的特征。

手动报警按钮通常有普通手动报警按钮和智能（编码）手动报警按钮两大类，有些产品还具有电话插孔功能，可通过话机与消防控制室通话联系。

（1）普通手动报警按钮。普通手动报警按钮（普通手报）用于火警的确认，属于开关量或输入设备，正常状态下不耗电。它通过智能模块可接入智能型火灾自动报警系统。当发生火灾时，人工按下按钮上的玻璃片，发出火灾确认信号，且指示灯常亮。在火灾信号消除后，打开面板上的活动小面板，向下轻拨红色活动块即使得被按下的玻璃片恢复原状，不需借助工具，可多次重复使用。

普通手动报警按钮（J-SJP-M-Z02产品）的端子及其与智能监视模块配合使用时的接线如图4-49所示。

（2）智能（编码）手动报警按钮。某智能手动报警按钮的外形如图4-50所示。它是人工发送火灾信号、通报火警信息的部件。当有人观察到火灾发生时，按下按钮上的玻璃片，

即向火灾报警控制器发出报警信号。在火灾信号消除后，打开面板上的活动小面板，向下轻拨红色活动块即使得被按下的玻璃片恢复原状，不需借助工具，可多次重复使用。为方便用户使用，智能手动报警按钮内置电话插孔。打开活动小面板，露出电话插孔，将电话插头（两线）插入即可。

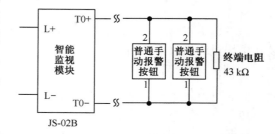

图4-49　普通手动报警按钮的端子及其与智能监视模块配合使用时的接线

　　智能手动报警按钮可直接接入二总线制智能火灾报警系统，占用模块类地址。它具有地址编码功能，将编码器的输出插头（耳机插头）插入耳机插座，把编码器调整为编码功能并设置正确的地址，按下编码键，完成地址编码。不同厂家生产的手动报警按钮型号不同，功能接线也不同。

　　智能手动报警按钮的基本使用功能和接线如图4-51所示。

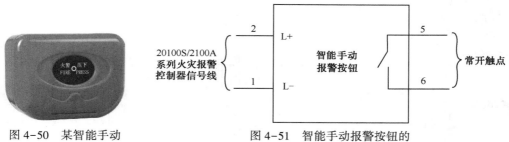

图4-50　某智能手动报警按钮的外形

图4-51　智能手动报警按钮的基本使用功能和接线

　　智能手动报警按钮的扩展使用功能和接线如图4-52所示。

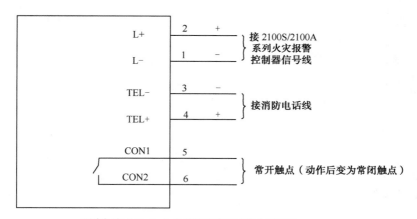

图中标有"+""-"号的端子接线时要分清正负

图4-52　智能手动报警按钮的扩展使用功能和接线

2）消火栓报警按钮

消火栓报警按钮是人工发送火灾信号、通报火警信息和启动消防泵的触发装置，一般安装在楼梯口的消火栓箱内。根据市场现有的产品可分为普通型消火栓报警按钮和智能（编码）型消火栓报警按钮两大类。

（1）普通型消火栓报警按钮。普通型消火栓报警按钮由外壳、信号灯、敲击锤和较简单的按钮开关等构成，如图4-53所示。其内部的常开按钮在正常状态下被玻璃窗压合；当发生火灾时，人工用敲击锤击碎玻璃窗，常开按钮因不受压而复位，即有火灾信号送至消防控制室（集中火灾报警控制器）或直接启动消防泵电动机进行灭火。由此可见，普通型消火栓报警按钮的作用是：当发生火灾时，能向集中火灾报警控制器发送火灾信号，并由火灾报警控制器反馈一个灯光信号至消火栓报警按钮，表示信号已送出。

（2）智能（编码）型消火栓报警按钮。智能型消火栓报警按钮示例如图4-54所示，在人工确认火灾后，按下按钮上的有机玻璃，即向火灾报警控制器发出火警信号，且常开触点闭合，启动消防泵进行灭火。在接收到消防泵的运行反馈信号后，消火栓报警按钮上的"运行"灯点亮。在火灾信号消除后，打开面板上的活动小面板，向下轻拨红色活动块即使得被按下的有机玻璃恢复原状，不需借助工具，可多次重复使用。

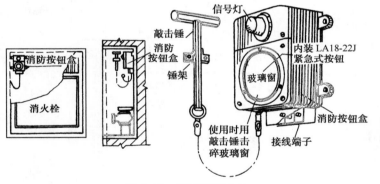

图4-53 普通型消火栓
报警按钮

图4-54 智能（编码）型
消火栓报警按钮示例

智能型消火栓报警按钮的端子接线如图4-55所示。

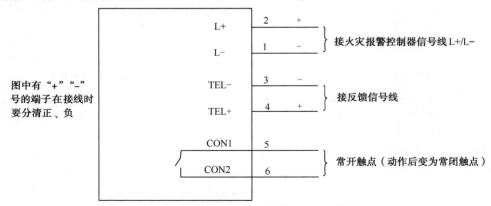

图4-55 智能型消火栓报警按钮的端子接线

2. 模块的安装

模块具体包括输入模块、输出模块，输入/输出模块、信号模块、联动控制模块、信号接口模块、控制接口模块（相当于中间继电器的作用）、单控模块、双控模块等。不同厂家的产品各异，名称也不同，但其用途基本是一致的。下面以深圳市高新投三江电子股份有限公司的产品为例进行讲解。

扫一扫看
教学课件：
模块

1）输入模块（以 JS-02B 型智能监视输入模块为例）

（1）用途和适用范围。

输入模块可将各种消防输入设备的开关信号（报警信号或动作信号）接入探测总线，实现信号向火灾报警控制器的传输，从而实现报警或控制的目的。

输入模块可监视水流指示器、报警阀、压力开关、非编址手动报警按钮、70℃或280℃防火阀等开关量是否动作。JS-02B 型输入模块的地址采用电编写方式，简单、可靠。

（2）结构、安装与布线。

JS-02B 型输入模块的外形和尺寸如图 4-56 所示，其接线端子如图 4-57 所示。

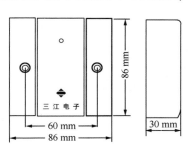

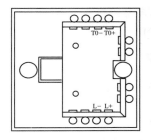

图 4-56　JS-02B 型输入模块　　　　图 4-57　JS-02B 型输入模块的接线端子
　　　　　　的外形和尺寸

图 4-57 中的标号解释如下。

L+、L−：与火灾报警控制器信号二总线连接的端子。

T0+、T0−：与设备的无源常开触点（设备动作闭合报警型）连接的端子。

布线要求：信号二总线（L+/L−）宜用 ZR-RVS-2×1.5 mm^2 双色双绞多股阻燃塑料软线；穿金属管（线槽）或阻燃 PVC 管敷设；模块采用有极性二总线，接线时最好用双色线区分，以免接错；模块不能外接任何电源线，否则引起模块和系统损坏。

（3）应用示例。

JS-02B 型输入模块接收外部开关量输入信号，并把开关量报警信号传输给火灾报警控制器，其与设备的连接如图 4-58 所示。

2）信号接口模块（以 JK-02B 型智能信号接口模块为例）

（1）用途和适用范围。

接口模块用于连接普通感温、感烟火灾探测器，并将火灾探测器的报警信号传输给火灾报警控制器。

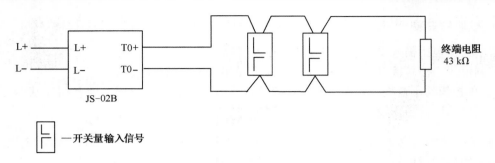

图 4-58　JS-02B 型输入模块与设备的连接

在智能型总线制火灾自动报警系统中，火灾探测器的输出为模拟量，它们在总线上均占用一个独立地址。智能火灾探测器不能并联常规火灾探测器，因此，走廊、大厅等大面积场所需要并联安装时可通过接口模块来完成。接口模块在回路总线上占一个地址。一个 JK-02B 型接口模块连接常规火灾探测器的数量不能超过 8 个。

接口模块的地址采用电编写方式，简单、可靠；采用数字传输通信接口协议；内置单片微处理器；可在线编码，无须拆卸。

（2）结构、安装与布线。

JK-02B 型接口模块的外形和尺寸参考图 4-56，其接线端子如图 4-59 所示。

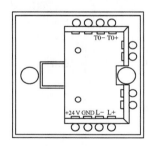

图 4-59　JK-02B 型接口模块的接线端子

图 4-59 中的标号解释如下。

L+、L−：与火灾报警控制器信号二总线连接的端子，有极性。

T0+、T0−：与普通感温、感烟火灾探测器连接的端子。

+24 V、GND：接 DC 24 V 电源的端子。

布线要求：信号总线（L+/L−）宜用 ZR-RVS- 2×1.5 mm² 双色双绞多股阻燃塑料软线；采用穿金属管（线槽）或阻燃 PVC 管敷设；+24 V/GND 电源线宜选用截面积 $S \geqslant 1.5$ mm² 的铜线；因 JK-02B 型接口模块信号总线和电源线都有极性，故在接线时最好用双色线区分，以免接错；因接口模块接有 DC 24 V 电源，故应切记总线端子不能与电源信号端子接混或接反，否则易烧毁模块。

（3）应用示例。

JK-02B 型接口模块与常规火灾探测器的接线如图 4-60 所示。

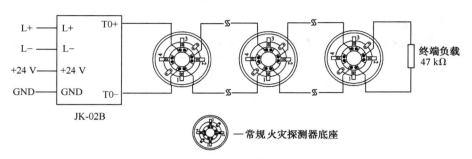

图 4-60　JK-02B 型接口模块与常规火灾探测器的接线

3）联动控制模块（以 KZ-02B 型智能联动控制模块为例）

（1）用途和适用范围。

联动控制模块用于火灾报警控制器向外部受控设备发出控制信号，驱动受控设备动作。火灾报警控制器发出的动作指令通过中间继电器触点来控制现场设备以完成规定的动作；同时将动作完成信息反馈给火灾报警控制器。它是联动控制柜与被控设备之间的桥梁，适用于排烟阀、送风阀、风机、喷淋泵、消防广播、警铃（笛）等。

联动控制模块的地址采用电编写方式，简单、可靠，采用数字传输通信接口协议，内置单片微处理器，可在线编码，无须拆卸。

（2）结构、安装与布线。

KZ-02B 型联动控制模块的外形和尺寸参考图 4-56，其接线端子如图 4-61 所示（无源输出方式）。

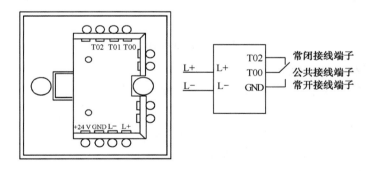

图 4-61　KZ-02B 型联动控制模块的接线端子

图 4-61 中的标号解释如下。

L+、L-：与火灾报警控制器信号二总线连接的端子，有极性。

+24 V、GND：接 DC 24 V 电源端子。

T00、T02、GND：分别为模块的公共接线端子、常闭接线端子、常开接线端子。

布线要求：信号二总线（L+/L-）宜用 ZR-RVS- 2×1.5 mm² 双色双绞多股阻燃塑料软线；采用穿金属管（线槽）或阻燃 PVC 管敷设；+24 V、GND 电源线宜选用截面积 $S \geqslant$ 1.5 mm² 的铜线；因 KZ-02B 型控制模块信号总线及电源线都有极性，故接线时最好用双色线区分，以免接错；模块输出节点容量最大为 DC 24 V、1 A，接入电压或电流不要超出此参数。

（3）应用示例。

KZ-02B型联动控制模块与被控设备的接线如图4-62所示。

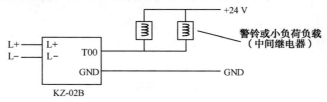

当为无源输出方式时，驱动警铃或小负荷负载（中间继电器）的接线

图4-62　KZ-02B型联动控制模块与被控设备的接线

4）总线隔离模块（也称故障隔离模块，以GL-02B型总线隔离模块为例）

（1）用途和适用范围。

总线隔离模块用于报警总线回路，将发生短路故障的线路部分从总线回路中分离。当总线回路中出现短路故障时，总线隔离模块可限制受故障影响的火灾探测器数量。故障排除后，被分离部分自动恢复到正常工作状态。总线隔离模块本身不占用模块地址。

（2）结构、安装与布线。

GL-02B型总线隔离模块的外形参考图4-56，其接线端子如图4-63所示。

图4-63　GL-02B型总线隔离模块的接线端子

图4-63中的标号解释如下。

两组接线端子（L+/L-）串联在火灾报警控制器的总线上，分信号输入和输出端子，有极性。

布线要求：信号总线（L+/L-）宜用ZR-RVS-2×1.5 mm² 双色双绞多股阻燃塑料软线；采用穿金属管（线槽）或阻燃PVC管敷设。

（3）应用示例。

GL-02B型总线隔离模块在各分支回路中起到短路保护的作用，其接线方法和应用示例如图4-64和图4-65所示。

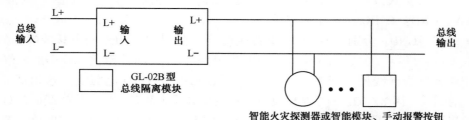

图4-64　GL-02B型总线隔离模块的接线方法

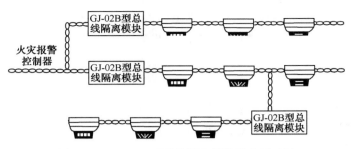

图 4-65 GL-02B 型总线隔离模块的应用示例

总线隔离模块的适用场所。

① 一条总线的各防火分区。

② 一条总线的不同楼层。

③ 总线的其他分支回路处。

5）转换模块（以 ZF-02B 型转换模块为例）

（1）性能特点。

转换模块用于现场联动设备控制，通过转换模块将联动控制模块（DC 24 V 设备）和被控制设备（AC 220 V／AC 380 V 用电设备）隔离开，有效保护火灾自动报警系统。当控制回路中有 AC 220 V 设备需要经过联动控制模块触点时，由转换模块接收联动控制模块的触点控制命令，其输出触点和控制回路中的 AC 220 V 设备相连接，实现控制功能。转换模块本身不占用模块地址。

（2）结构、安装与布线。

ZF-02B 型转换模块的外形和尺寸如图 4-66 所示，其接线端子如图 4-67 所示。

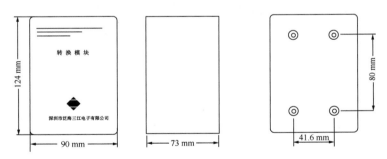

图 4-66 ZF-02B 型转换模块的外形和尺寸

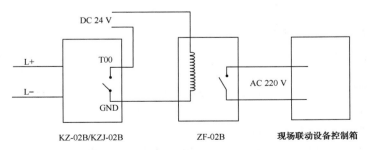

图 4-67 ZF-02B 型转换模块的接线端子

布线要求：信号总线（L+/L-）宜用 ZR-BV-2×1.0 mm² 阻燃塑料铜线；采用穿金属管（线槽）或阻燃 PVC 管敷设；DC 24 V 线和 AC 220 V 线接线时一定要用双色线区分，以免接错，造成系统损坏。

6）区域中间继电器

有些厂家将模块称为中间继电器，其作用是一样的。下面以深圳市赋安安全系统有限公司的 AFN-M1219 型区域中间继电器为例进行讲解。

（1）作用和使用注意事项。

当一个区域内火灾探测器数量太多（不超过 200 只）而部位数量又不够时，可将大空间的多只火灾探测器利用区域中间继电器占用同一个部位号（其作用可与中间继电器相比）。区域中间继电器在该系统中起到远距离传输、放大驱动和隔离的作用，使现场消防联动设备和火灾报警控制器之间通过总线传输信号，便于火灾报警控制器掌握每个中间继电器的工作情况。

区域中间继电器所监控的火灾探测器中，当任一个报火警或报故障时，均会在区域火灾报警控制器报警并显示该部位中间继电器的编号。具体是哪个火灾探测器报警需要到现场观察中间继电器分辨显示灯加以确定。因区域火灾报警控制器不能显示区域中间继电器所监控的火灾探测器的编号，故不应将不同空间的火灾探测器共受一个中间继电器监控。

（2）接线与安装。

区域中间继电器连接普通火灾探测器的接线如图 4-68 所示，区域中间继电器连接开关量输入信号的接线如图 4-69 所示。

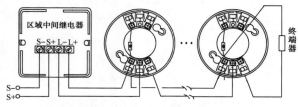

图 4-68　区域中间继电器连接普通
火灾探测器的接线

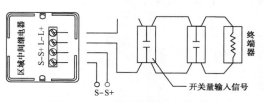

图 4-69　区域中间继电器连接
开关量输入信号的接线

图 4-68 和图 4-69 中的标号解释如下。

L+/L-：用于接普通火灾探测器的端子。

S+/S-：用于接开关量输入信号的端子。

3. 警铃和声光报警器的安装

1）警铃

警铃是火灾报警的一种讯响设备，一般应安装在门口、走廊和楼梯等人员众多的位置。每个探测区域内应至少安装一个，并应安装在明显的位置，在防火分区的任何一处都能听到铃声。警铃应安装在室内墙上距楼（地）面 2.5 m 以上的位置，由于有很强的振动，所以其固定螺钉上要加弹簧垫片。警铃的安装如图 4-70 所示，警铃的接线如图 4-71 所示。

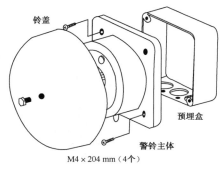

图 4-70 警铃的安装

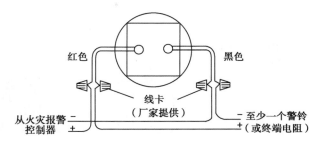

图 4-71 警铃的接线

警铃的安装步骤如下。

（1）将铃盖螺钉卸掉以卸下铃盖。

（2）将现场导线接在警铃的正、负两根线上，注意红色导线为正，黑色导线为负。

（3）将警铃主体部分用螺钉安装在预埋盒上，安装时注意警铃的撞针应朝下。

（4）用铃盖螺钉将铃盖重新安装在警铃主体上，注意必须旋紧螺钉，铃盖上的标签应正面放置。

（5）检查导线正、负极性，准确无误后才能给警铃通电，确认警铃声响是否正常。

警铃安装的注意事项如下。

（1）安装之前应确保电源关闭。

（2）警铃的安装高度应符合国家规范。

（3）不可引入强电，否则将损坏警铃。

（4）不可在现场更换警铃部件，如果发现失效的警铃，则应与供应商联系进行维修。

2）声光报警器

当发生火灾时，失火层启动相应的声光报警器，可发出闪光和变调声响，也可直接启动警铃进行火灾报警。声光报警器也是火灾自动报警系统的成套设备之一，常安装在消防楼梯间、电梯间及其前室、人员较多场所的走道中。声光报警器的尺寸示意图如图 4-72 所示，声光报警器的明装示意图如图 4-73 所示，声光报警器的暗装示意图如图 4-74 所示，声光报警器的接线示意图如图 4-75 所示。

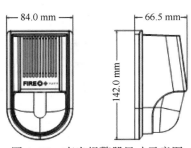

图 4-72 声光报警器尺寸示意图

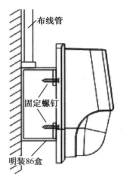

图 4-73 声光报警器的明装示意图

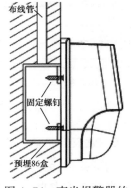

图 4-74 声光报警器的暗装示意图

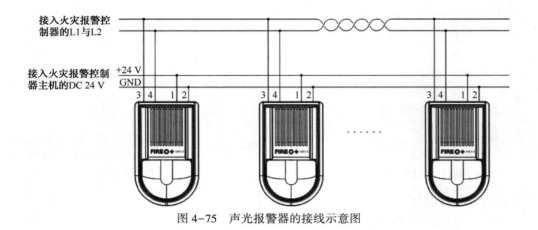

图 4-75　声光报警器的接线示意图

4. 门灯的安装

多个火灾探测器并联时可以在房门上方或建筑物其他的明显部位安装门灯，用于火灾探测器或火灾探测器报警时的重复显示。在接有门灯的并联回路中，任一个火灾探测器报警，门灯都可以发出报警指示。门灯安装仍需选用相配套的灯位盒或接线盒，预埋在房门上方墙体内，且不应凸出墙体装饰面。门灯的接线可根据厂家的接线示意图进行。

5. 模块箱的安装

为了方便线路施工和日后的维护，工程施工中经常将位置较近的模块用模块箱集中安装在一起。模块箱外壳通常采用电解钢板制作，表面用塑粉喷涂。安装的模块数量不同，模块箱的尺寸也不同。安装 8 或 6 个模块的模块箱的外形尺寸和安装尺寸如图 4-76 和图 4-77 所示。

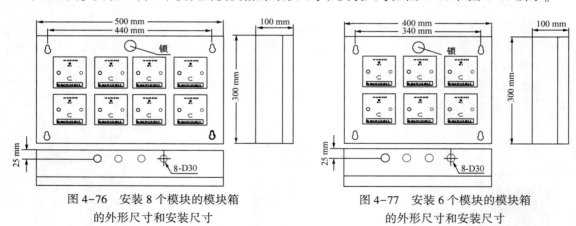

图 4-76　安装 8 个模块的模块箱　　　　　图 4-77　安装 6 个模块的模块箱
　　　　的外形尺寸和安装尺寸　　　　　　　　　　的外形尺寸和安装尺寸

6. 火灾显示盘的安装

（1）作用和适用范围。

当一个火灾自动报警系统中不安装区域火灾报警控制器时，应在各报警区域安装火灾显示盘。火灾显示盘的作用是显示来自消防控制室火灾报警控制器的火警信息和故障信息的，适用于各防火监视分区或楼层。

（2）功能和特点。

① 具有声报警功能。当火警信息或故障信息送入时，将发出两种不同的声报警（火警信息为变调音响，故障信息为长音响）。

② 具有控制输出功能。火灾显示盘具备一对无源触点，其在火警信号存在时吸合，可用来控制一些警报器类的设备。

③ 具有计时钟功能。在正常监视状态下显示当前时间。

④ 采用壁式结构，体积小、安装方便。

（3）安装接线。

火灾显示盘主体尺寸示意图如图 4-78 所示，火灾显示盘明装示意图如图 4-79 所示，火灾显示盘采用预埋盒安装示意图如图 4-80 所示。

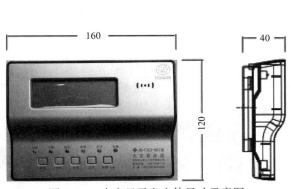

图 4-78　火灾显示盘主体尺寸示意图

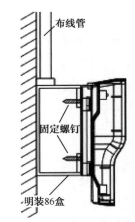

图 4-79　火灾显示盘明装示意图

火灾显示盘的外形和接线端子定义，如图 4-81 所示。火灾显示盘接线示意图如图 4-82 所示。

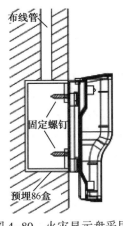

图 4-80　火灾显示盘采用
预埋盒安装示意图

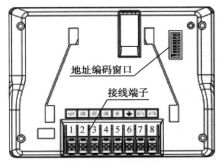

接线端子定义：
1.电源正极输入端（+24 V）
2.电源负极输入端（GND）
3.继电器常闭触点端（OFF）
4.继电器触点公共端（COM）
5.继电器常开触点端（ON）
6.设备接地端（⏚）
7.485总线输入端（485A）
8.485总线输入端（485B）

图 4-81　火灾显示盘的外形和接线端子定义

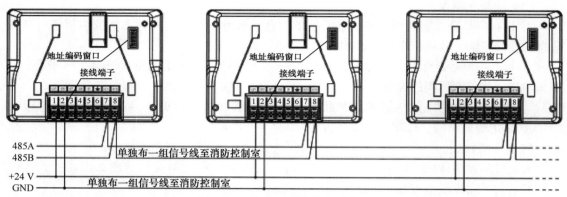

地址编码窗口

接线端子

地址编码窗口

接线端子

地址编码窗口

接线端子

485A
485B
+24 V
GND

单独布一组信号线至消防控制室

单独布一组信号线至消防控制室

图 4-82　火灾显示盘接线示意图

7. CRT 彩色图文显示系统的安装

CRT 彩色图文显示系统是火灾自动报警及消防联动控制系统中的辅助部分，有助于火灾自动报警及消防联动控制系统的信息管理、储存和查阅。它一般由个人计算机、打印机和专用图文显示系统软件组成，通过 RS-232 接口或现场总线采集火灾报警控制器传送火警信息、故障信息和联动信息。根据所采集信息的地址自动显示该地址的模拟平面图，并以醒目的闪烁图标表示火警信息、故障信息和联动信息，方便直观，一目了然。它通常放在消防控制室，是一种高智能化的显示系统。该系统采用现代化手段、现代化工具和现代化的科学技术代替以往庞大的模拟显示屏，其先进性对造型复杂的建筑群体更加突出。CRT 彩色图文显示系统如图 4-83 所示。

图 4-83　CRT 彩色图文显示系统

1）CRT 报警显示系统的作用

CRT 报警显示系统把所有与消防灭火系统有关的建筑物的平面图，以及报警区域和报警点存入计算机。当发生火灾时，CRT 显示屏上能自动用声、光显示其部位，如用黄色（预警）和红色（火警）不断闪动，同时用不同的音响来反映各种火灾探测器、手动报警按钮、消火栓、水喷淋等各种消防联动设备和送风口、排烟口等的具体位置；用汉字和图形来进一步说明发生火灾的部位、时间和报警类型，打印机自动打印以便记忆着火时间、进行事故分析和存档，给消防值班人员提供更直观、更方便的火情和消防信息。

2）对 CRT 彩色图文显示系统的要求

随着计算机的不断更新换代，CRT 彩色图文显示系统产品的种类也不断更新。在消防灭火系统的设计过程中，选择合适的 CRT 彩色图文显示系统是保证火灾自动报警系统正常监控的必要条件，因此要求所选用的 CRT 彩色图文显示系统必须具备下列功能。

（1）在报警时自动显示和打印火灾监视平面图及平面图中火灾点位置、火灾探测器种

类、火灾报警时间。

（2）所有消火栓报警按钮、手动报警按钮、水流指示器、火灾探测器等均应编码，且在 CRT 彩色图文显示系统显示的平面上建立相应的符号。利用不同的符号、不同的颜色代表不同的设备，在报警时有明显的不同音响。

（3）当火灾自动报警系统需进行手动检查时，显示并打印检查结果。

4.2 消防联动设备的安装

4.2.1 消防联动设备的安装要求

（1）消防控制室在安装前应对各附件及其功能进行检查，检查合格后才能安装。

（2）当消防控制室的外接导线采用金属软管作套管时，其长度不宜大于 1 m，并应采用管卡固定，其固定点间距应不大于 0.5 m，并应根据配管的规定接地。

（3）消防联动控制设备的接线必须在确认线路无故障、设备所提供的联动节点正确的前提下进行。

（4）消防控制室内的不同电压等级、不同电流类别的端子应分开并有明显标志。

（5）联动驱动器内应将电源线、通信线、音频信号线、联动信号线、反馈线分别加套管并编号。所有编号必须与图纸上的编号一致，字迹要清晰，有改动处应在图纸上进行明确标注。

（6）消防控制室内外接导线的端部都应加套管并标明编号，此编号应与施工图上的编号和消防联动设备导线的编号完全一致。

（7）消防控制室接线端子上的接线必须用焊片压接，接线完毕后应用线扎将每组线捆扎成束，使线路美观并便于开通和维修。

（8）在安装过程中，严禁随意操作消防控制室内的电源开关，以免损坏机器或导致外部消防联动设备误动作。

4.2.2 防/排烟设备的安装

1. 排烟阀和排烟防火阀的安装

排烟阀应安装在排烟系统的风管上，平时处于关闭状态；当火灾发生时，烟感探头发出火警信号，消防控制室输出 DC 24 V 电源使排烟阀开启，通过排烟口进行排烟。排烟阀的结构如图 4-84 所示，排烟阀的安装如图 4-85 所示。

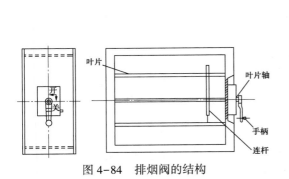

图 4-84 排烟阀的结构

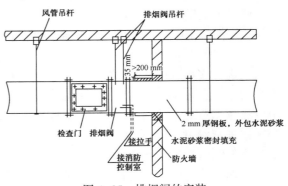

图 4-85 排烟阀的安装

排烟防火阀安装在排烟系统管网上或风机吸、入口处，兼有排烟阀和防火阀的功能。排烟防火阀平时处于关闭状态，当需要排烟时，其动作和功能与排烟阀相同，可自动开启排烟。当管网气流温度达到280℃时，装有易熔金属温度熔断器的阀门自动关闭，切断气流，防止火灾蔓延。远距离排烟防火阀的结构如图4-86所示。

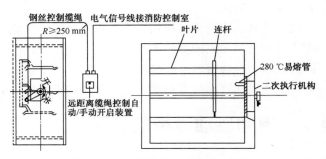

图4-86　远距离排烟防火阀的结构

防火阀、排烟阀和排烟防火阀的安装注意事项如下。

（1）在安装前检查阀门外形和执行机构在运输过程中是否有损坏现象，转动是否灵活。

（2）与所安装的风管法兰进行配钻螺钉孔。

（3）注意阀门上所标示的气流方向，一般不宜反装。

（4）防火阀与防火墙或楼板之间的风管应采用 $\delta \geqslant 2$ mm 的钢板制作，最好在风管外用耐火材料保温隔热。

（5）防火阀应有单独的支、吊架，以避免风管在高温下变形，影响其功能。

（6）阀门在吊顶上或风道内安装时应在吊顶下或风道壁上设检修人孔，一般检修人孔尺寸不小于 450 mm×450 mm。

（7）当防火阀开启时，开启角度应大于5°，将手柄朝逆时针方向返回5°左右，以消除执行机构中离合器与调节器部件的摩擦力，但应不影响阀门的开启角度。

（8）在阀门操作机构一侧，应有 350 mm 的净空间，以便检修。

（9）安装后应定期检查和动作试验，并应有相关记录，发现问题时应及时与厂家联系。

2. 排烟口、送风口和挡烟垂壁的安装

排烟口一般尽可能安装在防烟分区的中心，距最远点的水平距离不能超过30 m。排烟口应设在顶棚或靠近顶棚的墙面上，且与附近安全出口沿走道方向的相邻边缘之间的最小水平距离小于15 m。排烟口平时处于关闭状态，当火灾发生时，自动控制系统使排烟口开启，通过排烟口将烟气及时、迅速地排至室外。排烟口也可作为送风口。板式排烟口的结构如图4-87所示。

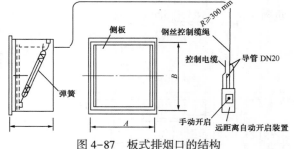

图4-87　板式排烟口的结构

在进行多叶送风口和多叶排烟口的安装时，先把装饰面板卸下，将排烟口用内法兰盘安装在短管上，用安装螺栓和螺帽连接好排烟口本体，待本体安装好后将装饰面板安装上。

挡烟垂壁的安装方式有活动悬挂式和固定悬挂式两种，均安装在走道和大厅的防烟分区中。用铝合页或铁合页和螺钉固定在吊顶上（不燃烧吊顶）。

3. 防火门的安装

1）电动防火门的安装

电动防火门释放开关的安装方式之一如图4-88所示，此方式适用于带自闭弹簧或闭门器的电动防火门。

电动防火门释放开关的安装方式之一的安装注意事项如下。

（1）释放开关的预埋盒的高度和距墙的尺寸应根据电动防火门的宽度、高度与门轴位置确定。

（2）当门钩与释放开关不易直接连接时，可采用链条将门钩与门扇连接，链条长度由现场试验确定，以保证电动防火门的开度和释放开关动作后能可靠关闭。

（3）释放开关的额定动作电压为DC 24 V，额定动作电流为0.3 A，瞬间动作型的保持力为40 kg。

（4）调试时应通过螺钉来调整保持力，以锁定和释放灵活为准。

电动防火门释放开关的安装方式之二如图4-89所示，此方式适用于电动锁自带闭门器。

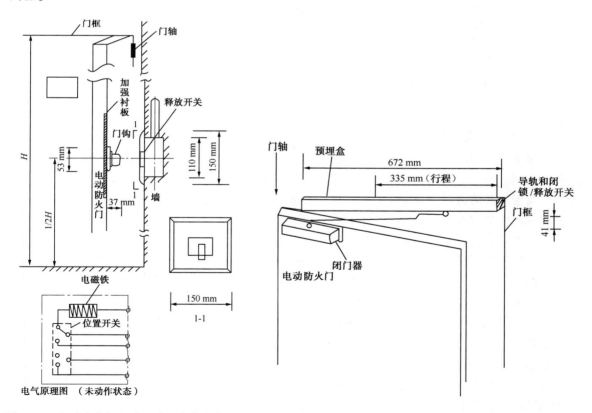

图4-88 电动防火门释放开关的安装方式之一　　　图4-89 电动防火门释放开关的安装方式之二

电动防火门释放开关的安装方式之二的安装注意事项如下。

（1）预埋盒距门轴150 mm。

（2）闭锁/释放开关额定工作电压为 DC 24 V，额定电流为 0.266 A。

（3）门扇保持力为 5.5 ～ 6.5 kg。

电动防火门的安装如图 4-90 所示。

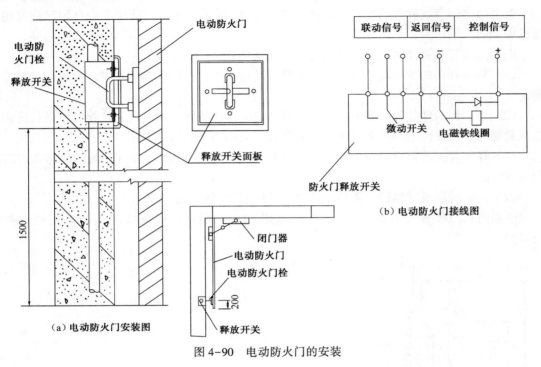

图 4-90　电动防火门的安装

2）常开防火门的安装

防火门分为两大类，一类是常闭防火门，另一类是常开防火门。前述电动防火门属于常闭防火门。

对于常开防火门，要求在火灾发生时应能自行关闭，以起到防火分隔的作用。因此，常开防火门两侧应设置火灾探测器，任何一侧的火灾探测器报警后，常开防火门应能自行关闭，且关闭后应有信号送至消防控制室。

火灾探测器的类型应根据设置的火灾特点来选择。常开防火门的自行关闭一般是依靠闭门器的反向弹簧力实现的，但在实际工程中，自行关闭和信号反馈的效果较差。其主要原因之一是闭门器产生反向弹簧力在门扇与所在墙面的夹角超过 90°时就会失去作用，原因之二是门扇的关闭产生不了可供反馈至消防控制室的信号。具有自行关闭和信号反馈的常开防火门的控制原理如图 4-91 所示。平时，常开防火门被电磁释放器锁住，处于开启状态，当火灾发生时，消防控制室可自动或手动启动联动控制模块，从而使电磁释放器松开锁舌，常开防火门在闭门器的反向弹簧力作用下自行闭合，当闭合到位时，安装在门扇上的门磁开关使干簧管闭合，给联动控制模块一个关门的反馈信号。

4. 防火卷帘门的安装

防火卷帘门两侧的火灾探测器组应根据疏散通道两侧的火灾特点来选择，为了提醒通过的人群避免产生碰撞，应在其两侧设置声光报警器，如图 4-92 所示。防火卷帘门的两步下

降：当防火卷帘门两侧任一只火灾探测器动作后，实施第一步下降，当第二只火灾探测器动作后，防火卷帘门实施第二步下降。图4-93中的防火卷帘门第一步下降的逻辑控制信号是"1" OR "2" OR "3" OR "4"；第二步下降的逻辑控制信号是"1" AND "'2' OR '3' OR '4'" OR "2" AND "'1' OR '3' OR '4'" OR "3" AND "'1' OR '2' OR '4'" OR "4" AND "'1' OR '2' OR '3'"，而不能机械地认为只有感烟火灾探测器动作才能实施第一步下降，感温火灾探测器动作才能实施第二步下降。防火卷帘门两步下降的时间间隔不是固定的。一般实际工程的做法是，第二步下降在第一步下降完成后延时30 s实施，这是一种错误的做法。正确的做法是，在第一步下降完成后，当防火卷帘门两侧任一只火灾探测器动作后延时30 s实施第二步下降。用于防火分隔的防火卷帘门（建筑物共享空间周围的防火卷帘门等）在发生火灾时主要用于防火分隔，因此无须具备两步下降的功能。

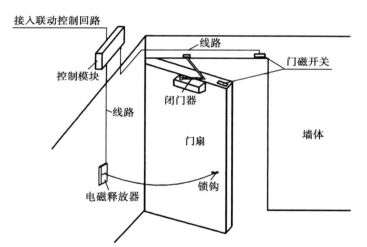

图4-91　具有自行关闭和信号反馈的常开防火门的控制原理

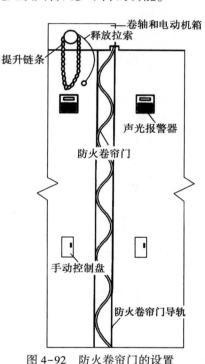

图4-92　防火卷帘门的设置

防火卷帘门在具体应用时应对两个问题引起注意：一是控制方式，从防止火灾蔓延的角度看，防火分隔越早形成越有利于防火卷帘门的保护，其控制方式应以集中控制方式或群控方式为主，通过按钮就可以控制所有的防火卷帘门，在具体工程中的应用可参考图4-94所示的中庭防火卷帘门的群控原理；二是保护防火卷帘门用的自动喷水保护

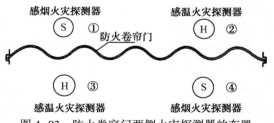

图4-93　防火卷帘门两侧火灾探测器的布置

系统的启动时间，应以两侧任一只火灾探测器，特别是当感温探测器动作后方可启动，这样既能防止因误动作而造成的水渍损失，又能在防火卷帘门真正受到火灾威胁时得到喷水保

护。带有自动喷水保护系统的防火卷帘门的控制程序如图 4-95 所示。

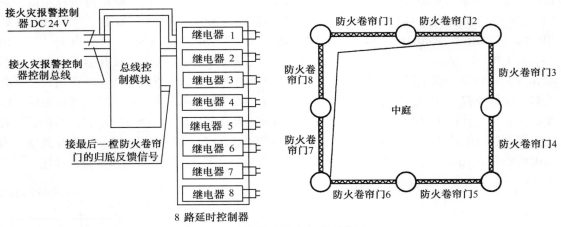

图 4-94 中庭防火卷帘门的群控原理

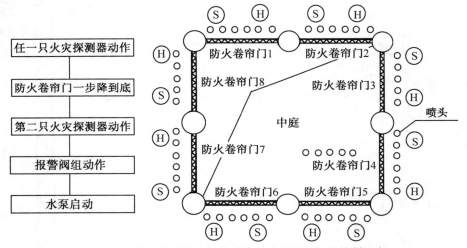

图 4-95 带有自动喷水保护系统的防火卷帘门的控制程序

由于中庭内设有自动扶梯，且这些扶梯是顾客所熟悉的主要交通道路，因此从有利于人员疏散和尽早形成防火分隔的角度看，在一步降到底的防火卷帘门上开设帘中门有着重要意义。因为疏散人群可通过此门经已停运的自动扶梯进行逃生。

防火卷帘门的控制方式有 3 种：自动、电气手动、机械手动。设置在疏散走道上的防火卷帘门应在其两侧设置手动控制按钮，出于安全和防误操作的考虑，此按钮通常被锁在一个按钮盒内，或者裸露在外，但必须通过钥匙打开电源装置才能启动。当疏散人员在自动和电气手动都无法升降防火卷帘门时，通过拉动链条实施机械升降就成了唯一方式。但出于美观方面的考虑，升降用的钢丝和链条大多被隐藏在吊顶内，且吊顶距地面的高度通常在 2 m 以上，人在无辅助工具的情况下是无法对此进行操作的。因此，建议在设置此类手动控制按钮时一定要同设计部门、建设单位、消防部门和设备生产厂家解决好这一问题。

4.2.3　消防广播设备、火灾应急照明和疏散指示标志的安装

1. 消防广播设备的安装

消防广播系统分为多线制和总线制两种。它一般由音源、播音话筒、功率放大器、扬声器（分壁挂和吸顶两种）、多线制广播分配盘（多线制专用）、广播模块（总线制专用）等组成。壁挂扬声器线路明装示意图如图 4-96 所示，壁挂扬声器采用预埋盒安装示意图如图 4-97 所示，吸顶扬声器吊顶安装示意图如图 4-98 所示，吸顶扬声器明装示意图如图 4-99 所示，吸顶扬声器采用预埋盒安装示意图如图 4-100 所示，吸顶扬声器接线示意图如图 4-101 所示。

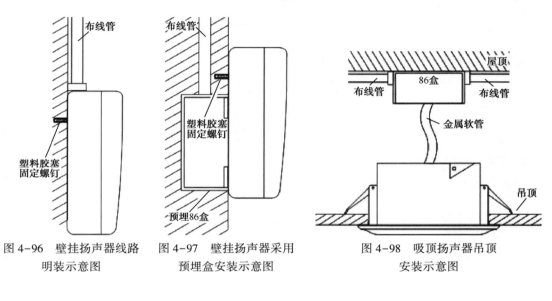

图 4-96　壁挂扬声器线路　　图 4-97　壁挂扬声器采用　　　图 4-98　吸顶扬声器吊顶
　　　明装示意图　　　　　　　　预埋盒安装示意图　　　　　　　安装示意图

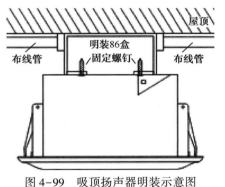
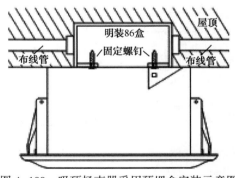

图 4-99　吸顶扬声器明装示意图　　　　　　图 4-100　吸顶扬声器采用预埋盒安装示意图

消防广播设备的安装注意事项如下。

（1）用于消防广播的扬声器的间距应不超过 25 m，每个扬声器的额定功率应不小于 3W。

（2）扬声器配置应采用金属管暗敷或采取其他防护措施，定压式广播线路应不与其他低压线路敷设在同一金属管内。

（3）当背景音乐与消防广播共用的扬声器有音量调节时，应有保证消防广播音量的措施。

（4）消防广播应设置备用扩音机（功率放大器），其容量应不小于消防广播扬声器的3层（区）扬声器容量的总和。

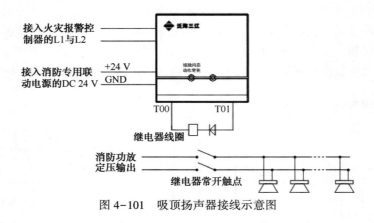

图4-101　吸顶扬声器接线示意图

2. 消防专用电话的安装

消防专用电话的安装如图4-102所示。

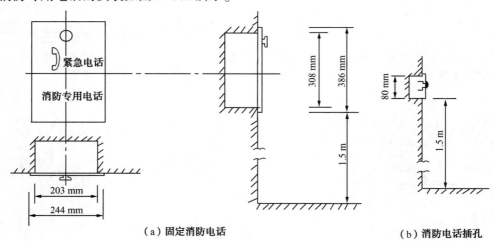

（a）固定消防电话　　　　　　　　　　（b）消防电话插孔

图4-102　消防专用电话的安装

消防专用电话的安装注意事项如下。

（1）消防专用电话在墙上安装时，其高度宜与手动报警按钮的高度一致，即距地面1.5 m。

（2）消防专用电话的安装位置应有消防专用标记。

3. 火灾应急照明的安装

设置火灾应急照明时应保证继续工作所需的照度。火灾应急照明的工作方式可分为专用和混用两种：前者平时不点燃，当火灾发生时强行点燃；后者与正常工作照明一样，平时点

燃作为工作照明的一部分，往往装有照明开关，必要时需在火灾发生后强行点燃。高层住宅的楼梯灯兼作火灾应急照明，通常楼梯灯采用定时自熄开关，因此需在火灾发生时强行点燃，其接线如图 4-103 所示。

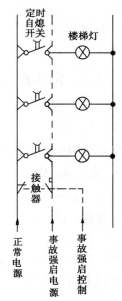

4. 疏散指示标志的安装

1）设置位置和场所

（1）走廊、楼梯间和电梯出/入口处。

（2）电影院、体育馆、多功能厅、礼堂、医院、病房楼和装有备用照明的展览厅、演播室、地下室、地下停车库、多层停车库等的疏散楼梯口、厅室出口和疏散通道。

（3）防/排烟控制箱、手动报警按钮、手动灭火装置处等。

2）安装位置和工作方式

（1）安装位置。每隔 10 ～ 20 m 的步行距离和转角处需安装一个，其安装高度应在距地面 1 m 以下；在通往楼梯或通向室外的出口处应设置安全出口指示灯，并采用绿色标志安装在门口上部。安全出口指示灯的外形如图 4-104 所示。

图 4-103 定时自熄开关的楼梯灯在火灾发生时的强行点燃

（2）工作方式。火灾应急照明和疏散指示灯应设玻璃或其他非燃烧材料制作的保护罩。疏散指示灯的设置如图 4-105 所示，箭头指示疏散方向。疏散指示灯平时不亮，在发生火灾时，接收指令并按要求分区或全部点燃。疏散指示灯的点燃方式分为两类：一类是平时不亮，火灾事故发生时接收指令而点燃；另一类是平时点燃，兼作出入口的标志。无自然采光的地下室等处需采用平时点燃方式的疏散指示灯。

图 4-104 安全出口指示灯的外形

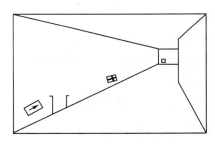

图 4-105 疏散指示灯的设置

4.3 消防控制室和接地装置的安装

消防控制室不仅是管理人员预防建筑物火灾发生、扑救建筑物火灾和指挥火灾现场人员疏散的重要信息中心和指挥中心，还是消防人员了解火灾现场发生、发展、蔓延情况及利用其内部已有消防设施进行人员疏散、物资抢救和火灾扑救的重要作战场所。同时，消防控制室内的某些报警控制装置的核心部件将为其后开展的火灾原因调查工作提供强有力的帮助。因此，设置消防控制室有着十分重要的意义。在现行的国家规范，如《建筑设计防火规范》

[GB 50016—2014（2018 年版）]、《人民防空工程设计防火规范》（GB 50098—2009）、《汽车库、修车库、停车场设计防火规范》（GB 50067—2014）等中，都有关于设置消防控制室的条文。

4.3.1 消防控制室的设置要求

为了使消防控制室能在火灾预防、火灾扑救和人员、物资疏散时确实发挥作用，并能在火灾发生时坚持工作，对消防控制室的设置位置、建筑结构、耐火等级、室内照明、通风空调、电源供给和接地保护等方面均有明确的技术要求。

1. 消防控制室的设置位置、建筑结构、耐火等级

为了保证在火灾发生时消防控制室内的工作人员能坚持工作而不受火灾的威胁，消防控制室最好独立设置，其耐火等级不应低于二级。当必须附设在建筑物内部时，宜设在建筑物内底层或地下一层，并应采用耐火极限时间不低于 3 h 的隔墙和不低于 2 h 的楼板与其他部位隔开，其安全出口应直通室外。消防控制室的门应选用乙级防火门，并朝疏散方向开启。消防控制室的设置位置、耐火等级如表 4-4 所示。

表 4-4　消防控制室的设置位置、耐火等级

规范名称	设置位置	隔墙耐火极限时间	楼板耐火极限时间	隔墙上的门
《建筑设计防火规范》	底层或地下一层	3 h	2 h	乙级防火门
《人民防空工程设计防火规范》	地下一层	3 h	2 h	甲级防火门

为了便于消防人员进行扑救工作，消防控制室门上应设置明显标志。如果消防控制室设置在建筑物的首层，则消防控制室门的上方应设置标志牌或标志灯，地下室内的消防控制室门上的标志必须是带灯光的装置。标志灯的电源应从消防电源接入，以保证标志灯电源可靠。

高频电磁场对火灾报警控制器和消防联动设备的正常工作影响较大，如卫星电视接收站等。为保证报警设备的正常运行，要求消防控制室周围不能设置干扰场强超过消防控制室设备承受能力的其他设备用房。

2. 对消防控制室通风空调设置的要求

为保证消防控制室内工作人员和设备运行的安全，应设置独立的空气调节系统。独立的空气调节系统可根据消防控制室面积的大小选用窗式、分体壁挂式、分体柜式空调器，也可使用独立的吸顶式家用中央空调器。

当利用建筑物内已有的中央空调时，应在送风和回风管网穿过消防控制室墙壁处设置防火阀，以阻止火灾烟气沿送、回风管网进入消防控制室，危及工作人员和设备的安全。该防火阀应能在消防控制室内手动或自动关闭，动作信号应能反馈回来。

3. 对消防控制室电气的要求

消防控制室的火灾报警控制器和各种消防联动设备属于消防用电设备，在火灾发生时是要坚持工作的。因此，消防控制室的供电应按一、二级负荷的标准供电。当按二级负荷的双回路要求供电时，两个电源或双回路应能在消防控制室的最末一级配电箱

处自动切换。

消防控制室内应设置火灾应急照明，其供电电源应采用消防电源。当使用蓄电池供电时，其供电时间至少应大于火灾报警控制器的蓄电池供电时间，以保证在火灾报警控制器的蓄电池停止供电后能为工作人员的撤离提供照明。火灾应急照明的照度应达到在距地面0.8 m处的水平面上任一点的最低照度不低于正常工作时的照度（100 lx）。

消防控制室内严禁与火灾自动报警及消防联动控制系统无关的电气线路和管网穿过。根据消防控制室的功能要求，火灾自动报警、固定灭火装置、电动防火门、防火卷帘门，以及消防专用电话、火灾应急广播等系统的信号传输线、控制线路等均应进入消防控制室。消防控制室内（包括吊顶上和地板下）的电气线路和管网很多，大型工程则更多，为保证消防联动设备安全运行，便于检查维修，其他无关的电气线路和管网不得穿过消防控制室，以免互相干扰造成混乱或事故。

值得注意的是，在很多实际工程中，往往将闭路电视监控系统设置在消防控制室内。这样做的目的之一是形成一个集中的安全防范中心，减少值班人员；目的之二是为值班人员分析、判断现场情况提供视频支持。从实际使用效果看，安防系统和消防灭火系统可以共处一室，但应分开设置。有些国内厂家的报警设备要求Internet或单位内部局域网的网线不得与其火灾报警信号传输线和联动控制线共用一个管网，为避免相互干扰，两者应相距3 m以上。

4. 对消防控制室内消防联动设备布置的要求

为了便于消防联动设备操作和检修，《火灾自动报警系统设计规范》（GB 50116—2013）对消防控制室内的消防联动设备布置进行了如下规定。

（1）设备面盘前的操作距离：单列布置时应不小于1.5 m；双列布置时应不小于2 m。

（2）在值班人员经常工作的一面，设备面盘至墙的距离应不小于3 m。

（3）设备面盘后的维修距离应不小于1 m。

（4）当设备面盘的排列长度大于4 m时，其两端应设置宽度不小于1 m的通道。

（5）当集中火灾报警控制器（火灾报警控制器）安装在墙上时，其底边距地面的高度宜为1.3～1.5 m，其靠近门轴的侧面距墙应不小于0.5 m，正面操作距离应不小于1.2 m。

消防控制室内的消防联动设备布置图如图4-106所示。

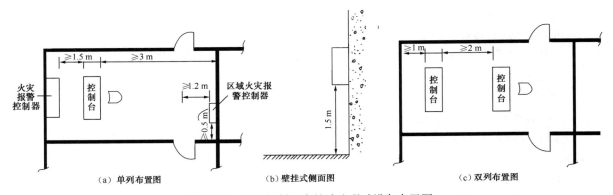

图4-106　消防控制室内的消防联动设备布置图

4.3.2 消防控制室的控制功能

由于每座建筑物的使用性质和功能不完全一样，因此消防联动设备所包括的控制装置也不尽相同，一般应把建筑物内的火灾自动报警及消防联动控制系统的消防联动设备都集中于消防控制室。即使消防联动设备分散在其他房间，各种设备的操作信号也应反馈到消防控制室。为完成这一功能，消防控制室内的消防联动设备的组成可根据需要由下列部分或全部控制装置组成：火灾报警控制器，消防灭火系统（包括自动喷水灭火系统、泡沫灭火系统、干粉灭火系统、管网气体灭火系统等）的控制装置，室内消火栓系统的控制装置，防烟、排烟系统和通风空调系统的控制装置，装配常开防火门、防火卷帘门的控制装置，电梯回降控制装置，火灾应急广播的控制装置，火灾警报装置的控制装置，火灾应急照明与疏散指示标志的控制装置，消防通信设备的控制装置等。

消防联动设备的控制方式应根据建筑物的形式、工程规模、管理体制和功能要求综合确定。单体建筑宜采用集中控制方式，即要求在消防控制室集中显示报警点、消防联动设备；而对于占地面积大、较分散的建筑群体，由于距离较大、管理单位多等原因，所以采用集中控制方式将会造成系统大、不易使用和管理不便等诸多问题。因此，可根据实际情况采取分散与集中相结合的控制方式。信号和控制需要集中的可由消防控制室集中显示和控制；不需要集中的，设置在分控室就近显示和控制。

消防联动设备的控制电源和信号回路电压宜采用 DC 24 V。

1. 消防控制室的控制与显示功能

（1）控制消防联动设备的启/停，并应显示其工作状态。

（2）控制消防泵和防烟、排烟风机的启/停，除自动控制外，应有手动直接控制。

（3）显示火灾报警和故障报警部位。

（4）显示保护对象的重点部位、疏散通道和消防联动设备所在位置的平面图或模拟图。

（5）显示系统供电电源的工作状态。

2. 消防联动设备的控制与显示功能

（1）消防控制设备对室内消火栓系统的控制与显示。

① 控制消防泵的启/停。

② 显示消防泵的工作、故障状态。

③ 显示启泵按钮的位置。

（2）消防联动设备对自动喷水灭火系统和水喷雾灭火系统的控制与显示。

① 控制喷淋泵的启/停。

② 显示喷淋泵的工作、故障状态。

③ 显示水流指示器、报警阀、信号阀的工作状态。

（3）消防联动设备对管网气体灭火系统（卤代烷、二氧化碳灭火系统等）的控制与显示。

① 显示系统的手动、自动工作状态。

② 在报警、喷淋各阶段，消防控制室应有相应的声光警报信号，并能手动消除声响信号。

③ 在延时阶段应自动关闭防火门、窗，停止通风空调系统，关闭有关部位的防火阀。

④ 显示管网气体灭火系统防火分区的报警、喷淋和防火门（防火卷帘门）、通风空调设备的状态。

（4）消防联动设备对干粉灭火系统的控制与显示。

① 控制系统的启/停。

② 显示系统的工作状态。

干粉灭火系统的控制方式与管网气体灭火系统相同。

（5）消防联动设备对常开防火门的控制。

① 防火门任一侧的火灾探测器报警后，防火门应自动关闭。

② 防火门关闭信号应送至消防控制室。

（6）消防联动设备对防火卷帘门的控制。

① 疏散通道上的防火卷帘门两侧应设置火灾探测器组及其报警装置，且两侧应设置手动控制按钮。

② 疏散通道上的防火卷帘门应按下列程序自动控制下降：感烟火灾探测器动作后，防火卷帘门下降至距地（楼）面 1.8 m；感温火灾探测器动作后，防火卷帘门下降到底。

③ 用于防火分隔的防火卷帘门在火灾探测器动作后，卷帘应下降到底。

④ 感烟、感温火灾探测器的报警信号和防火卷帘门的关闭信号应送至消防控制室。

（7）消防联动设备对防烟、排烟设备的控制与显示。火灾报警后，为了防止火灾产生的烟气沿空调送、回风管网蔓延，消防控制室应在接到火灾报警信号后停止相关部位的空调风机，并将该通向区域的水平支管通过关闭防火阀来切断其与总风管的联系，风机停止工作和防火阀关闭的信号应反馈至消防控制室。因此，消防联动设备应具备以下几种功能。

① 停止相关部位的空调送风，关闭防火阀，并接收其反馈信号。

② 启动相关部位的防烟、排烟风机，排烟阀等，并接收其反馈信号。

③ 控制挡烟垂壁等防烟设施。

挡烟垂壁主要是用来防止烟气四处蔓延的，在火灾初期将烟气限定在一定范围内。形成防烟分区一般的做法是利用建筑物固有的建筑结构，如大梁、突出于吊顶或顶棚的装饰构件（透明的玻璃等），也有的做法是采用机械的挡烟垂壁。机械的挡烟垂壁平时隐藏在吊顶上，其朝下的一面与所处吊顶在同一水平面上，当火灾发生时，可自动或由现场人员手动操作，将其释放形成距吊顶面 60～70 cm 的挡烟垂壁，以阻止烟气蔓延。

（8）消防控制室对非消防电源、警报装置、火灾应急照明和疏散指示标志的控制。为了扑救方便，避免电气线路因火灾而造成短路，形成二次灾害，同时为了防止消防人员触电，在发生火灾时切断非消防电源是必要的。但是切断非消防电源应控制在一定范围之内，一定范围是指着火的防火分区或楼层。切断方式可以是人工切断，也可以是自动切断。切断顺序应考虑按楼层或防火分区的范围逐个实施，以减少断电带来的不必要的惊慌。非消防电源的配电盘应具有联动接口，否则消防联动设备是不能实现切断功能的。

在正常照明被切断后，火灾应急照明和疏散指示标志就担负着为疏散人群提供照明和诱导指示的重任。由于火灾应急照明和疏散指示标志属于消防用电设备，因此其电源应选用消防电源。如果不能选用消防电源，则应将蓄电池组作为备用电源，且主电源和备用电源应能自动切换。

在火灾状态下，为了避免人为的紧张而造成的混乱，影响疏散，同时为了通知尚不知道火情的人员，首先应在最小范围内发出警报信号并进行火灾应急广播。总线控制非消防电源、警报装置如图 4-107 所示。

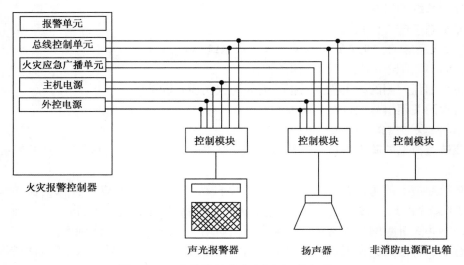

图 4-107　总线控制非消防电源、警报装置

（9）消防控制室的消防通信功能。为了能在发生火灾时发挥消防控制室的指挥作用，在消防控制室内应设置消防通信设备，并应满足以下几点要求。

① 应有一部能直接拨打"119"火警电话的外线电话机。

② 应有与建筑物内其他重要消防联动设备室直接通话的内部电话。

③ 应有无线对讲设备。

考虑到一般建筑物都设有内部程控交换机，消防控制室和其他重要的消防联动设备室都设有内部电话分机，在程控交换机上就可设置消防控制室的电话分机，并具有拨打外线电话的功能。无线对讲设备是重要的辅助通信设备，它具有移动通话的作用，可以避免线路的束缚，但它的通信距离和通话质量受诸多条件的限制。

（10）消防控制室对电梯的控制与显示。当发生火灾时，消防控制室应能将全部电梯迫降至首层，并接收其反馈信号。

对电梯的控制有两种方式：一种是将电梯的控制显示盘设置在消防控制室，值班人员在必要时可直接操作；另一种是在人工确认发生火灾后，消防控制室向电梯控制室发出火灾信号和强迫电梯下降的指令，使所有电梯下降并停于首层。

4.3.3　火灾自动报警系统接地装置的安装

火灾自动报警系统接地装置的接地电阻值应符合下列要求。

（1）当采用专用接地装置时，接地电阻值应不大于 4 Ω，这一取值与计算机接地规范是一致的。专用接地装置如图 4-108 所示。

（2）当采用共用接地装置时，接地电阻值应不大于 1 Ω，这也与国家有关接地规范中对电气防雷接地系统共用接地装置时接地电阻值的要求是一致的。共用接地装置如图 4-109 所示。

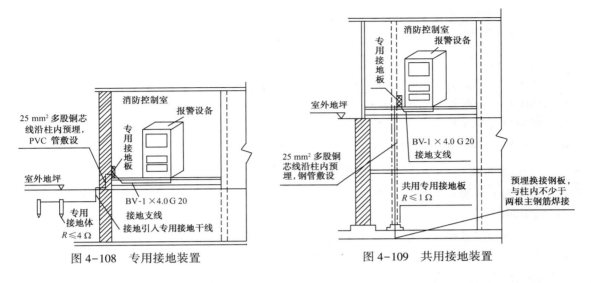

图 4-108 专用接地装置　　　　　　图 4-109 共用接地装置

（3）火灾自动报警系统应设置专用接地干线，并应在消防控制室设置专用接地板。专用接地干线应从消防控制室专用接地板引至专用接地体。专用接地干线应采用铜芯绝缘导线，其线芯截面面积应不小于 25 mm²。专用接地干线宜套上硬质塑料管理设至接地体。由消防控制室专用接地板引至各消防控制设备的专用接地干线应选用铜芯绝缘导线，其线芯截面面积应不小于 4 mm²。

在消防控制室设置专用接地板有利于保证火灾自动报警系统正常工作。专用接地干线是指从消防控制室专用接地板引至专用接地体的这一段，但如果有专用接地体，则是指从专用接地板引至室外的这一段接地干线。计算机和消防联动设备专用接地干线的引入段一般不能采用扁钢或裸铜排等方式，主要是为了与防雷接地（建筑构件防雷接地、钢筋混凝土墙体）分开，保持一定的绝缘，以免直接接触，影响消防联动设备的接地效果。因此，规定专用接地干线应采用铜芯绝缘导线，其线芯截面面积应不小于 25 mm²。采用共用接地装置时，一般将专用接地板引至最底层地下室内相应钢筋混凝土柱的基础并作为共用接地点，不宜从消防控制室内柱子上的焊接钢筋直接引出作为专用接地板。从专用接地板引至各消防控制设备的专用接地线线芯的截面面积应不小于 4 mm²。

（4）消防电子设备在采用交流电供电时，设备金属外壳和金属支架等应进行保护接地，专用接地干线应与电气保护接地干线（PE 线）相连接。

在消防控制室内，消防联动设备一般采用交流供电，为了避免操作人员触电，都应将金属支架进行保护接地。专用接地干线采用电气保护地线，即供电线路应采用单相三线制供电。

实训 1　火灾报警设备的安装

1. 实训说明

1）实训目的

训练学生的动手能力，让学生掌握火灾自动报警系统如何编码、安装，掌握简单的火灾自动报警系统的组成。

2）实训课时

8～10个课时。

3）实训设备

火灾报警控制器（JB-QB-MN/40）1台、智能感烟火灾探测器（JTY-GD-01）2或3只、智能感温火灾探测器（JTW-ZD-01）2或3只、智能手动报警按钮（J-SJP-M-Z02）1个、智能监视模块（JS-02B）1或2个、编码器（CODER-01）1台、警铃（JL-24V）1个或声光报警器（SG-01K）1台、螺丝刀、万用表、展板和导线等。

4）实训步骤

（1）用编码器给火灾探测器、智能手动报警按钮和智能监视模块编码，掌握编码器的功能和使用方法。

（2）将火灾报警控制器、火灾探测器、智能手动报警按钮、智能监视模块、警铃或声光报警器安装到展板上，用导线正确连接起来，掌握所有设备的安装方法。

（3）检查连接是否有问题，如果没有问题，则打开主机电源并按照说明书设置主机，掌握主机设置的方法。

（4）测试火灾探测器、智能手动报警按钮、智能监视模块、警铃或声光报警器工作是否正常。

2. 实训操作指南

1）火灾自动报警系统接线图

JB-QB-MN/40火灾报警控制器的接线图如图4-110所示。

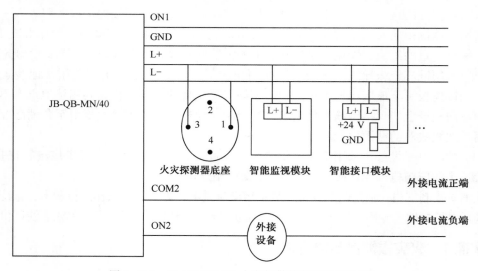

图4-110　JB-QB-MN/40火灾报警控制器的接线图

2）火灾自动报警系统主要技术指标

（1）系统容量：40个编码地址。

（2）接线方式：二总线方式。

（3）电源。

输入：AC 220 V/50 Hz 或 DC 24 V/4 AH（电池）。

输出：DC 24 V/6 A。

（4）使用环境。

温度：−10 ～+55℃。

相对湿度：≤95%（40℃时无凝露）。

（5）继电器输出接点的容量：5 A、DC 24 V 或 5 A、AC 250 V。

3）接线端子说明

L+	L+	L−	L−	BELL+	BELL−	+24 V	GND	ON1	COM1	OFF1	ON2	COM2	OFF2

L+、L−：火灾探测器总线正、负接线端子。

BELL+、BELL−：外接警铃正、负接线端子。

+24 V、GND：直流 24 V 正、负接线端子。

ON1、COM1、OFF1：继电器 1 的常开接线端子、公共接线端子、常闭接线端子。

ON2、COM2、OFF2：继电器 2 的常开接线端子、公共接线端子、常闭接线端子。

4）火灾自动报警系统的主要功能

（1）监视报警功能。

① 正常巡检：无火警信号和故障信号时，1 ～ 40 号地址灯闪亮。

② 火灾报警：当火灾探测器、智能监视模块或智能接口模块报火警时，报警地址的指示灯常亮，总火警指示灯被点亮。

③ 故障报警：当火灾探测器、智能监视模块或智能接口模块有故障时，故障地址的指示灯常亮，总故障指示灯被点亮。

注：巡检灯闪亮表示主机可对火灾探测器进行正常巡检，但不表示有火灾探测器正常接入。

（2）联动控制功能。

机器提供两组受控继电器输出（干接点），联动控制的受控逻辑关系如表 4-5 所示。

表 4-5　联动控制的受控逻辑关系

启动方式	JP4 跳线状态	启动条件	启动设备	备注
手动启动	JP4-2 处于 OFF，JP1 任意	按面板"控制设备 1"的"启动"键	继电器 1 动作	处于手动状态或自动状态都可以启动
		按面板"控制设备 1"的"停止"键	继电器 1 停止	
	JP4-1 处于 OFF，JP2 任意	按面板"控制设备 2"的"启动"键	继电器 2 动作	
		按面板"控制设备 2"的"停止"键	继电器 2 停止	
	JP4-2 处于 ON	当系统恢复时，继电器 1 断开 5s	继电器 1 动作	
	JP4-1 处于 ON	当有故障发生时，继电器 2 动作，此状态不受"启动""停止"键控制	继电器 2 动作	

续表

启动方式	JP4 跳线状态	启动条件	启动设备	备注
手动启动	JP4-2 处于 OFF	JP1 处于 1 挡位，且有任意一个火警发生	继电器 1 动作	处于自动状态才可以启动
		JP1 处于 2 挡位，且有任意两个火警发生	继电器 1 动作	
	JP4-1 处于 OFF	JP2 处于 1 挡位，且有任意一个火警发生	继电器 2 动作	
		JP2 处于 2 挡位，且有任意两个火警发生	继电器 2 动作	

注：1. 当面板上"手/自动"状态指示灯亮时，表示处于自动状态，指示灯灭时表示处于手动状态；
　　2. 按"恢复"键，所有已经启动的继电器停止动作，直至下一个启动条件成立才重新启动。

（3）直流电压输出。

当需要输出+24 V 电压时，将+24 V 电源连接至 COM1 端子，且将 JP4-2 跳至"ON"状态，端子 ON1 将输出+24 V 电源。

5）实训操作过程说明

（1）把待安装的火灾探测器、智能监视模块或智能接口模块通过编码器编写地址码（具体编码方法请参考编码器的使用说明）。

（2）将已编码的火灾探测器、智能监视模块、智能接口模块连接至机器主板端子。具体接线方式：火灾探测器底座 3 脚接主板 L+端子，1 脚接主板 L−端子；智能监视模块 L+端子接主板 L+端子，L−端子接主板 L−端子；智能接口模块 L+端子接主板 L+端子，L−端子接主板 L−端子，+24 V 端子接主板 ON1 端子，GND 端子接主板 GND 端子；主板 COM1 端子接主板+24 V 端子，跳线 JP4-2 跳至"ON"状态。

（3）插上电源，打开电源（主电源和备用电源）开关，开机。

（4）先按"键盘操作"键，再按"手/自动"键，打开键盘锁，键盘操作指示灯（绿灯）被点亮，此时操作"消声"键以外的其他按键方可有效（消声键不受键盘锁控制）；打开键盘锁后按一次"键盘操作"键则关闭键盘锁，或者打开键盘锁后无任何操作，过 5 分钟后键盘锁自动关闭。

（5）按显示板背面的"调时""调分"键可调节系统时间。

（6）按"机检"键，机器进行内部检测。

（7）按"消声"键，消除故障或火警报警声。

（8）"自动登录"是主机登记所连接的有效的火灾探测器或模块的功能，只有在主机登记有效的火灾探测器或模块才能正常工作。在自动登录时，按下显示板背面的"自动登录"键，机器将自动检测与其相连的 1～40 号火灾探测器、智能监视模块或智能接口模块。登录时检测到的火灾探测器或模块相应地址的指示灯将被点亮，如果机器检测不到任何火灾探测器或模块，则在登录结束时所有地址的灯同时闪亮一次；如果连接到主机的火灾探测器地址与模块地址相同，则主机自动登记模块地址，而不登记火灾探测器地址；如果有两个或两个以上的火灾探测器地址相同，则主机登记一个火灾探测器地址，其中任一只火灾探测器报警则主机对该地址报警。自动登录结束后，按显示板背面的"确认"键，机器将存储登录结果，先按"取消"键，再按"恢复"键，机器将放弃登录结果。

6）注意事项

（1）火灾自动报警系统总容量为40个编码地址，即系统所连接的火灾探测器、智能监视模块与智能接口模块的总和不能超出40个（编码地址在1～40号内），超出40号编码地址的火灾探测器或模块将因不能登录而不能正常工作。

（2）火灾自动报警系统的联动控制输出只提供无源输出，不提供有源输出。如果需要提供+24 V有源输出，则外接设备所消耗的电流必须在1 A以下，否则将影响系统的正常工作。

（3）火灾自动报警系统只能连接智能火灾探测器、智能监视模块、智能接口模块、智能手动报警按钮和智能消火栓报警按钮，不能连接智能联动控制模块和智能控制监视模块。

7）常见故障及其排除方法

（1）连接好电源后主机无任何反应：检查电源插座是否有电，机器内部的电源开关（主电源和备用电源）是否已经打开，电源与主板之间、主板与显示板之间的连线是否连接好，机器的+24 V端子是否外接大电流设备等。

（2）火灾探测器、模块不能自动登录：检查火灾探测器、模块与主机之间的连线是否连接无误，火灾探测器地址和模块编码地址是否大于40，系统中是否存在相同地址的火灾探测器和模块。

（3）火灾探测器、模块报故障：检查火灾探测器、模块与主机的连线是否松动，模块的终端电阻是否松动或脱落，系统中是否有两个或两个以上相同编码地址的火灾探测器、模块，火灾探测器和模块的编码地址是否大于40。

（4）按键操作无效：检查键盘锁是否被打开，键盘操作灯是否被点亮。

实训2　火灾自动报警系统与消防联动设备的安装

1. 实训说明

1）实训目的

训练学生掌握火灾自动报警系统（联动型）主机是如何编程设置火灾探测器、模块的，掌握如何按要求正确设置联动关系。

2）实训课时

8～10课时。

3）实训设备

火灾报警控制器（JB-QGL-2100A/396-30-6）1台、感烟火灾探测器（JTY-GD-01）2或3只、感温火灾探测器（JTW-ZD-01）2或3只，智能手动报警按钮（J-SJP-M-Z02）1个、监视模块（JS-02B）2或3个、联动控制模块（KZ-02B）2或3个、控制监视模块（KZJ-02B）2或3个、编码器（CODER-01）1台、智能声光报警器（SG-01）1台、警铃（JL-24V）1个或普通声光报警器（SG-01K）1台、螺丝刀、万用表、展板和导线等。

4）实训步骤

（1）用编码器给火灾探测器、智能手动报警按钮和模块编码，掌握编码器的功能和使用方法。

（2）将火灾报警控制器、火灾探测器、智能手动报警按钮、模块、警铃或声光报警器安装在展板上，用导线正确连接起来，掌握所有设备的安装方法。

（3）根据联动条件设置联动关系，试验联动关系是否正确，测试设置是否正确合理。

2. 实训操作指南

1）联动控制

虽然消防联动设备较多，但从联动方式上可分为手动和自动两种。大部分设备只需做自动联动（警铃、声光报警器、风阀），小部分设备需要进行手/自动联动。手/自动联动又分为总线手/自动联动和多线手/自动联动。总线手/自动联动通过软件编程，在主机上的按钮发出控制信号后，通过信号线传给控制类模块控制设备启动。多线手/自动联动通过硬线控制设备，每个设备要拉3或4条线来控制设备。总线手/自动联动控制的设备有消防广播、电梯、防火卷帘门、切市电等，多线手/自动联动控制的设备有消防泵、风机等。总线手/自动联动控制的设备可做多线手/自动联动控制，但多线手/自动联动控制的设备不可做总线手/自动联动控制。由系统图可以看出，此火灾自动报警系统的声光报警器、风阀为自动联动，消防广播、防火卷帘门为总线手/自动联动，消防泵、风机、电梯为多线手/自动联动。

2）设置联动关系

（1）室内消火栓系统的联动关系。

消火栓报警按钮动作→消防泵启动信号或消防泵故障信号反馈至消防控制室（在火灾报警控制器或联动控制器显示）。

消防控制室手动启动消防泵→消防泵启动信号（消防泵电源故障信号）反馈至消防控制室（在火灾报警控制器或联动控制器显示）。

手动启动消防泵分为采用多线制直接启动消防泵和通过消防联动控制器手动启动消防泵输出模块（联动控制模块）两种方式，具体方式视设计而定。

（2）自动喷水灭火系统的联动关系。

水流指示器动作信号与压力开关动作信号→启动喷淋泵。

水流指示器动作→消防控制室反馈信号（消防联动控制器显示水流指示器动作信号）。

压力开关动作→消防控制室反馈信号（消防联动控制器显示压力开关动作信号）。

喷淋泵启动信号（喷淋泵电源故障信号）反馈到消防控制室（在火灾报警控制器或消防联动控制器显示）。

消防控制室手动启动喷淋泵→喷淋泵启动信号（喷淋泵电源故障信号）反馈至消防控制室（在火灾报警控制器或消防联动控制器显示）。

手动启动喷淋泵分为采用多线制直接启动喷淋泵和通过消防联动控制器手动启动喷淋泵

输出模块（联动控制模块）两种方式，具体方式视设计而定。

（3）防/排烟系统的联动关系。

机械正压送风系统的联动关系如下。

火灾探测器报警信号或智能手动报警按钮报警信号→打开正压送风口→正压送风口打开信号→启动正压送风机。

消防控制室手动启动正压送风机分为采用多线制直接启动和通过消防联动控制器手动启动正压送风机输出模块（联动控制模块）两种方式，具体方式视设计而定。

正压送风口的开启可按照下列要求设置。

① 防烟楼梯间的正压送风口的开启应使整个楼梯间全部开启，使整个楼梯间形成均匀的正压。

② 前室内的正压送风口的开启应按照人员疏散顺序开启，即开启报警层和报警层下两层的正压送风口。

信号返回要求如下。

① 消防控制室（火灾报警控制器或消防联动控制器）显示正压送风口的开启状态。

② 消防控制室（火灾报警控制器或消防联动控制器）显示正压送风机的运行状态。

排烟系统的联动关系如下。

排烟分区内的火灾探测器报警信号或排烟分区内的手动报警按钮报警信号→启动该排烟分区的排烟口（打开）→排烟口打开信号→启动排烟风机。

排烟风机入口处排烟防火阀（280℃）的关闭信号→停止相关部位的排烟风机。

信号返回要求如下。

① 消防控制室（火灾报警控制器或消防联动控制器）显示排烟口的开启状态。

② 消防控制室（火灾报警控制器或消防联动控制器）显示排烟风机的运行状态。

③ 消防控制室（火灾报警控制器或消防联动控制器）显示防火阀的关闭状态。

消防控制室手动启动排烟风机分为采用多线制直接启动和通过消防联动控制器手动启动排烟风机输出模块（联动控制模块）两种方式，具体方式视设计而定。

（4）防火卷帘门的联动关系。

① 只作为防火分隔用的防火卷帘门可不进行两步下降。

感烟火灾探测器报警信号→启动防火卷帘门下降输出模块控制防火卷帘门下降到底→防火卷帘门降低限位信号通过输入模块反馈至消防控制室（火灾报警控制器显示防火卷帘门关闭信号）。

② 用在疏散通道上的防火卷帘门应进行两步下降，其联动关系如下。

安装在防火卷帘门两侧的感烟火灾探测器报警信号→启动防火卷帘门第一步下降输出模块使防火卷帘门在下降一步后停止；安装在防火卷帘门两侧的感温火灾探测器发出报警信号→启动防火卷帘门第二步下降输出模块使防火卷帘门下降到底。

（5）火灾警报和火灾应急广播的联动关系。

火灾警报在高层建筑中主要是指声光报警器，设有自动开启的声光报警器的开启顺序与

火灾应急广播的开启顺序相同。在火灾自动报警系统中，联动开启声光报警器和火灾事故广播的联动关系如下。

手动报警按钮或火灾探测器报警信号→启动声光报警器、火灾应急广播输出模块→接通声光报警器电源、火灾应急广播线路。

高层建筑中火灾警报和火灾应急广播的开启顺序如下。

① 当二层及二层以上楼层发生火灾时，宜先接通火灾层及其相邻的上、下层。

② 当首层发生火灾时，宜先接通本层、二层和地下各层。

③ 当地下室发生火灾时，宜先接通地下各层和首层。

（6）消防电梯的联动关系。

手动报警按钮与火灾探测器报警信号→启动消防电梯强降输出模块→消防电梯强降至首层并向消防控制室返回信号。对于消防电梯，最好的控制方式是在消防控制室内手动强降。

（7）非消防电源切换的联动关系。

手动报警按钮与火灾探测器报警→启动非消防电源切换输出模块→该模块启动断路器（空气开关）脱扣机构使中间断电器（空气开关）跳闸切断非消防电源。

切断非消防电源的最好的方式是在消防控制室内手动切断。

3）消防灭火系统工作原理

（1）室内消火栓系统：当火灾报警控制器接收到消火栓报警按钮的报警后，主机发出火警声光报警信号，同时联动外部声光报警信号和消防泵启动；消防泵启动后，给报警主机一个启动信号，同时发出消火栓灯点亮信号。

（2）自动喷水灭火系统：当喷淋泵系统有水流动（包括水喷头爆破、末端放水），水流指示器报警，火灾报警控制器接收到水流指示器报警时，主机发出火警声光报警信号，同时联动外部声光报警信号；当管网压力不够时，压力开关报警，火灾报警控制器接收到压力开关报警后联动喷淋泵启动。

知识梳理与总结

1. 安装接线是工程施工的关键部分，对于火灾自动报警及消防联动控制系统，更具有其复杂性。由于各产品的不统一性，所以不同型号的产品都有不同的安装接线方式，这将给进行此工作和学习的人带来一定的困难。因此，本项目列举了几个具有典型特征的产品并对其进行讲解，使学生能够对常见不同型号产品的安装接线都有一定的认识。

2. 消防控制室主机设备的接地、火灾探测器的布置和接线、导线的选取和穿管严格按消防施工规范进行。

3. 通过火灾自动报警系统的安装、接线和实训的学习，使学生初步具有火灾自动报警及消防联动控制系统的安装、编程技能，并进一步了解火灾自动报警系统的原理、组成和消防联动控制关系。

复习思考题 4

1. 手动报警按钮与消火栓报警按钮的区别是什么？
2. 输入模块、输出模块、总线隔离器的作用是什么？
3. 总线隔离器、手动报警按钮安装在什么部位？
4. 火灾自动报警系统（联动型）主机如何编程设置火灾探测器？
5. 消防控制室的设备如何布置？
6. 选择消防控制室应符合什么条件？
7. 消防控制室的接地电阻值应符合哪些要求？

项目 5

扫一扫看餐厅、厨房中的感温火灾探测器动作报火警动画

扫一扫看已安装感温火灾探测器的厨房布置展示动画

扫一扫看餐厅内部设备整体布置动画

扫一扫看餐厅、走廊墙上或值班室外墙上的手动报警按钮动作报火警动画

火灾自动报警及消防联动控制系统的方案设计

扫一扫看感烟火灾探测器的安装动画

扫一扫看火灾报警控制器的安装布置动画

扫一扫看手动报警按钮和声光报警器的安装布置展示动画

扫一扫看已安装感温火灾探测器的厨房布置展示动画

扫一扫看已安装感烟火灾探测器的餐厅走廊布置展示动画

教学导航

教	知识重点	1. 火灾自动报警系统的设计要点；2. 消防联动控制系统的设计要点； 3. 火灾自动报警系统的几种方案形式
	知识难点	1. 不同厂家的消防联动控制系统的设计要点；2. 不同厂家的火灾自动报警系统方案选择
	推荐教学方式	1. 通过实际的火灾自动报警系统方案讲解来掌握各种方案设计； 2. 当选用不同厂家的火灾自动报警系统产品时，火灾自动报警系统方案设计会有不同，找出系统方案设计中的不同点进行对比学习； 3. 通过简单的火灾自动报警系统设计范例建立对系统方案设计的认识； 4. 通过几种典型的火灾自动报警系统联动范例掌握方案设计中的消防联动控制关系； 5. 参考典型系统设计方案，自己独立进行简单的火灾自动报警系统的方案设计； 6. 通过一定的练习能够完成复杂的火灾自动报警系统的方案设计
	建议学时	8 学时（理论部分）
学	推荐学习方法	熟悉火灾自动报警及消防联动控制系统相关设计规范，以便在方案设计时能够熟练应用其规范，在选取报警设备产品厂家时，注意各产品的不同特点，如主机的容量，即整个建筑物所需的报警点是多少？每条回路的容量是多少？具有哪些消防联动控制功能？对几种典型的火灾自动报警系统方案要彻底掌握，以便举一反三
	必须掌握的理论知识	1. 火灾自动报警系统的设计要点和规范；2. 消防联动控制系统的设计要点和规范； 3. 几种典型的火灾自动报警系统方案设计形式
	必须掌握的技能	能够独立完成火灾自动报警及消防联动控制系统的方案设计

5.1　火灾自动报警及消防联动控制系统的设计内容与程序

火灾自动报警及消防联动控制系统工程属于建筑电气工程的内容。建筑电气工程从广义上讲应包括民用建筑、工业建筑、构筑物、道路和广场等户内/外电气工程。建筑电气工程设计的内容一般包括强电工程和弱电工程两大部分。强电工程部分包括变配电、输电线路、照明、电力、防雷与接地、电气信号和自动控制等项目；弱电工程部分包括有线电视、通信、广播、安全防范系统、火灾自动报警及消防联动控制系统、建筑设备自动化系统、综合布线系统等。

因此，火灾自动报警及消防联动控制系统是建筑电气工程中的一部分，除满足其必要的设计施工规范外，火灾自动报警及消防联动控制系统的施工图设计和施工验收均与建筑电气工程的通用要求相符合。

5.1.1　火灾自动报警及消防联动控制系统的设计内容和原则

1. 设计内容

火灾自动报警及消防联动控制系统的设计内容一般有两大部分：一是系统设计；二是消防联动设备控制设计。

1）系统设计

（1）系统形式。火灾自动报警及消防联动控制系统设计的形式有3种，即区域系统、集中系统和控制中心系统。

为了使设计更加规范化、不限制技术的发展，消防规范对系统的基本形式规定了很多基本原则。工程设计人员可在符合这些基本原则的基础上，根据工程规模和消防联动控制的复杂程度选择检验合格且质量上乘的厂家产品，组成合理、可靠的火灾自动报警及消防联动控制系统。

（2）系统供电。火灾自动报警及消防联动控制系统应设有主电源和直流备用电源。建筑物应独立形成消防、防灾供电系统，并要保障供电的可靠性。

（3）系统接地。火灾自动报警及消防联动控制系统的接地装置可采用专用接地装置或共用接地装置。

2）消防联动设备控制设计

设备的控制是系统设计的重要部分，火灾自动报警及消防联动控制系统涉及的设备较多，具体控制的设备如表5-1所示。

表5-1　火灾自动报警及消防联动控制系统控制的设备

设备名称	内容
报警设备	火灾报警控制器、火灾探测器、手动报警按钮、紧急报警设备
通信设备	应急通信设备、对讲电话、应急电话等
广播	火灾应急广播设备、火灾警报装置
灭火设备	喷水灭火系统的控制，室内消火栓系统的控制，泡沫、卤代烷、二氧化碳灭火系统的控制，管网气体灭火系统的控制等

续表

设备名称	内容
消防联动设备	防火门、防火卷帘门的控制，防/排烟阀的控制，通风空调系统的紧急停止，电梯的控制，非消防电源的断电控制
避难设施	火灾应急照明、疏散指示标志

2. 设计原则

消防灭火系统设计的基本原则应符合现行的建筑设计消防法规的要求，必须遵循国家有关方针、政策，针对保护对象的特点做到安全适用、技术先进、经济合理。在进行消防工程设计时要遵照下列原则。

（1）熟练掌握国家标准、规范、法规等，对规范中的正面词和反面词的含义要领悟准确，保证做到依法设计。

（2）详细了解建筑物的使用功能、保护对象级别和有关消防监督部门的审批意见。

（3）掌握所设计建筑物相关专业（建筑、空调、给排水等）的标准规范，以便在综合考虑后着手进行系统设计。

我国消防法规大致分为五大类，即建筑设计防火规范、系统设计规范、设备制造标准、安全施工验收规范和行政管理法规。设计者只有掌握了这五大类消防法规，在设计中才能做到应用自如、准确无误。

在执行消防法规遇到矛盾时应按以下几点执行。

（1）行业标准服从国家标准。

（2）从安全方面考虑，采用高标准。

（3）报请消防救援大队解决，包括公安部、住房和城乡建设部等部门。

5.1.2 火灾自动报警及消防联动控制系统的设计程序

火灾自动报警及消防联动控制系统的设计程序一般分为两个阶段，第一阶段为初步设计（方案设计），第二阶段为施工图设计。

1. 初步设计

1）确定设计依据

（1）相关规范。

（2）建筑物的规模、功能、防火等级、消防管理的形式。

（3）所有土建和其他工种的初步设计图纸。

（4）采用厂家的产品样本。

2）方案确定

由以上内容进行初步概算，通过比较和选择确定消防灭火系统采用的形式、合理的设计方案。设计方案的确定是设计成败的关键，一项优秀的设计不仅要精心绘制工程图纸，还要重视方案的设计、比较和选择。

火灾自动报警及消防联动控制系统的方案设计应根据建筑物的类别、防火等级、功能要求、消防管理，以及相关专业的配合才能确定。因此必须掌握以下资料。

（1）建筑物类别和防火等级。

（2）土建图纸：防火分区的划分，风道（风口）、烟道（烟口）位置，防火卷帘门数量和位置等。

（3）给排水专业给出消火栓、水流指示器、压力开关的位置等。

（4）电力、照明专业给出供电和有关配电箱（事故照明配电箱、空调配电箱、防/排烟机配电箱和非消防电源切换箱）的位置。

（5）通风与空调专业给出防/排烟机、防火阀的位置等。

总之，建筑物的火灾自动报警及消防联动控制系统的方案设计是各专业密切配合的产物，在总的防火规范的指导下，各专业应密切配合，共同完成任务。其中，电气专业在火灾自动报警及消防联动控制系统方案设计内容如表5-2所示。

表5-2　电气专业在火灾自动报警及消防联动控制系统方案设计内容

序号	设计项目	电气专业的设计内容
1	建筑物高度	确定电气防火设计范围
2	建筑防火分类	确定电气消防设计内容和供电方案
3	防火分区	确定区域报警范围、选用火灾探测器的类型
4	防烟分区	确定防/排烟系统控制方案
5	建筑物用途	确定火灾探测器的类型和安装位置
6	构造耐火极限	确定各电气设备的设置部位
7	室内装修	确定火灾探测器的类型、安装方法
8	家具	确定保护方式、选用火灾探测器的类型
9	屋架	确定屋架探测方式和灭火方式
10	疏散时间	确定疏散指示标志、事故照明时间
11	疏散路线	确定火灾应急照明位置和疏散通道方向
12	疏散出口	确定疏散指示标志位置、指示出口方向
13	疏散楼梯	确定疏散指示标志位置、指示出口方向
14	排烟风机	确定消防联动控制系统与连锁装置
15	排烟口	确定排烟风机连锁系统
16	排烟阀	确定排烟风机连锁系统
17	防火卷帘门	确定火灾探测器联动方式
18	电动安全门	确定火灾探测器联动方式

2. 施工图设计

（1）计算。按建筑物房间使用功能和层高计算布置设备的数量，具体包括火灾探测器的数量、手动报警按钮的数量、消防广播的数量，楼层显示器、隔离器、支路、回路的数量，以及火灾报警控制器的容量等。

（2）施工图绘制。施工图是工程施工的重要技术文件，主要包括设计说明、系统图、平面图等。施工图应清楚标明火灾探测器、手动报警按钮、消防广播、消防电话、消火栓按钮、防/排烟机等各设备的平面安装位置、设备之间的线路走向、系统对设备的控制关系等。

施工图设计完成后，在开始施工之前，设计人员应与施工单位的技术人员或负责人进行建筑电气工程设计技术交底。在施工过程中，设计人员应经常去现场帮助施工人员解决施工图或施工技术上的问题，有时还要根据施工过程中出现的新问题做一些设计上的变动，并以书面形式发出修改通知书或修改图。设计工作的最后一步是组织设计人员、建设单位、施工单位和有关部门对工程进行竣工验收。设计人员应检查电气施工是否符合设计要求，即详细查阅各种施工记录，到现场查看施工质量是否符合验收规范，检查设备安装措施是否符合施

工图规定，将检查结果逐项写入验收报告，最后作为技术文件归档。

5.1.3　消防灭火系统设计与相关单位、其他专业的关系和协调

1. 消防灭火系统设计与建设单位、施工单位、公共事业单位的关系

（1）与建设单位的关系。工程完工后要交付给建设单位使用，满足建设单位的需求是设计的最根本目的。因此，要做好一项消防灭火系统的设计，就必须了解建设单位的需求和他们提供的设计资料。

（2）与施工单位的关系。设计是用图纸表达的产品，而工程的实体需要施工单位去建造，因此方案设计必须具备实施性，否则只是"纸上谈兵"。一般来讲，设计人员应该掌握施工工艺，至少应该了解各种安装过程，以免设计出的图纸不能实施。

（3）与公共事业单位的关系。消防灭火系统中的设备使用的能源和信息来自市政设施的不同系统。因此，在开始进行方案设计构思时应该考虑能源和信息输入的可能性及其具体措施。与这方面有关的设施是供电网络、通信网络、消防报警网络等，因此需要与供电、电信和消防等部门进行业务联系。

2. 消防灭火系统设计与其他专业的关系和协调

（1）与建筑专业的关系。电气专业与建筑专业之间的关系视建筑物功能的不同而不同。在工业建筑设计过程中，生产工艺设计是起主导作用的；土建设计是以满足生产工艺设计为前提的，处于配角的地位。但在民用建筑设计过程中，建筑专业始终是主导专业，电气专业和其他专业则处于配角的地位，即围绕着建筑专业的构思而开展设计，力求表现和实现建筑设计的意图，并且在建筑工程设计的全过程中服从建筑专业的调度。虽然建筑专业在设计中处于主导地位，但并不影响其他专业在设计中的独立性和重要性。从某种意义上讲，建筑设备、设施的优劣标志着建筑物现代化程度的高低。因此，建筑物的现代化除建筑造型和内部使用功能具有时代特征外，很重要的方面是内部设备的现代化。这就对消防供水、供电、暖通专业提出了更高的要求，使设计的工作量和工程造价大大增加，即一次完整的建筑工程设计不是某个专业所能完成的，而是各专业密切配合的结果。

由于各专业都有各自的技术特点和要求，有各自设计的规范和标准，所以在设计中不能片面地强调某个专业的重要性而置其他专业的规范和标准于不顾，影响其他专业的技术合理性和使用的安全性。

（2）与设备专业的协调。消防联动设备与采暖、通风、给排水、煤气等建筑设备的管网纵横交错，因此在设计中要很好地协调各设备专业，进行合理布置，并且要认真进行专业之间的检查，否则会造成工程返工和建筑物功能上的损失。

对初步设计阶段各专业相互提供的资料要进行补充和深化，消防专业需要做的工作如下。

① 向建筑专业提供有关消防联动设备用房的平面布置图，以便得到他们的配合。

② 向结构专业提供有关预留埋件或预留孔洞的位置图。

③ 向给排水、暖通专业了解各种用电设备的控制、操作、连锁等。

总之，只有专业之间相互理解、相互配合才能设计出既符合设计意图，又在技术和安全上符合规范功能，以及满足使用要求的建筑物。

5.1.4　消防灭火系统的设计与施工规范

消防灭火系统的设计、施工和维修必须根据国家和地方颁布的有关消防法规与上级批准的文件的具体要求进行。从事消防灭火系统的设计、施工和维护的人员应具备人力资源和社会保障部职业技能鉴定中心与应急管理部消防救援局规定的有关资质证书。在工程实施过程中，应具备建设单位提供的设计要求和工艺设备清单，还应具备在基建主管部门的主持下由设计、建设单位和公安部消防局协商确定的书面意见。对于必要的设计资料，建设单位提供不了的，设计人员可以协助建设单位调研，由建设单位确认并为其提供设计资料。

消防灭火系统的设计应在公安部消防局的政策、法规的指导下，根据建设单位给出的设计资料和消防灭火系统的有关规范和标准进行，具体的规范和标准如下。

（1）《火灾自动报警系统设计规范》（GB 50116—2013）。

（2）《人民防空工程设计防火规范》（GB 50098—2009）。

（3）《汽车库、修车库、停车场设计防火规范》（GB 50067—2014）。

（4）《建筑设计防火规范》[GB 50016—2014（2018 年版）]。

（5）《自动喷水灭火系统设计规范》（GB 50084—2017）。

（6）《建筑灭火器配置设计规范》（GB 50140—2005）。

（7）《泡沫灭火系统技术标准》（GB 50151—2021）。

（8）《民用建筑电气设计标准》（GB 51348—2019）。

（9）《通用用电设备配电设计规范》（GB 50055—2011）。

（10）《爆炸危险环境电力装置设计规范》（GB 50058—2014）。

（11）《火灾报警控制器》（GB 4717—2005）。

（12）《消防联动控制系统》（GB 16806—2006）。

（13）《水喷雾灭火系统技术规范》（GB 50219—2014）。

（14）《卤代烷 1211 灭火系统设计规范》（GB/T 50110—1987）。

（15）《卤代烷 1301 灭火系统设计规范》（GB/T 50163—1992）。

（16）《供配电系统设计规范》（GB 50052—2009）。

（17）《石油库设计规范》（GB 50074—2014）。

（18）《民用爆破物品工程设计安全标准》（GB 50089—2018）。

（19）《农村防火规范》（GB 50039—2010）。

（20）《建筑灭火器配置设计规范》（GB 50140—2005）。

（21）《氧气站设计规范》（GB 50030—2013）。

（22）《地下及覆土火药炸药仓库设计安全规范》（GB 50154—2009）。

（23）《汽车加油加气加氢站技术标准》（GB 50156—2021）。

（24）《地铁设计规范》（GB 50157—2013）。

（25）《石油化工企业设计防火标准》[GB 50160—2008（2018 年版）]。

（26）《烟花爆竹工程设计安全规范》（GB 50161—2022）。

（27）《石油天然气工程设计防火规范》（GB 50183—2015）。

（28）《小型火力发电厂设计规范》（GB 50049—2011）。

（29）《建筑物防雷设计规范》（GB 50057—2010）。

（30）《二氧化碳灭火系统设计规范》（GB/T 50193—1993）。

（31）《发生炉煤气站设计规范》（GB 50195—2013）。

（32）《输气管道工程设计规范》（GB 50251—2015）。

（33）《输油管道工程设计规范》（GB 50253—2014）。

（34）《建筑内部装修设计防火规范》（GB 50222—2017）。

（35）《火力发电厂与变电站设计防火标准》（GB 50229—2019）。

（36）《水利工程设计防火规范》（GB 50987—2014）。

（37）《水电工程设计防火规范》（GB 50872—2014）。

在消防灭火系统施工过程中，除按照设计图纸施工外，还应执行下列规范。

（1）《火灾自动报警系统施工及验收标准》（GB 50166—2019）。

（2）《自动喷水灭火系统施工及验收规范》（GB 50261—2017）。

（3）《气体灭火系统施工及验收规范》（GB 50263—2007）。

（4）《防火卷帘》（GB 14102—2005）。

（5）《防火门》（GB 12955—2008）。

（6）《电气装置安装工程 接地装置施工及验收规范》（GB 50169—2016）。

5.2 火灾自动报警及消防联动控制系统施工图的识读

5.2.1 火灾自动报警及消防联动控制系统施工图的分类

扫一扫看教学课件：火灾自动报警及联动控制关系

1. 火灾自动报警及消防联动控制系统施工图常用的图形符号

在电气工程中，设备、元器件、装置的连接线很多，结构类型千差万别，安装方法多种多样。在电气工程图中，这些设备、元器件、装置、线路及其安装方法等都是借用图形符号、文字符号来表达的。同样，在分析火灾自动报警及消防联动控制系统施工图时，首先要了解和熟悉常用符号的形式、内容、含义，以及它们之间的相互关系。表5-3所示为火灾自动报警及消防联动控制系统常用的图形符号。

表5-3　火灾自动报警及消防联动控制系统常用的图形符号

图形符号	说明	图形符号	说明
Ⓢ	编码感烟火灾探测器	⚘	消防泵、喷淋泵
Ⓢ	普通感烟火灾探测器	◗	排烟机、送风机
⧉	编码感温火灾探测器	◺	防火阀、排烟阀
Ⓘ	普通感温火灾探测器	▤	防火卷帘门
↙	煤气火灾探测器	⊘	防火室

续表

图形符号	说明	图形符号	说明
	编码手动报警按钮		电梯迫降
	普通手动报警按钮		空调断电
	编码消火栓按钮		压力开关
	普通消火栓按钮		水流指示器
	短路隔离器		湿式报警阀
	电话插口		电源控制箱
	声光报警器		电话
	楼层显示器	3202	报警输入中断器
	警铃	3221	控制输出中间继电器
	气体释放灯、门灯	3203	红外光束中间继电器
	广播扬声器	3601	双切换盒

在使用图形符号时应注意如下几点。

（1）图形符号应按无电压、无外力作用时的原始状态绘制。

（2）图形符号可根据图面布置的需要缩小或放大，但各个图形符号之间及其本身的比例应保持不变，同一套施工图上的图形符号的大小、线条的粗细应一致。

（3）图形符号的方位不是强制的，在不改变其含义的前提下，可根据图面布置的需要旋转或镜像放置，但文字和指示方向不得倒置，旋转方位应是90°的倍数。

（4）为了保证图形符号的通用性，不允许对标准中已给出的图形符号进行修改和派生，但如果某些特定装置的符号未做规定，允许按已规定的符号适当组合派生，但同一套施工图上同一种元器件只能选用一种符号。

2. 火灾自动报警及消防联动控制系统施工图的分类

火灾自动报警及消防联动控制系统施工图用于说明建筑物中火灾自动报警及消防联动控制系统的构成和功能，描述系统装置的工作原理，以及提供安装技术数据和使用维护依据。常用的火灾自动报警及消防联动控制系统施工图有以下几类。

1）目录、设计说明、图例、设备材料明细表

目录内容有序号、图纸名称、编号、张数等，其一般归到电气施工图总目录中。

设计说明（施工说明）主要阐述工程设计的依据、业主的要求、施工原则、建筑物特点、设备安装标准、安装方法、工程等级、工艺要求，以及有关设计的补充说明等。

图例即图形符号，一般只列出本套施工图中涉及的一些图形符号。

设备材料明细表列出了该项工程所需的设备和材料的名称、型号、规格和数量，在设计概算和施工预算时提供参考。

2）火灾自动报警及消防联动控制系统工作原理框图

火灾自动报警及消防联动控制系统工作原理框图用于说明系统的工作原理，以框图形式表示对系统的调试与维护具有一定的指导作用。

3）火灾自动报警及消防联动控制系统图

从火灾自动报警及消防联动控制系统图中可以看出工程的概况，如图5-1所示。图5-1只表示电气回路中各元器件的连接关系，不表示元器件的具体情况、具体安装位置和具体接线方法。

4）火灾自动报警及消防联动控制系统平面图

火灾自动报警及消防联动控制系统平面图是表示设备、装置与线路平面布置的图纸，是进行设备安装的主要依据。它以建筑总平面图为依据，在平面施工图上绘出设备、装置和线路的安装位置、敷设方法等。气体灭火系统平面图如图5-2所示。平面图采用了较大的缩小比例，不表现设备的具体形状，只反映设备的安装位置、安装方式和线路的走向与敷设方法等。

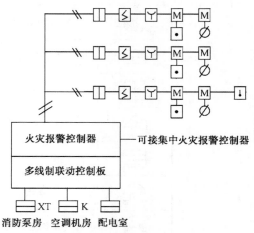

图5-1　火灾自动报警及消防联动控制系统图

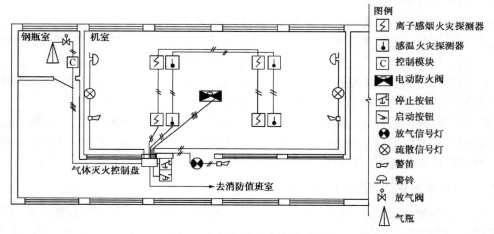

图5-2　气体灭火系统平面图

5）设备布置图

设备布置图是表现消防联动设备的平面与空间的位置、安装方式及其相互关系的图纸，通常由平面图、立面图、剖面图和各种构件详图等组成。通常，设备布置图用于表示消防控制室、消防泵房等设备的布置。水泵房设备布置图如图5-3所示。

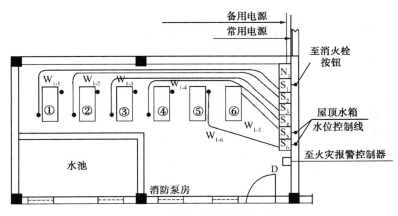

图5-3　消防泵房设备布置图

6）消防联动设备电气控制原理图

消防联动设备电气控制原理图是表现消防联动设备、设施电气控制工作原理的图纸，如排烟风机的电气控制原理图、自动喷淋泵一用一备的电气控制原理图、防火卷帘门的电气控制原理图等。电气控制原理图不能表明电气设备和器件的实际安装位置与具体的接线，但可以用于指导电气设备和器件的安装、接线、调试、使用与维修。排烟风机的电气控制原理图如图5-4所示。

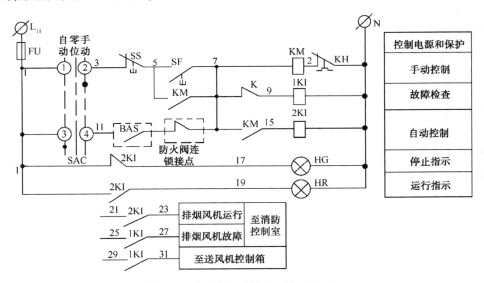

图5-4　排烟风机的电气控制原理图

本书重点介绍火灾自动报警及消防联动控制系统施工图，着重分析系统图和平面图，有关消防联动设备的电气控制可参照相关电气控制技术类图书。

此外，火灾自动报警及消防联动控制系统是一项复杂的电气工程，它涉及多门专业知识，如电子技术、无线电技术、通信技术、计算机技术等。有关弱电工程的安装、调试不仅要看懂平面图、系统图、系统工作原理框图，还要具备以上各专业的基础知识。

5.2.2 火灾自动报警及消防联动控制系统图的识读

火灾自动报警及消防联动控制系统图是表示系统中设备和元器件的组成、设备和元器件之间相互连接关系的图纸。系统图的识读要与平面图的识读结合起来，它对于指导安装施工有着重要的作用。

系统图的绘制是先根据火灾报警控制器厂家的产品样本，再结合建筑平面设置的火灾探测器、手动报警按钮等设备的数量而画出的，并进行相应的标注（每处导线的根数和走向、每层楼各种设备的数量、设备所对应的楼层数等）。

识读火灾自动报警及消防联动控制系统图应掌握如下概念。

（1）系统图是用来表示系统设备、部件的分布和系统的组成关系的。

（2）系统图帮助用户进行系统日常管理和故障维护。

（3）系统图要素包括设备部件类别、设备部件分布、设备部件连线走向和线数。

绘制火灾自动报警及消防联动控制系统图应首先选用国家标准和相关部门标准所规定使用的图形符号，下面以两个典型的例子来说明如何识读火灾自动报警及消防联动控制系统图。

【例5-1】 多线制火灾自动报警及消防联动控制系统图如图5-5所示。

本系统图识读要点如下。

（1）本系统采用的是 $n+1$ 多线制报警方式，即每个火灾探测点与火灾报警控制器的接线端子相连接。

（2）本系统适用于小系统，如独立设置的小型歌厅、酒吧等。

（3）每层火灾探测器、手动报警按钮等设备的数量在系统图中标注出来，与平面图相对应。

【例5-2】 总线制火灾自动报警与消防联动控制系统图如图5-6所示。

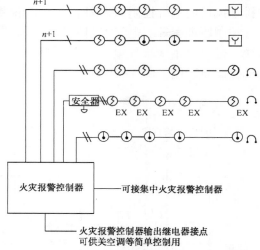

图5-5 多线制火灾自动报警及消防联动控制系统图

本系统图识读要点如下。

（1）本系统采用总线报警、总线控制方式，报警与消防联动控制合用总线。

（2）从图5-6中可以看出，该消防控制室设有火灾报警控制器和消防联动控制器、CRT显示装置、广播控制盘、火警电话总机与24 V电源。

（3）火灾报警控制器为 4 回路，每两层楼的报警控制信息点共用一条回路，地下一层和一层用一条回路，二层和三层用一条回路，依次类推。

（4）每层楼都分别装有楼层显示器。

（5）火灾自动报警系统的每一条回路都装有感烟火灾探测器、感温火灾探测器、水流指示器、消火栓按钮、手动报警按钮等，设备的数量由相应平面图确定。

（6）消防联动控制系统也为总线输出，通过联动控制模块与设备连接，被联动控制的设备有消防泵、喷淋泵、正压送风机、排烟风机、防火阀等。

（7）输出的报警装置有声光报警器、广播扬声器等。

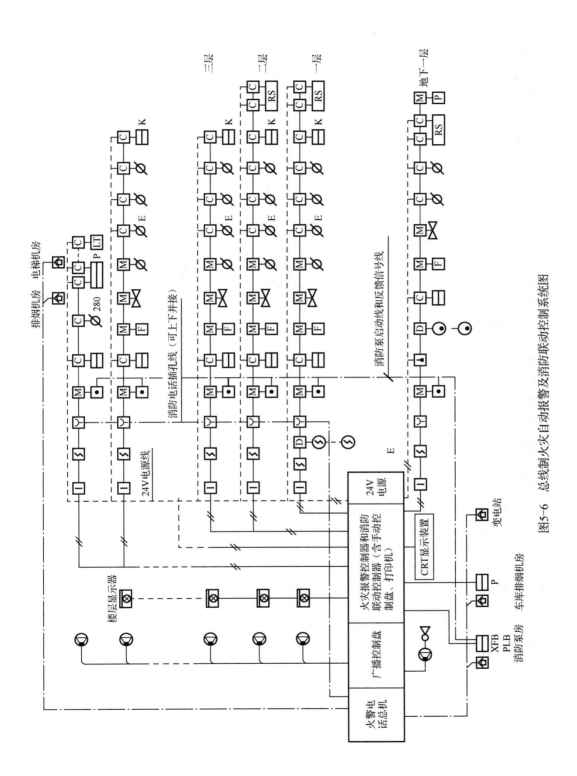

图5-6　总线制火灾自动报警及消防联动控制系统图

5.2.3 火灾自动报警及消防联动控制系统平面图的识读

尽管火灾自动报警及消防联动控制系统工程比较复杂，但其平面图的识读并不困难。因为，在弱电工程中，传输的信号往往只有一路信号，使线路敷设简化。只要有识读建筑电气平面图的基础，就可以看懂火灾自动报警及消防联动控制系统平面图。

要结合系统图来识读平面图，这里以两个典型的例子来说明如何识读平面图。

【例5-3】 多线制火灾自动报警及消防联动控制系统平面图如图5-7所示。

本平面图识读要点如下。

（1）本系统采用的是 $n+1$ 多线制报警方式，即每个火灾探测点与火灾报警控制器的接线端子箱相连接。

（2）看元器件设置。图5-7中每个小房间各设置一只编码感烟火灾探测器，多功能厅按火灾探测器的探测区域均匀布置了6只编码感烟火灾探测器；在两个楼梯口的位置分别安装一个手动报警按钮；3个消火栓按钮分别安装在建筑物的拐角处。另外，在建筑物的两个对角位置分别安装了一台声光报警器；消防联动设备70℃防火阀和280℃防火排烟阀的控制箱设置在右上角楼梯旁。

（3）看线路敷设。本系统采用的是多线制，即每个元器件都接在火灾报警控制器接线端子的一个点上。线管敷设分为两路，从右上角楼梯旁的接线端子箱引出，每路线管内的导线根数随着元器件的连接，每连接一个元器件，线管内导线就减少一根，使用的导线材料未在本平面图中标注出来，可在相应的系统图中寻找。

（4）平面图中不标注元器件位置的安装尺寸，在安装时尺寸要符合相关的标准、规范，并注意与其他专业的设备安装协调配合。

【例5-4】 总线制火灾自动报警及消防联动控制系统平面图如图5-8所示。

本平面图识读要点如下。

（1）本系统采用总线控制方式，火灾自动报警及消防联动控制系统合用总线。

（2）图5-8展示的是某大厦某层火灾自动报警及消防联动控制系统平面图，从图中可以看出，在电梯厅旁装有区域火灾报警控制器或楼层显示器，用于报警和显示着火区域。输入总线接到弱电竖井中的接线箱，通过垂直桥架中的防火电缆接至消防控制室。

（3）整个楼面装有24只带地址编码底座的编码感烟火灾探测器，采用二总线制，用塑料护套屏蔽电缆 RVVP-2×1.0 穿电线管（T20）敷设，接线时要注意正、负极。

（4）在筒体的走廊平顶设置了3个广播扬声器，可用于通知、背景音乐和火灾应急广播，用 3×1.5 mm² 的塑料软线穿 ϕ20 的电线管在平顶中敷设。

（5）在圆形走廊内设置了3个消火栓箱，箱内装有带指示灯的消火栓按钮，在发生火灾时敲碎消火栓箱玻璃即可报警。消火栓按钮线用 4×2.5 mm² 的塑料软线穿 ϕ25 的电线管，沿筒体垂直敷设至消防控制室或消防泵房。

（6）D为联动控制模块，D225为前室正压送风阀联动控制模块，D226为电梯厅排烟阀联动控制模块，由弱电竖井接线箱敷设 ϕ20 的电线管至联动控制模块，内穿 BV-4×1.5 导线；KF为水流指示器，通过输入模块与二总线连接；SF为消火栓箱；B为广播扬声器；SB为带指示灯的手动报警按钮，含输入模块；SS为感烟火灾探测器；ARL为区域火灾报警控制器或楼层显示器。

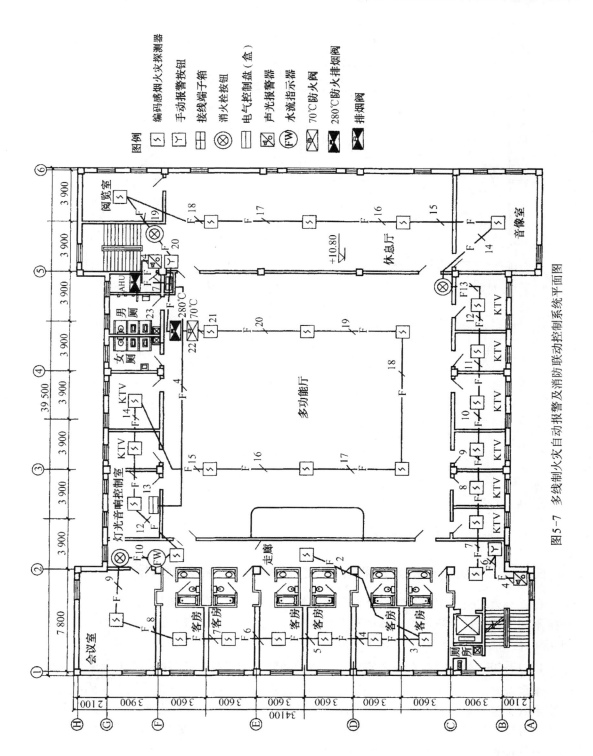

图5-7　多线制火灾自动报警及消防联动控制系统平面图

图例

⑤　编码感烟火灾探测器
Ｙ　手动报警按钮
⊞　接线端子箱
⊗　消火栓按钮
▭　电气控制盘（盒）
◙　声光报警器
(FW)　水流指示器
▧　70℃防火阀
▨　280℃防火排烟阀
■　排烟阀

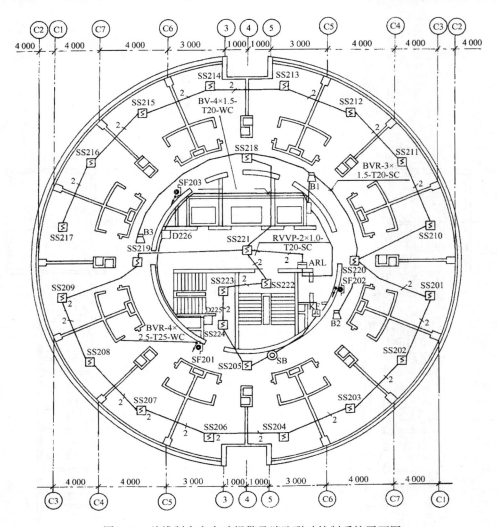

图 5-8　总线制火灾自动报警及消防联动控制系统平面图

5.2.4　火灾自动报警及消防联动控制系统的几种典型方案

在进行火灾自动报警系统设计方案的选择时，应注意不同厂家不同系列的产品绘制的图形是不同的，设计者应根据具体情况进行选择。下面是几种典型方案，采用的产品是由深圳市高新投三江电子股份有限公司生产的。

1. JB-QB-MN/40 二总线火灾自动报警及消防联动控制系统方案

本系统方案适用于饭店、娱乐场所等小型建筑的消防报警，它是传统多线制系统的一种演变形式，整个系统只有一条总线回路，系统容量可达 40 个报警地址点。在其报警信号二总线上可连接智能火灾探测器、智能监视模块、智能手动报警按钮、智能消火栓报警按钮，但不可连接智能接口模块、智能联动控制模块、智能控制监视模块、智能声光报警器等设备。另外，警铃需单独引线，有两组受控继电器触点输出，采用壁挂式安装方式。这是一种比较实用的系统方案，其原理图如图 5-9 所示。

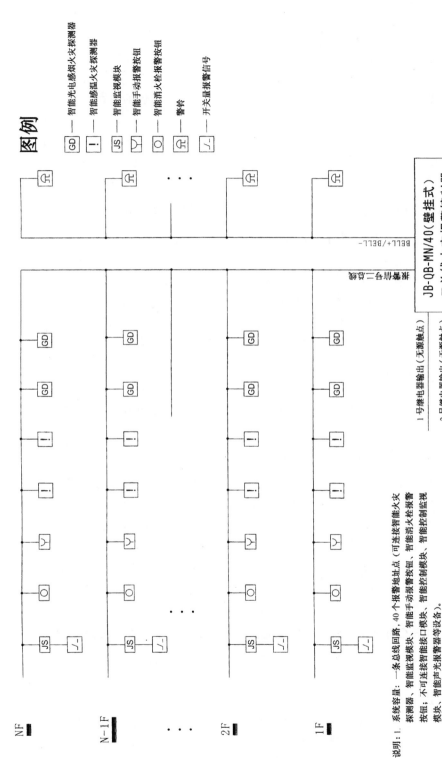

图5-9　JB-QB-MN/40二总线火灾自动报警及消防联动控制系统方案原理图

图例

GD	——智能光电感烟火灾探测器
！	——智能感温火灾探测器
JS	——智能监视模块
Y	——智能手动报警按钮
O	——智能消火栓报警按钮
◇	——警铃
◢	——开关量报警信号

JB-QB-MN/40（壁挂式）
二总线火灾报警控制器

1号继电器输出（无源触点）

2号继电器输出（无源触点）

说明：1. 系统容量：一条总线回路，40个报警地址点（可连接智能火灾探测器、智能监视模块、智能手动报警按钮、智能消火栓报警按钮、智能控制接口模块、智能控制模块等设备。不可连接智能接口模块、智能声光报警器等设备）。报警信号总线：ZR-RVS-2×1.5 mm²阻燃双色双绞线（最远传输距离1 500 m）。

2. 电源线（+24V/GND）：ZR-BV-2×1.5 mm²阻燃铜线、单程线路电阻≤15 Ω，线路末端电压应≥20 V。

3. 警铃线（BELL+/BELL-）：ZR-BV-2×1.5 mm²阻燃铜线。

4. 继电器输出的联动线：ZR-BV-2×1.5 mm²阻燃电缆线。

2. JB-QBL-2100S（壁挂式）二总线分布智能火灾自动报警及消防联动控制系统方案

本系统方案是具有联动功能的二总线分布智能报警模式，它有多线消防联动设备和多线监视设备状态的功能，可全现场编程。整个系统只有一条总线回路，最大系统容量为128或198个报警地址点，其中，模块类地址最多为99个，具有6个多线联动控制点容量（使用时占用总线地址）和32个总线手动控制点（使用时占用总线地址）容量，通过RS-485通信总线接口连接分布在各层（防火分区）的总线火灾显示盘复示火警。本系统对消防泵、防/排烟风机等消防联动设备采用多线联动控制。这是一种比较常用的系统方案，其原理如图5-10所示。

3. JB-QBL-2100A（壁挂式）二总线分布智能火灾自动报警及消防联动控制系统方案

本系统方案具有2～6条总线回路，每条回路单台火灾报警控制器容量为198个报警地址点，其中，模块类地址最多99个。本系统具有6个多线联动控制点容量（使用时占用总线地址）和32个总线手动控制点（使用时占用总线地址）容量。最多可有20台火灾报警控制器互联组成无主-从网络报警系统。本系统可接入的区域火灾显示盘、楼栋火灾显示盘或楼层火灾显示盘的容量为64个，通过RS-485通信总线接口连接分布在各层（防火分区）的总线火灾显示盘复示火警。本系统采用壁挂式安装方式，可进行现场升级。本系统对消防泵、防/排烟风机等消防联动设备采用多线联动控制。这是一种功能较强大的系统方案，其原理图如图5-11所示。

4. JB-QBL-2100A（立柜式）二总线分布智能火灾自动报警及消防联动控制系统方案

本系统方案具有2～80条二总线回路，每条回路单台火灾报警控制器容量为198个报警地址点，其中，模块类地址最多为99个。单台火灾报警控制器可扩展总线手动控制点的最大容量为1 200个（使用时占用总线地址），单台火灾报警控制器可扩展多线联动控制点的最大容量为4 000个（使用时占用总线地址）。最多可有20台火灾报警控制器互联组成无主-从网络报警系统。本系统可接入区域火灾显示盘、楼栋火灾显示盘或楼层火灾显示盘的容量为64个，可连接智能CRT彩色图文显示系统直观显示发生火警、故障的部位，可根据用户的分级管理给不同级别的用户提供不同级别的系统操作权限。本系统采用立柜/琴台式安装方式，可进行现场升级。本系统对消防泵、防/排烟风机等消防联动设备采用多线联动控制。这是一种功能强大、先进的系统方案，其原理图如图5-12所示。

5. JB-QGL-9000/JB-QTL-9000 分布智能二总线火灾自动报警及消防联动控制系统方案

本系统方案采用JB-QGL-9000（联动型、立柜式）和JB-QTL-9000（联动型、琴台式）火灾报警控制器，具有2～80条总线回路，每条回路有324个报警地址点。本系统采用ARM高速微处理器，内置嵌入式操作系统，运行速度快；分布智能无极性二总线，方便施工；单回路地址容量为324个，火灾报警控制器单机最大容量为25 920个，节省成本；全混编，系统容量利用率高；故障、火警主动上传，报警时间短；火灾探测器污染自动补偿，清洗预报；重码主机自动识别，调试方便；模块、手动报警插拔式结构，方便安装，其方案示意图如图5-13所示。

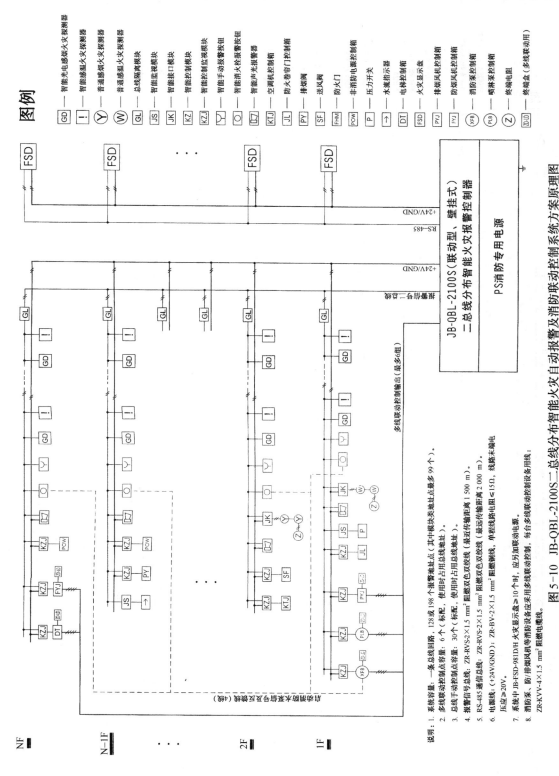

图5-10 JB-QBL-2100S二总线分布智能火灾自动报警及消防联动控制系统方案原理图

说明：1. 系统容量：一条总线回路，128或198个报警地址点（其中模块类地址点最多99个）。
2. 多线联动控制点容量：6个（标配），使用时占用总线地址。
3. 总线联动控制点容量：30个（标配），使用时占用总线地址。
4. 报警信号总线：ZR-RVS-2×1.5 mm² 阻燃双色双绞线（最远传输距离1 500 m）。
5. RS-485通信总线：ZR-RVS-2×1.5 mm² 阻燃双色双绞线（最远传输距离2 000 m）。
6. 电源线：（+24V/GND）：ZR-BV-2×1.5 mm² 阻燃铜线，单系统电源线距离≤150Ω，线路末端电压应≥20V。
7. 系统中 JB-FSD-981D/H 火灾显示盘≥10个时，应另加联动电源。
8. 消防泵：防/排烟风机等消防设备应采用多线联动控制，每台多线联动控制设备用线：ZR-KVV-4×1.5 mm² 阻燃电缆线。

图例

GD	智能光电感烟火灾探测器
!	智能感温火灾探测器
Y	普通感烟火灾探测器
W	普通感温火灾探测器
GL	总线隔离模块
JS	智能监视模块
	智能控制模块
KZ	智能控制模块
KZJ	智能控制监视模块
Y	智能手动报警按钮
○	智能声光报警器
	空调机控制箱
KTJ	防火卷帘门控制箱
JL	排烟阀
PY	送风阀
SF	防火门
FHM	
POW	非消防电源控制箱
P	压力开关
→	水液指示器
DT	电梯控制箱
FSD	火灾显示盘
PYJ	排烟风机控制箱
FYJ	防烟风机控制箱
XFB	消防泵控制箱
PLB	喷淋泵控制箱
Z	终端电阻
Z	终端电阻（多线联动用）

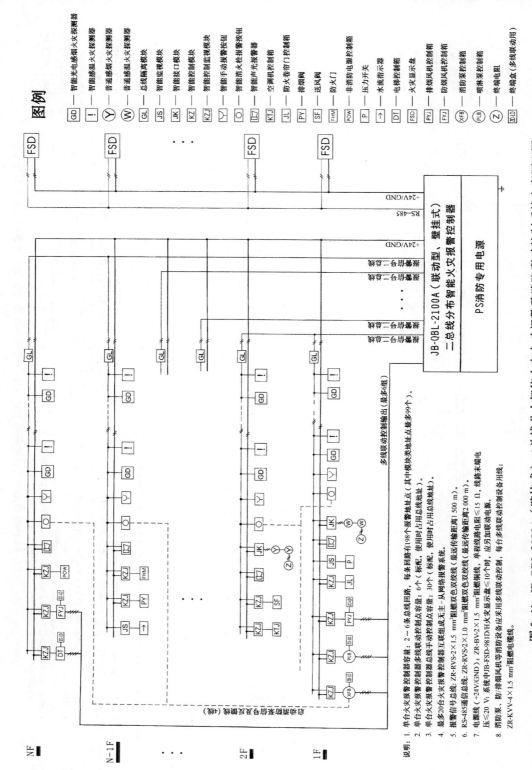

图5-11 JB-QBL-2100A（壁挂式）二总线分布智能火灾自动报警及消防联动控制系统方案原理图

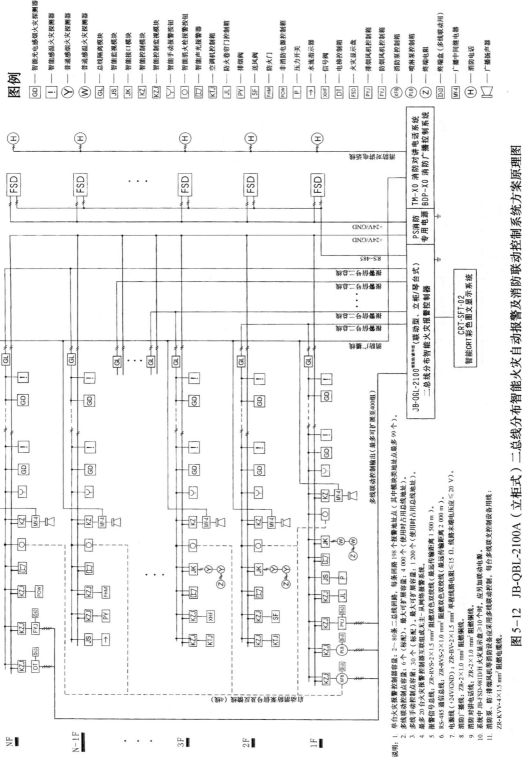

图5-12　JB-QBL-2100A（立柜式）二总线分布智能火灾自动报警及消防联动控制系统方案原理图

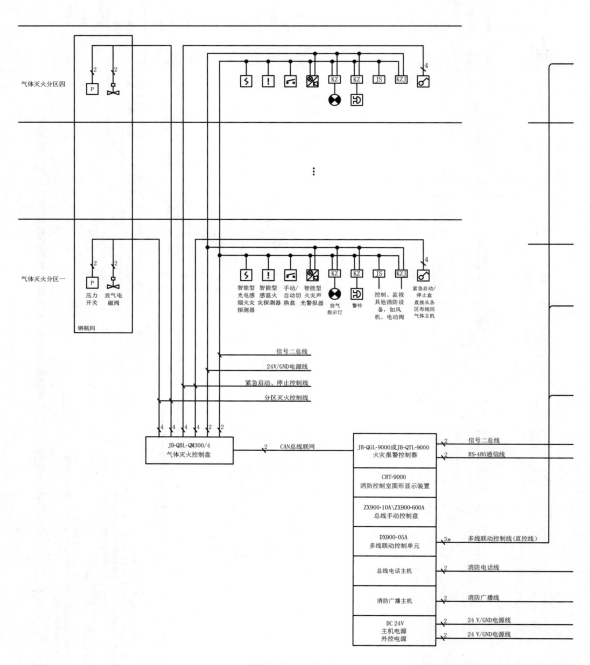

图5-13 JB-QGL-9000/JB-QTL-9000分布智能二总线火灾自动报

项目5 火灾自动报警及消防联动控制系统的方案设计

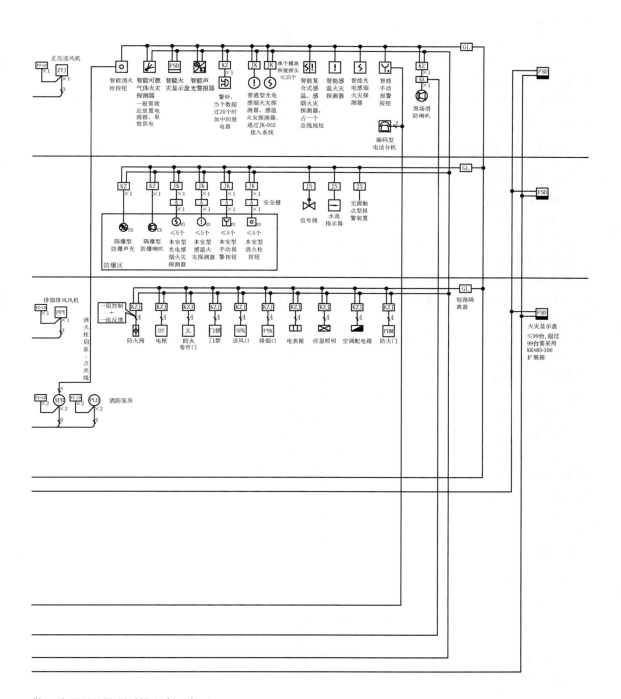

警及消防联动控制系统方案示意图

163

多线联动控制单元：占用报警地址点，JB-QGL-9000/JB-QTL-9000 火灾报警控制器单机最多为 4000 个。

总线手动控制盘：每块容量为 30 个，占用报警点地址。

液晶总线手动控制盘：当需要总线手动控制的设备个数较多时，可采用液晶总线手动控制盘，但仅可用于 JB-QGL-9000/JB-QTL-9000 火灾报警控制器。液晶总线手动控制盘占用一个回路板地址（一台主机共 40 个回路板地址）。每台 JB-QGL-9000/JB-QTL-9000 火灾报警控制器所有总线手动控制点不得超过 3600 个。

实训3　某商用综合大厦火灾自动报警及消防联动控制系统工程图识读

1. 工程概况

本工程是某商用综合大厦，大厦地下一、二层为设备层及停车库，一至三层为商业用裙楼，四至二十七层为标准层写字楼。

本工程采用获美国专利技术的 TRUEALARM 智能型火灾探测器，每只智能型火灾探测器能够根据各自所处的环境条件自动调整报警的界限和不同时间的灵敏度，以防止误报，当环境恶劣到不能继续调整时，智能型火灾探测器能自动向控制盘报告（需要清洗等）。该智能型火灾探测器可设置、储存一个事先设定的预报警值，能够在系统执行联动动作前警告现场人员及时疏散。

消防控制室要求监视下属所有区域的消防报警和故障情况，在有紧急情况发生时成为指挥和控制中心，以保证对火灾有最快、最有效的反应。根据总消防控制室的功能要求，在总消防控制室设有一台 GCC 中文图形命令机，当有报警或故障发生时，通过预定的编程在 GCC 中文图形命令机的屏幕上显示相应位置，可立即对报警或故障做出反应。同时可通过对报警和故障事件的历史记录的分析制定维护方案，以降低重大事故发生的可能性。另外，总消防控制室还装有模拟显示屏，能迅速、直观地显示各防火分区的报警情况。

本工程设置了背景音乐系统，该系统设有两套音源，即 VCD 音源和传声器音源。本系统平时可按防火分区播放背景音乐，当发生火灾时，背景音乐系统将被强制进行火灾应急广播，指挥人员疏散。

本实训受篇幅所限，在此仅列出火灾自动报警及消防联动控制系统部分施工图，包括图纸目录、设计说明和图例、系统图、标准层消防平面图、一层消防平面图，分别如图 5-14 ～图 5-18 所示。

2. 图纸目录

本工程的图纸目录（见图 5-14）识读要点如下。

（1）图纸目录内容有序号、图纸名称、图号、规格等。

（2）本套施工图共 12 张，从图纸目录可以查阅某张图纸的图纸名称和图号。

（3）每张施工图的规格清晰地标注在图纸目录上，如图纸目录采用的是 A4 图纸，系统图采用的是 A1 图纸。

3. 设计说明

本工程的设计说明（见图 5-15）识读要点如下。

（1）设计依据。

①《建筑设计防火规范》［GB 50016—2014（2018 年版）］。

图 纸 目 录				
序　号	图 纸 名 称	图　号	规　格	备　注
1	图纸目录	D-01	A4	
2	设计说明、图例及主要设备表	D-02	A1	
3	火灾自动报警及消防联动控制系统图	D-03	A1	
4	地下一层消防平面图	D-04	A1	
5	地下二层消防平面图	D-05	A1	
6	一层消防平面图	D-06	A1	
7	二层消防平面图	D-07	A1	
8	三层消防平面图	D-08	A1	
9	四层消防平面图	D-09	A1	
10	标准层消防平面图	D-10	A1	
11	二十七消防平面图	D-11	A1	
12	机房层消防平面图	D-12	A1	
13			A1	
14				
15				
16				
17				
18				
19				

设计单位名称			某商用综合大厦		
绘　　图			图纸目录		
设　　计					
校　　对					
审　　核					
专业负责人			比例	设计阶段	施工图
工程负责人			日期	档案号	D-01

图 5-14　某商用综合大厦消防设计图纸目录

②《火灾自动报警系统设计规范》（GB 50116—2013）。

③《民用建筑电气设计标准》（GB 51348—2019）。

④ 甲方的要求和相关专业提供的条件。

（2）火灾自动报警及消防联动控制系统的控制功能。

① 火灾自动报警系统为集中报警控制式，采用智能式火灾报警控制器，消防控制室设在一层。

② 设置火警警铃分层鸣响。

③ 设置手动报警按钮和电话插孔，以便消防人员进行通话。

④ 在消防控制室设置消防广播，与火灾报警控制器联网。在变配电室、发电机房、制冷机房、消防泵房等处设对讲电话分机。

⑤ 按预先编好的联动程序，当发时火灾时，智能型火灾报警控制器发出指令可以实现

如下联动控制：立即打开着火层及其上、下层的正压送风阀，启动排烟风机、正压送风机，启动喷淋泵、消防泵，停止生活泵，停止着火层空调机、新风机，普通客梯回到底层停运，消防电梯回到底层供消防人员使用。

⑥ 消防控制室设联动控制柜，可手动控制各消防联动设备启/停，并显示各设备信号。

（3）注意与其他专业的关系。施工时请与土建、给排水、空调专业密切配合，及时预留孔洞、预埋管，协调水、电、空调管线和设备的关系。对于所有电气预留孔洞，施工完毕均需用防火材料封堵严密。

4. 系统图识读

本工程的系统图（见图5-16）识读要点如下。

（1）该图是某综合大厦火灾自动报警及消防联动控制系统图，消防控制室的设备有LD128K（H）火灾报警控制器、联动控制柜、集中电源、消防电话和消防广播。

（2）各设备图例如图5-15所示。各设备引出线的线例如图5-16所示，如细实线表示系统回路信号线，点画线表示消防广播线，虚线表示电源线等。

（3）由LD128K（H）火灾报警控制器引出的是8条系统回路信号线：an1用于地下一、二层；an2用于一至三层；an3用于四至七层；其余an4～an7同an3，每4层标准层共用一条回路；an8用于二十四层至机房层。

（4）由集中电源引出的电源回路分配与信号回路分配一致，其中，火灾警铃、消火栓报警按钮、各联动设备（K01～K25）等凡是与虚线连接的设备，说明是需要接电源的设备；而火灾探测器、手动报警按钮等没有与虚线连接的设备是不需要接电源的设备。

（5）由联动控制柜引出的3条控制线，分别连接地下一、二层和机房层的消防联动设备，对应图5-16所示的消防联动线一览表。例如，K01设备对应的是消防泵，放置在地下二层；K07设备对应的是送风机，放置在地下二层；K18设备对应的是防火卷帘门，放置在地下一层；K22设备对应的是消防电梯控制柜，放置在机房层。

（6）由消防电话引出接入一至二十七层带电话插座手动报警按钮，同时对地下两层和顶层引出消防固定对讲电话若干个。

（7）由消防广播引出每层安装的8个扬声器，一至二十七层安装嵌顶式扬声器，地下两层和机房层安装壁挂式扬声器。

（8）针对每层设备，因本实训只给出了标准层平面图，故这里结合标准层平面图识读（见图5-17），其他层识读原理类似。

四至二十七层为标准层，每层有两个嵌顶式扬声器、20只感烟火灾探测器、两个带电话插座手动报警按钮、两个火灾警铃、5个消火栓报警按钮、一个动力配电箱、一个照明配电箱、一个水流指示器、一个水信号阀、一个排烟口。

上述各设备均为每层标准层安装的设备，除了感烟火灾探测器和手动报警按钮，其余设备通过联动控制模块（图5-16中A、B、C1所表示的模块）连接到各设备，将各设备信号反馈至火灾报警控制器。

（9）图5-16中所用的连接导线见图中右下方线例，如消防电话线采用ZR-RVVP-2×1.5的敷设方式，电源线采用NH-RV-2×4的敷设方式，系统回路信号线采用NH-RVP-2×1.5的敷设方式，等等。

5. 平面图识读

本工程的平面图（见图5-17）识读要点如下。

（1）结合系统图（见图5-16）识读。

（2）弱电线由⑦-C轴线位置的电井引出，一条火灾报警控制器信号线，两条消防广播线。

结合系统图可以看出，与这一路火灾报警控制器信号线连接的设备有：20只感烟火灾探测器分布在该层各位置，两个带电话插座手动报警按钮分布在④-C轴线位置和电井旁，两个火灾警铃分布在带电话插座手动报警按钮位置，其余设备结合图5-17中右边的图例可分别找到安装位置，数量应与系统图相对应。

结合系统图可以看出，两路消防广播线，其中一路接6个扬声器，另一路接两个扬声器。

（3）设备安装方式见图5-17中右边的图例，如感烟火灾探测器采用吸顶安装，带电话插座手动报警按钮采用壁挂安装且安装高度为距地面1.5 m，等等。

图5-18所示为某商用综合大厦火灾自动报警及消防联动控制系统一层消防平面图，将其作为本项目复习思考题的识读内容。

实训4　某书城火灾自动报警及消防联动控制系统方案设计与安装

根据《火灾自动报警系统施工及验收标准》（GB 50166—2019）的要求，火灾自动报警系统的施工应按设计图纸进行，不得随意更改。在火灾自动报警系统施工前应具备设备布置平面图、接线图、安装图、系统图和其他必要的技术文件。设计图纸是施工的基本技术依据，为保证正确施工，应坚持按设计图纸施工的原则。下面以某书城项目工程为例，对其火灾自动报警及消防联动控制系统施工图进行讲解。

1. 项目方案和设备选择

1）工程概况

本工程的占地面积为10 000多平方米，建筑面积为80 000多平方米，本工程分为地下两层、地上七层（包括六层夹层），部分设计图纸如图5-19～图5-28所示。本工程的用途为书城，虽然楼层不高，但防火等级高。本工程使用的火灾自动报警系统为消防控制室报警系统，现有工程大多采用此系统。

2）方案的总体设计思想和依据

（1）总体设计思想。

① 推出功能化设计理念，在满足消防规范的前提下紧密结合本工程的不同功能进行最合理的系统构成和设备配置，以达到方案最优。

② 所提供的系统设计和设备配置的性价比最优，既能满足有关规范和建筑功能的要求，又能节省投资；既能保证不改变现场的所有管网配置，又能达到优化组合，力求得到理想的、符合工程实际状况的最优方案。同时保证系统安全可靠，一次性验收合格。

（2）设计依据。

① 按"标书要求"，以设计图纸为依据，并且符合下列规范的要求。

a.《建筑设计防火规范》［GB 50016—2014（2018年版）］。

b.《民用建筑电气设计标准》（GB 51348—2019）。

c.《火灾自动报警系统设计规范》（GB 50116—2013）。

图例及主要设备表

序号	图例	名　称	说　明	单位	数　量	备注（型号）
1		高压柜	型号详见系统图	台	4	
2		低压柜	型号详见系统图	台	18	
3		变压器	型号详见系统图	台	2	
4		动力配电箱 KAP1!5,BX1-6	除注明者外 抬高300 mm 落地安装	台	11	
5		动力配电箱	除注明者外 底部距地面1.5 m暗装	台	34	
6		照明配电箱	除注明者外 底部距地面1.5 m暗装	台	67	
7		控制箱	底距地面1.5 m暗装或明装	台	36	
8	○	吸顶灯 1×40 W	吸顶安装	套	17	
9	�‐	吸顶灯 1×40 W	吸顶安装	套	505	
10		筒式荧光灯 1×40 W	（地下室）吊链式 距地面2.8 m，其他吸顶	套	186	
11	S	蓄电池式荧光灯1×40 W	吊链式 距地面2.8 m	套	55	
12	⊗	防爆灯 1×40 W	吸顶安装	套	1	
13	⚓	平座白炽灯 1×40 W	吸顶安装	套	112	
14		翘板开关	一位二位 距地面1.5 m暗装	套	571/3	B5B1/1,B5B2/1
15	E	安全出口标志灯	明装或嵌墙暗装 底部距地面2.5 m	套	58	
16		诱导灯	嵌墙暗装 底部距地面1.0 m	套	16	
17		单相三极暗插座	距地面0.3 m 暗装	套	2	B5/16C
18						
19						
20	N	普通感温火灾探测器	吸顶	套	271	LD3300B
21		感温火灾探测器	吸顶	套	8	LD3000B(D)
22	S	普通感烟火灾探测器	吸顶	套	12	LD3000B
23	S	感烟火灾探测器	吸顶	套	575	LD3000B(Z)
24	Y	带电话插座手动报警按钮	壁装 H=1.5 m	套	61	LD2000DH
25	Y	手动报警按钮	壁装 H=1.5 m	套	1	LD2000B(D)
26		火灾警铃	壁装 H=2.5 m	套	61	24V DC
27		壁挂式扬声器	壁装 H=2.5 m	套	18	5W
28		嵌顶式扬声器		套	215	3W
29	B	声光报警（广播）驱动模块	就近安装	套	119	LD6807
30	M	组连模块	就近安装	套	32	LD4900
31	C1	单输入/单输出模块	就近安装	套	152	LD6801
32	C2	双输入/双输出模块	就近安装	套	20	LD6802
33	A	开关量报警信号输入模块	就近安装	套	73	LD4400(D)
34		消防固定对讲电话	壁装 H=1.5 m	套	6	
35		水流指示器	见给排水专业	套	29	
36		水信号阀	见给排水专业	套	29	
37		消火栓报警按钮	见给排水专业	套	144	
38		湿式自动报警阀	见给排水专业	套	4	
39		正压送风口	见空调专业	套	29	
40		防火阀（280℃熔断关闭）	见空调专业	套	4	
41		防火阀（70℃熔断关闭）	见空调专业	套	7	
42		加压送风机控制箱	见强电图	套	2	
43		排烟风机控制箱	见强电图	套	4	
44		消防泵控制箱	见强电图	套	3	
45	XFDT DT	电梯控制箱	见强电图	套	6	
46		防火卷帘门控制箱	见强电图	套	5	
47		动力配电箱	见强电图	套	27	
48		照明配电箱	见强电图	套	27	
49	⊗	放气电动阀		套	1	
50		放气讯响器		套	1	
51		放气灯		套	2	
52		二氧化碳控制盘		套	1	

图 5-15　某商用综合大厦火灾自动报警

设 计 说 明

一、设计依据

《建筑设计防火规范》 [GB 50016—2014（2018年版）]

《火灾自动报警系统设计规范》 （GB 50116—2013）

《民用建筑电气设计标准》 （GB 51348—2019）

《有线电视系统工程技术规范》 （GB 50200—1994）

甲方要求和相关专业提供的条件

二、设计内容

本大厦的火灾自动报警及消防联动控制系统的电话、有线电视系统、宽带网综合布线、楼宇控制等系统由专业公司设计或另行委托设计，本设计只考虑预留干线通道。

三、火灾自动报警控制及消防联动控制

1. 火灾自动报警控制为集中报警控制式，采用智能型火灾报警控制器，消防控制室设在一层。

2. 火灾报警控制总线采用 NH-RVP-155 mm² 导线穿 φ20mm 阻燃 PVC 管在顶板内、墙内暗敷。

3. 直流电源线采用 NH-RV-4 mm² 导线，在竖井内沿桥架敷设。支线采用 NH-RV-25 mm² 导线穿 φ20 mm 阻燃 PVC 管暗敷。

4. 设置火灾警铃分层鸣响。

5. 设置带电话插座手动报警按钮，以便消防人员进行通话。

6. 在消防控制室设置消防广播、消防电话，与火灾报警控制器联网。在变配电室、发电机房、制冷机房、消防泵房等处设对讲电话分机。

7. 消防广播线采用 NH-RV-1.5 mm² 导线穿镀锌钢管沿桥架敷设或在顶板内、墙内暗敷。

8. 除注明者外，消防广播线穿管标准为：当消防广播线根数为2～6时，镀锌钢管尺寸为SC15；当消防广播线根数为7～9时，镀锌钢管尺寸为SC20；当消防广播线根数为10～13时，镀锌钢管尺寸为SC25；当消防广播线根数超过13时，必须配置两根或多根镀锌钢管。

9. 凡明敷的金属管均应涂防火涂料保护。

10. 按照预先编好的联动程序，当火灾事故时，智能型火灾报警控制器发出指令可以实现如下联动控制。

立即打开着火层及其上、下层的正压送风阀，启动排烟风机、正压送风机，启动喷淋泵、消防泵，停止生活泵，停止着火层空调机、新风机，普通客梯回到底层停运，消防电梯回到底层供消防人员使用。

送风排烟系统在不发生火灾时当作排风使用，在发生火灾时兼作送、排烟的风机，除受火灾信号控制外，还应受楼宇信号控制，并设有反馈信号。

11. 消防控制室设置联动控制柜，可手动控制各消防设备启/停，并显示各设备信号。

四、施工时请与土建、给排水、空调专业密切配合，及时预留孔洞、预埋管，协调水、电、空调管线与设备的关系，对于所有电气预留孔洞，施工完毕均需要用防火材料封堵严密。

及消防联动控制系统图例和设计说明

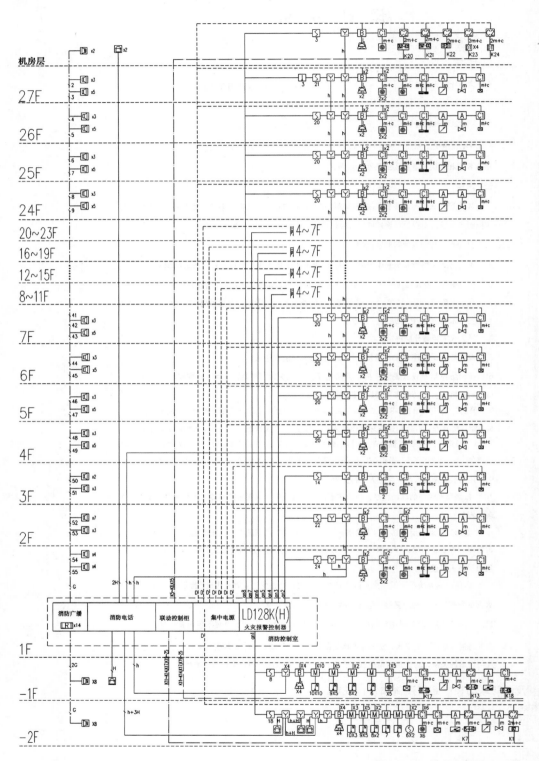

图5-16　某商用综合大厦火

消防联动线一览表

序号	消防水泵编号	对应水泵图编号	名　称	线　型	具备的功能
K01	B×2	XHB-1	消防泵	NH-KW-7×1.5	启动、停止、启动状态、停止状态、故障状态
K02	B×3	XHB-2	消防泵	NH-KW-7×1.5	启动、停止、启动状态、停止状态、故障状态
K03	B×5	XHB-3	消防泵	NH-KW-7×1.5	启动、停止、启动状态、停止状态、故障状态
K04	B×4	PLB-1,2	喷淋泵	NH-KW-7×1.5	启动、停止、启动状态、停止状态、故障状态
序号	风机、电梯及防火卷帘门编号	对应空调图编号	名　称	线　型	具备的功能
K05	-2S-1-K×1	S-B2-1	送风机	NH-KW-7×1.5	启动、停止、启动状态、停止状态、故障状态
K06	-2P(Y)-1-K×2	P(Y)-B2-1	排风兼排烟风机	NH-KW-7×1.5	启动、停止、启动状态、停止状态、故障状态
K07	-2S-1-K×3	S-B2-2	送风机	NH-KW-7×1.5	启动、停止、启动状态、停止状态、故障状态
K08	-2P(Y)-K×4	P(Y)-B2-2	排风兼排烟风机	NH-KW-7×1.5	启动、停止、启动状态、停止状态、故障状态
K09	-2S-1-K×5	S-B2-3	送风机	NH-KW-7×1.5	启动、停止、启动状态、停止状态、故障状态
K10	-2P-1-K×6	P-B2-1	排风机	NH-KW-7×1.5	启动、停止、启动状态、停止状态、故障状态
K11	-2P-2-K×7	P-B2-1	排风机	NH-KW-7×1.5	启动、停止、启动状态、停止状态、故障状态
K12	-2FL-K×13		防火卷帘门	NH-KW-7×1.5	启动、停止、启动状态、停止状态、故障状态
K13	-1S-1-K×1	S-B1-1	送风机	NH-KW-7×1.5	启动、停止、启动状态、停止状态、故障状态
K14	-1P(Y)-1-K×2	P(Y)-B1-1	排风兼排烟风机	NH-KW-7×1.5	启动、停止、启动状态、停止状态、故障状态
K15	-1S-1-K×3	S-B1-2	送风机	NH-KW-7×1.5	启动、停止、启动状态、停止状态、故障状态
K16	-1P(Y)-K×4	P(Y)-B1-2	排风兼排烟风机	NH-KW-7×1.5	启动、停止、启动状态、停止状态、故障状态
K17	-1FL-K×5		防火卷帘门	NH-KW-7×1.5	启动、停止、启动状态、停止状态、故障状态
K18	-1FL-K×6		防火卷帘门	NH-KW-7×1.5	启动、停止、启动状态、停止状态、故障状态
K19	-1FL-K×7		防火卷帘门	NH-KW-7×1.5	启动、停止、启动状态、停止状态、故障状态
K20	WDJY-1	JY-1	正压风机	NH-KW-7×1.5	启动、停止、启动状态、停止状态、故障状态
K21	WDJY-2	JY-2	正压风机	NH-KW-7×1.5	启动、停止、启动状态、停止状态、故障状态
K22	XFDT		消防电梯控制柜	NH-KW-4×1.5	迫降、归底状态
K23	DT		普通电梯控制柜	NH-KW-4×1.5	迫降、归底状态
K24	DT		观光电梯控制柜	NH-KW-4×1.5	迫降、归底状态
K25	-1P-1-K×8	P-B1-1	排风机	NH-KW-7×1.5	启动、停止、启动状态、停止状态、故障状态

消防电话线 h,H：
ZR-RVVP-2×1.5

h：消防电话插孔线
H：固定消防电话线

电源线 D：
NH-RV-2×4

系统回路信号线 an：
NH-RVP-2×1.5

消防联动线 Kn：
NH-KVV-7(4)×1.5

消防广播线 G：
NH-RVP-2×1.5

消火栓报警按钮指示灯电源线 d：
ZR-RV-2×1.5

模块输入、输出，
警铃输出线 m,c,L：
ZR-RV-2×1.5
普通火灾探测器信号线 An：
RV-2×1.5
出线 S：
ZR-RVP-3×1.5

图例	说明	安装方式
	普通感温火灾探测器 LD3300B	吸顶
	感温火灾探测器 LD3300B(D)	吸顶
S	普通感烟火灾探测器 LD3000B	吸顶
S	感烟火灾探测器 LD3300B(Z)	吸顶
Y	带电话插孔手动报警按钮 LD2000DH	壁装 H=1.5 m
Y	手动报警按钮 LD2000B(D)	壁装 H=1.5 m
	火灾警铃 24V,DC	壁装 H=2.5 m
	壁挂式扬声器 5W	壁装 H=2.5 m
	嵌入式扬声器 3W	
	声光报警（广播）驱动模块 LD6807	就近安装
	组连模块 LD4900	就近安装
M	单输入/单输出模块 LD6801	就近安装
M	双输入/双输出模块 LD6802	就近安装
A	开关量报警信号输入模块 LD4400(D)	就近安装
	消防固定对讲电话	壁装 H=1.5 m
	水流指示器	见给排水专业
	水信号阀	见给排水专业
	消火栓报警按钮	见给排水专业
	湿式自动报警阀	见给排水专业
	正压送风口	见空调专业
	防火阀（280℃熔断关闭）	见空调专业
	排烟口	见空调专业
	加压送风机控制箱	见强电图
	排烟风机控制箱	见强电图
	消防泵控制箱	见强电图
DT	电梯控制箱	见强电图
	防火卷帘门控制箱	见强电图
	动力配电箱	见强电图
	照明配电箱	见强电图
	放气电动阀	
	放气讯响器	
	放气灯	
	二氧化碳控制盘	

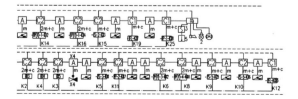

灾报警及联动控制系统图

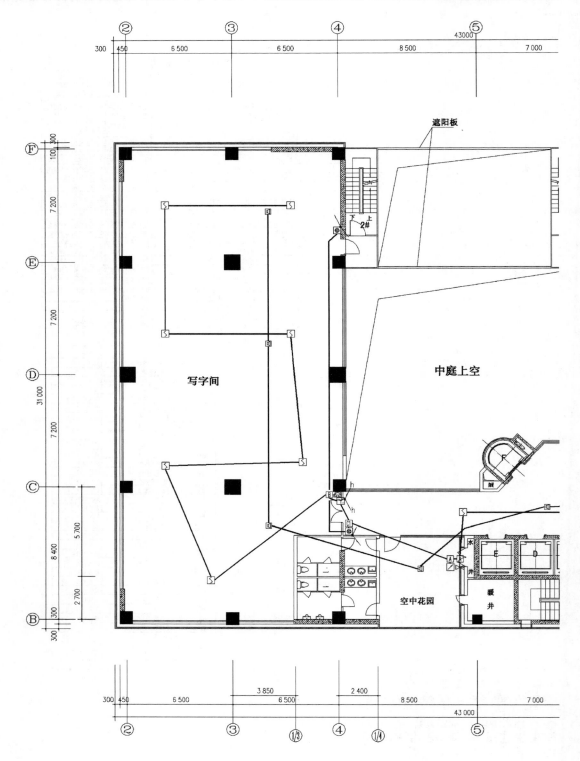

图5-17　某商用综合大厦火灾自动报警

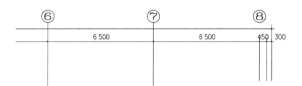

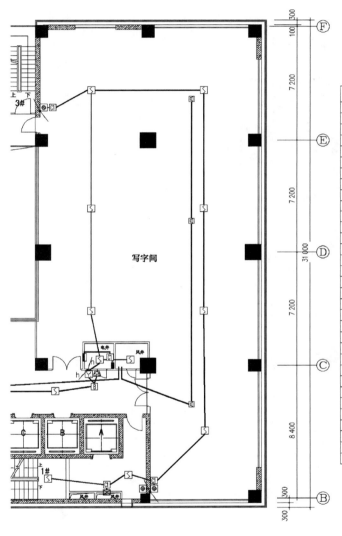

图 例	说 明	安装方式
	普通感温火灾探测器 LD3300B	吸顶
	感温火灾探测器 LD3300B(D)	吸顶
Ⓢ	普通感烟火灾探测器 LD300B	吸顶
Ⓢ	感烟火灾探测器 LD300B(Z)	吸顶
Ⓨ	带电话插座手动报警按钮 LD2000DH	壁装 H=1.5 m
	火灾警铃 24V,DC	壁装 H=2.5 m
	壁挂式扬声器 5W	壁装 H=2.5 m
	嵌顶式扬声器 3W	
	声光报警（广播）驱动模块 LD6807	就近安装
Ⓜ	组连模块 LD4900	就近安装
C1	单输入／单输出模块 LD6801	就近安装
C2	双输入／双输出模块 LD6802	就近安装
A	开关量报警信号输入模块 LD4400(D)	就近安装
	消防固定对讲电话	壁装 H=1.5 m
	水流指示器	见给排水专业
	水信号阀	见给排水专业
	消火栓报警按钮	见给排水专业
	湿式自动报警阀	见给排水专业
	正压送风口	见空调专业
	防火阀（280℃熔断关闭）	见空调专业
	排烟口	见空调专业
	加压送风机控制箱	见强电图
	排烟风机控制箱	见强电图
	消防泵控制箱	见强电图
	电梯控制箱	见强电图
	防火卷帘门控制箱	见强电图
■	动力配电箱	见强电图
	照明配电箱	见强电图
	放气电动阀	
	放气讯响器	
	放气灯	
CO₂	二氧化碳控制盘	

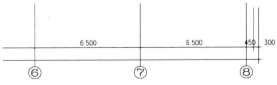

及消防联动控制系统标准层消防平面图

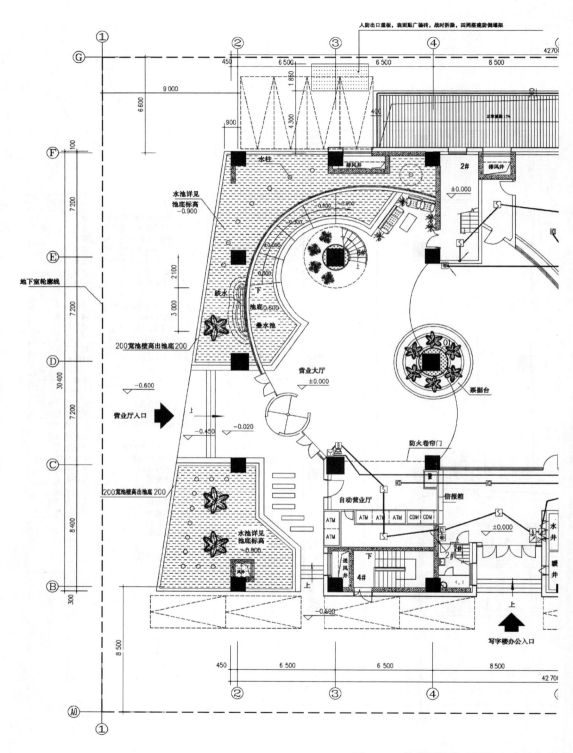

图 5-18　某商用综合大厦火灾自动报警

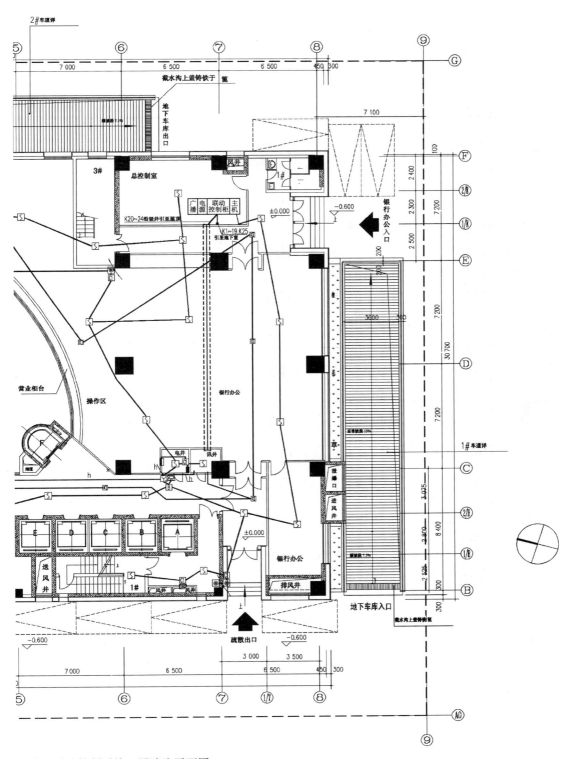

及消防联动控制系统一层消防平面图

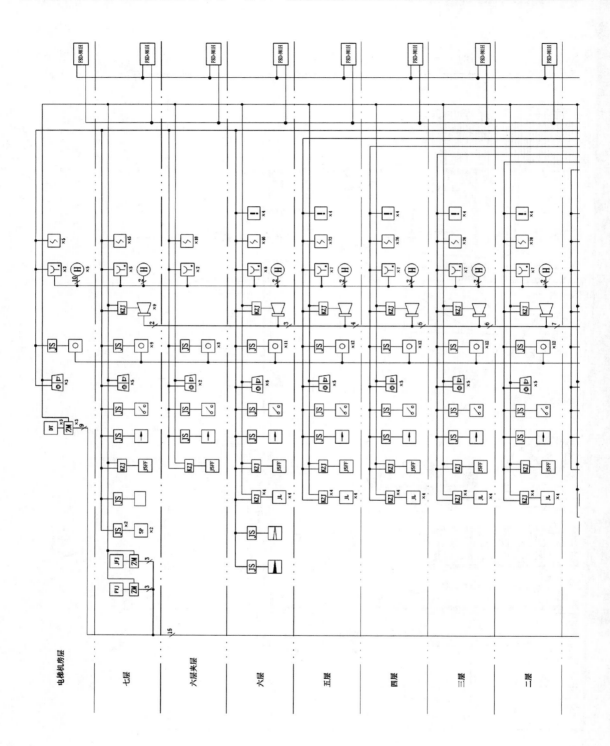

图5-19　某书城火灾自动

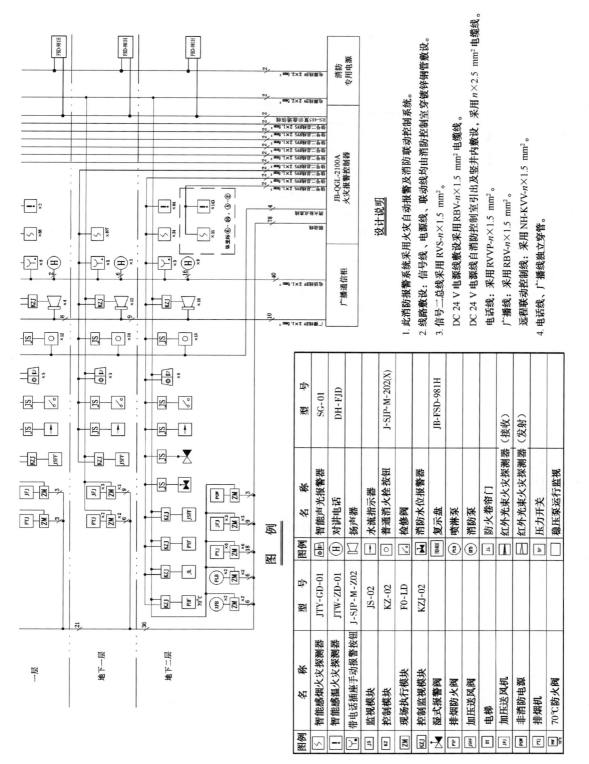

报警及消防联动控制系统图

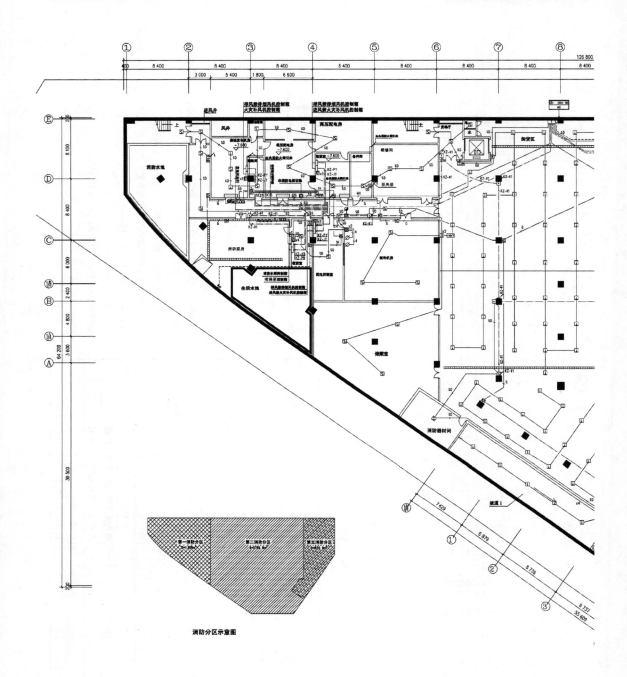

图5-20 某书城地下二层火

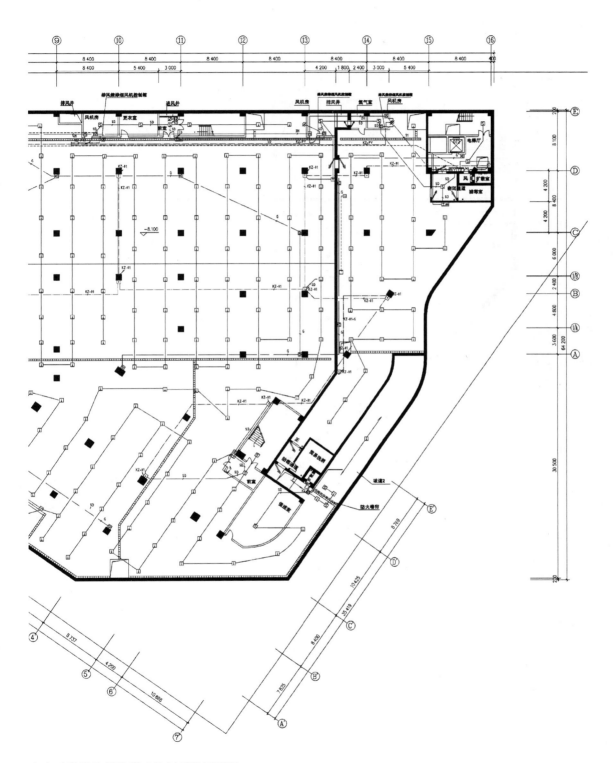

灾自动报警及消防联动控制系统平面图

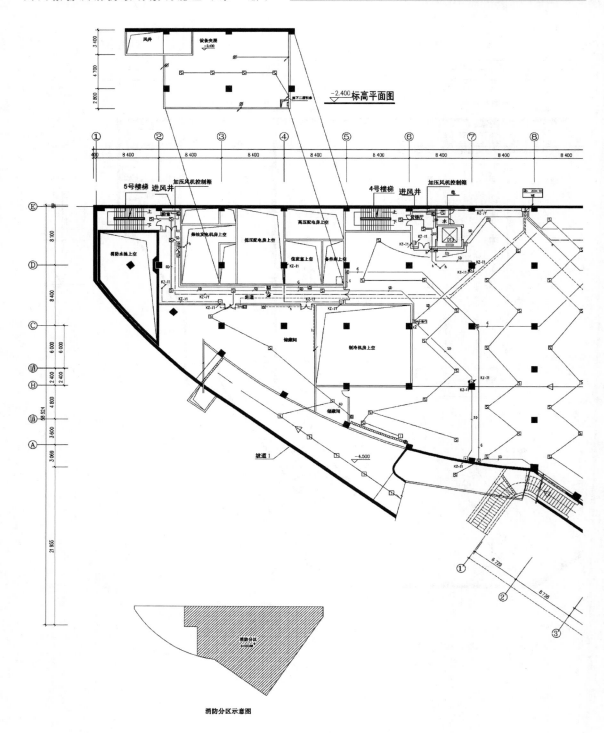

图 5-21 某书城地下一层火

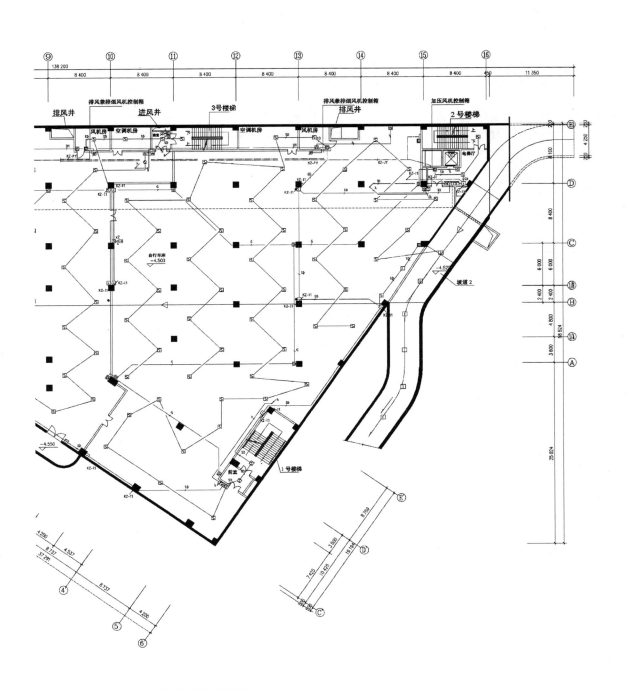

灾自动报警及消防联动控制系统平面图

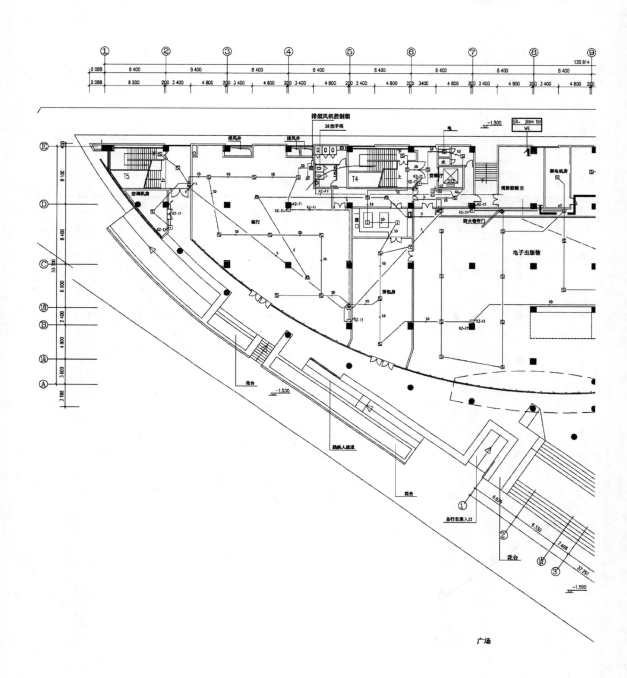

图5-22 某书城一层火灾

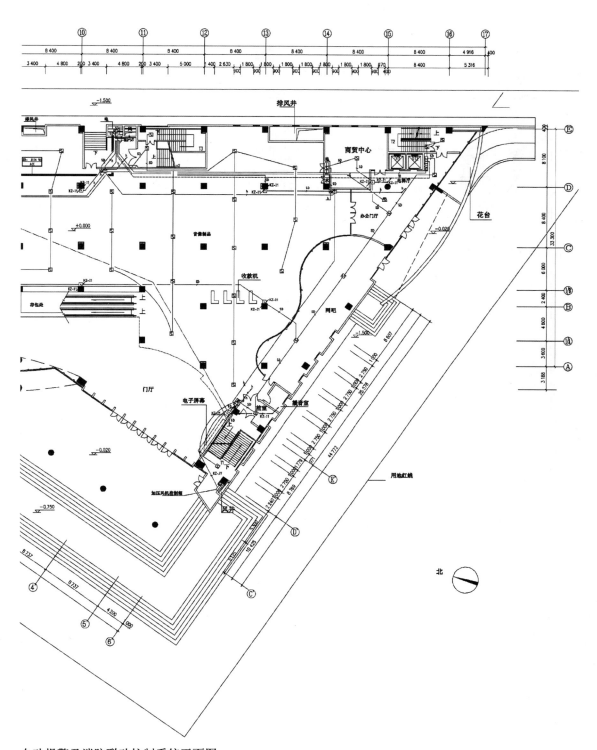

自动报警及消防联动控制系统平面图

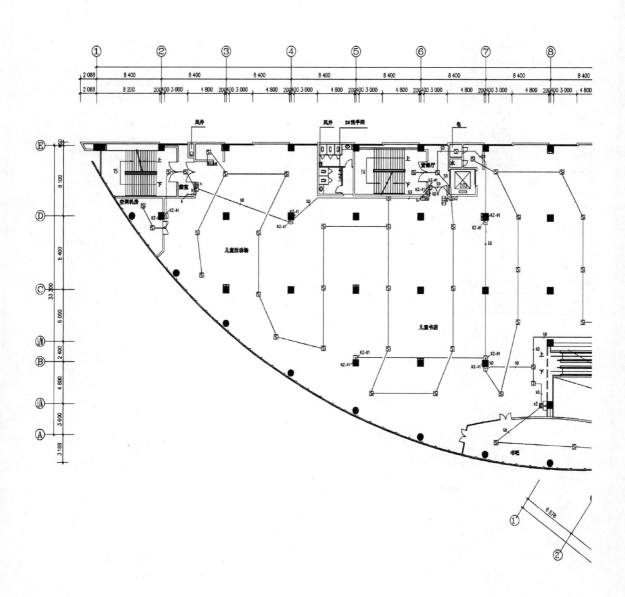

图5-23 某书城二（三、四）

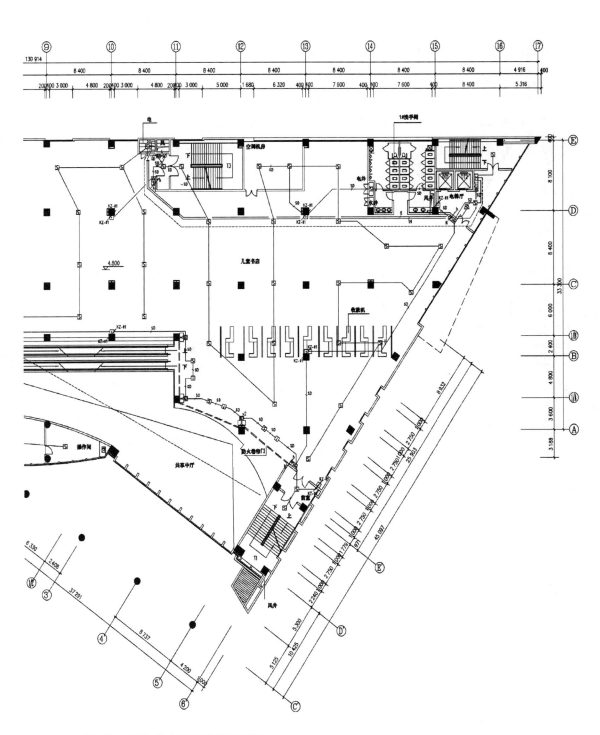

层火灾自动报警及消防联动控制系统平面图

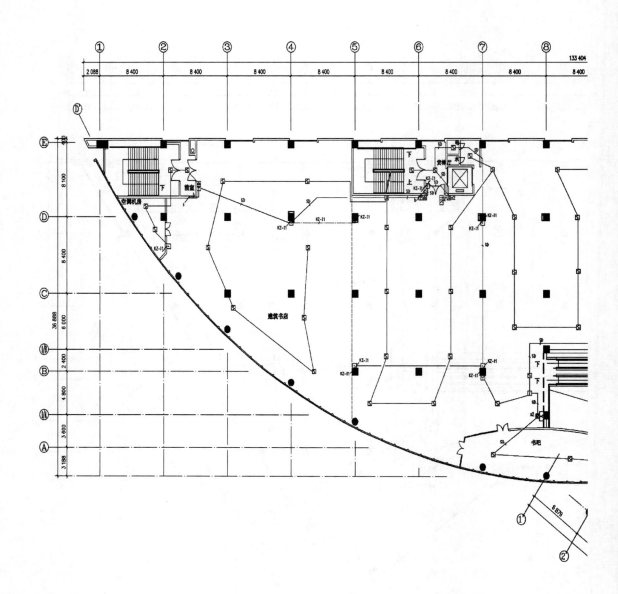

图5-24 某书城五层火灾

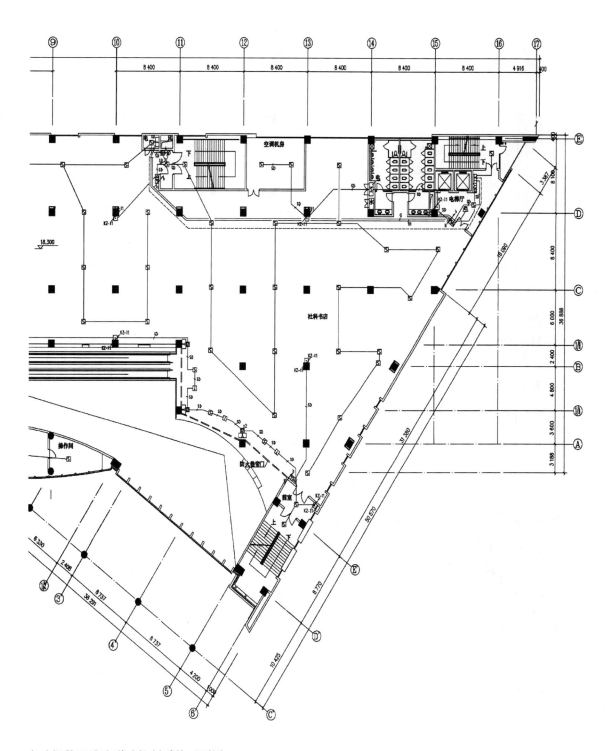

自动报警及消防联动控制系统平面图

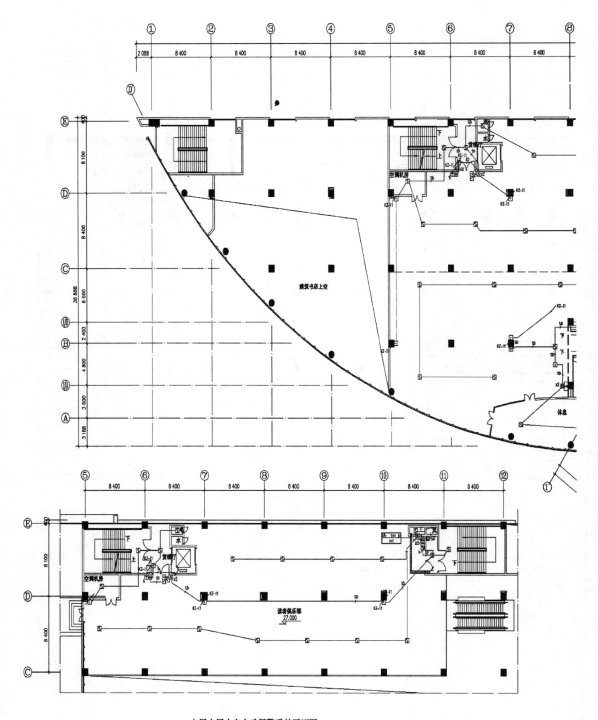

六层夹层火灾自动报警系统平面图

图5-25 某书城六层火灾

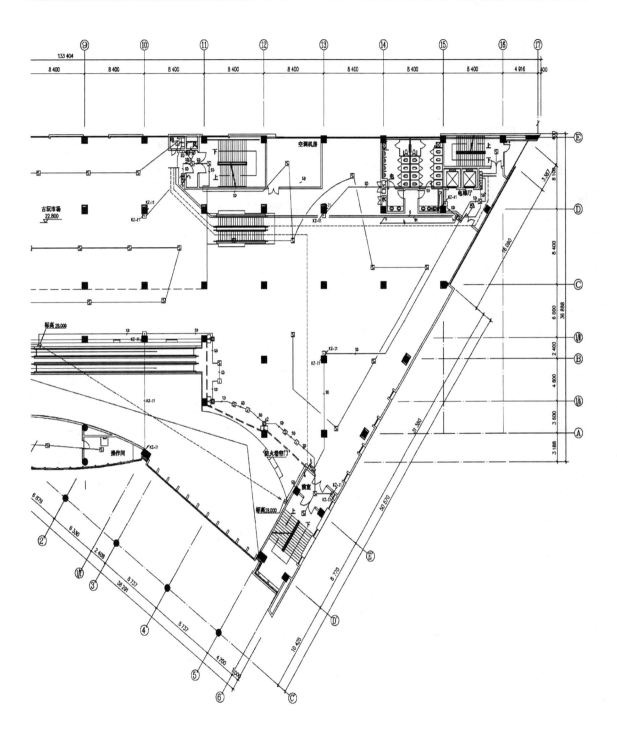

自动报警及消防联动控制系统平面图和六层夹层火灾自动报警系统平面图

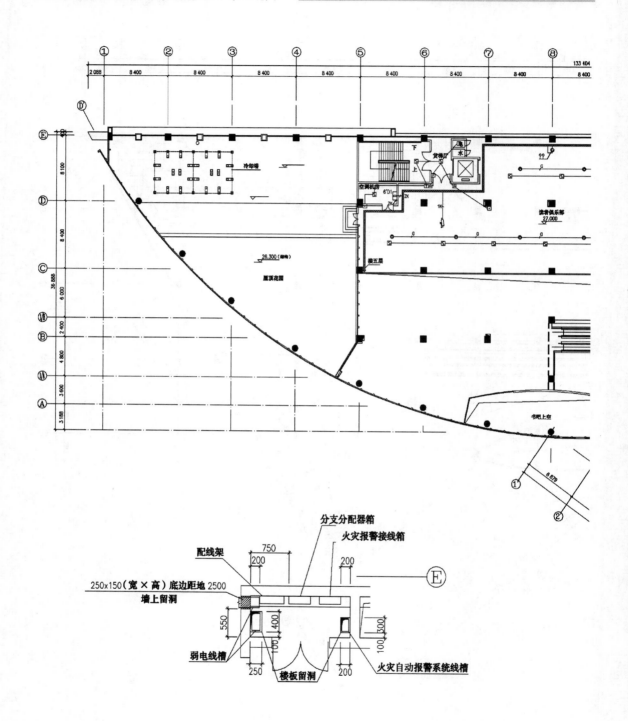

六层夹层电调竖井间大样图

图5-26 某书城六层夹

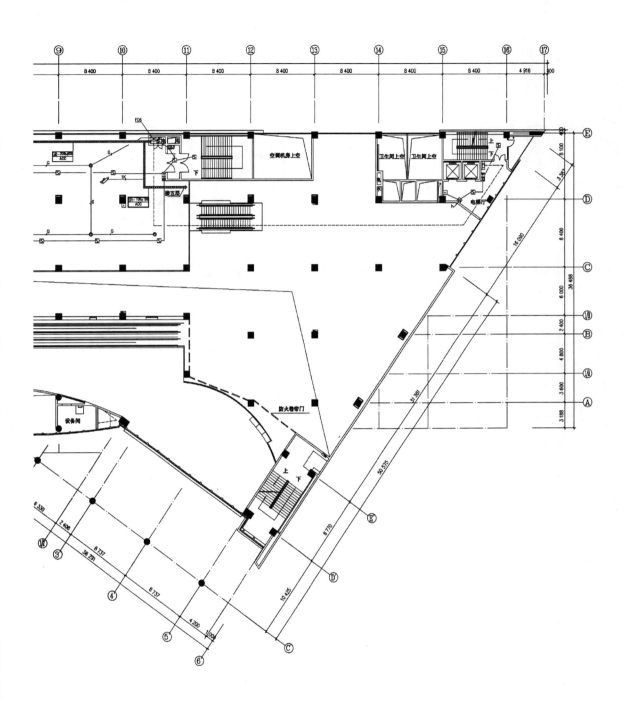

层弱电平面图和六层夹层电调竖井间大样图

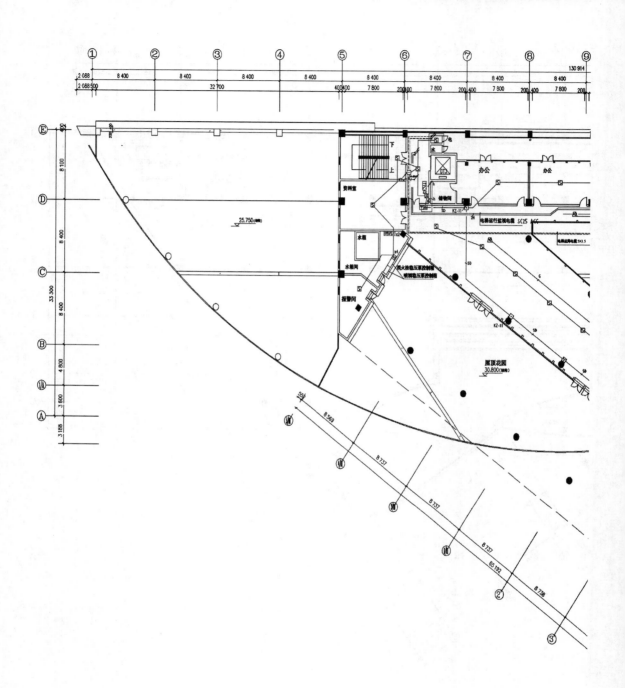

图5-27 某书城七层火灾

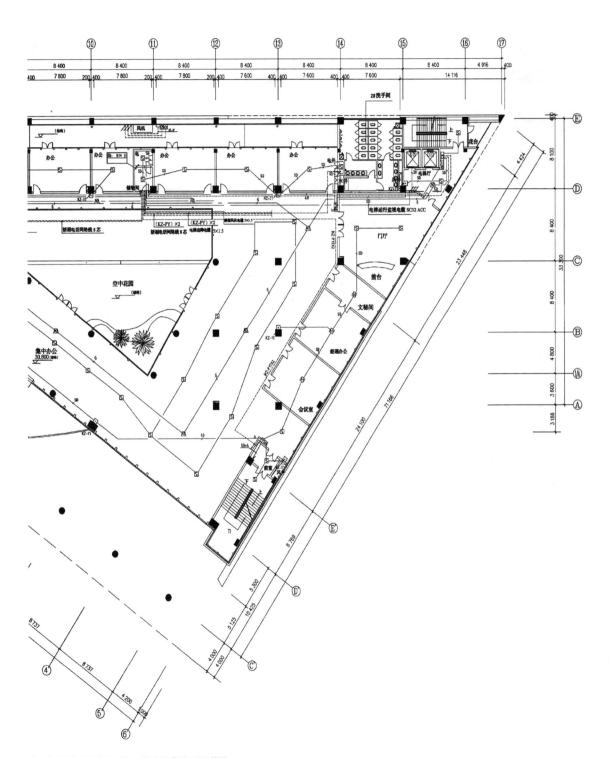

自动报警及消防联动控制系统平面图

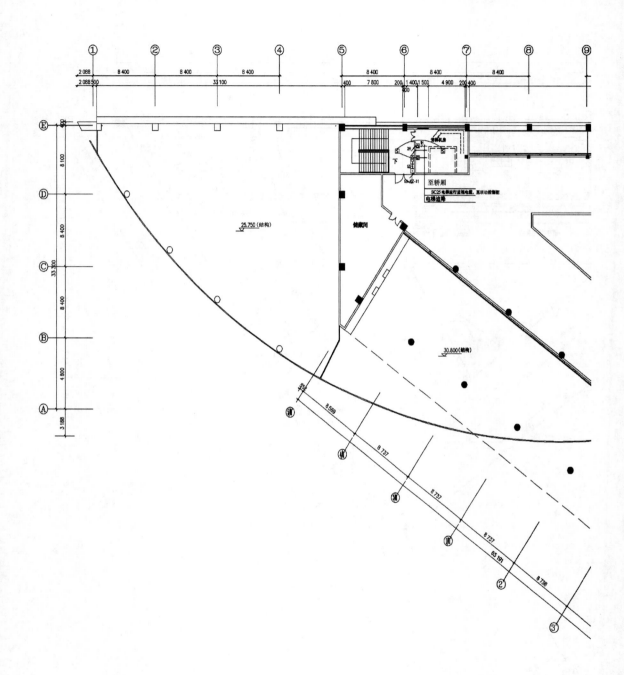

图5-28 某书城电梯机房层火

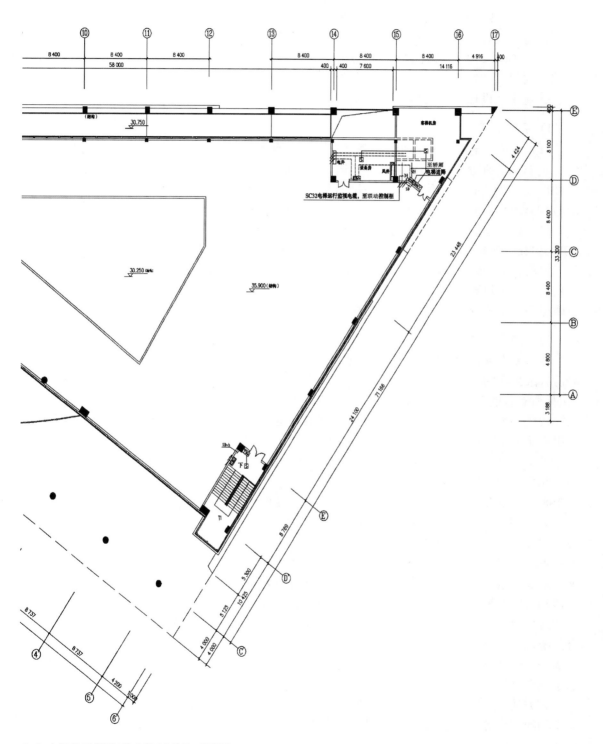

灾自动报警及消防联动控制系统平面图

d.《人民防空工程设计防火规范》（GB 50098—2009）。

e.《汽车库、修车库、停车场设计防火规范》（GB 50067—2014）。

② 方案设计的总体思路如下。

a. JB-QGL-2100A 系统的功能特点。

b. 对设计图纸、资料深入研究后的优化配置意见。

c. 业主及设计单位的其他有关意见。

3）系统配置

（1）消防控制室配置。消防控制室配置为一台 10 条回路 JB-QGL-2100A 智能型报警主机（位于一层消防控制室）；一台广播通信柜和消防专用电源（位于一层消防控制室）；一台 CRT 彩色图文显示系统（位于一层消防控制室）；11 台中文复示屏（位于各层）；一台 JB-QB-QM200/4 型气体灭火控制器。

（2）探测设备配置。针对本工程各部位的使用性质和《火灾自动报警系统设计规范》（GB 50116—2013）的有关规定，结合 JB-QGL-2100A 产品的特点，本系统共设有报警、控制、监视点 1 256 个，其中，智能感烟火灾探测器 633 只；智能感温火灾探测器 249 只；红外光束火灾探测器 1 对；监视模块 188 个；智能声光报警器 49 只；控制监视器 41 台；带电话插座手动报警按钮 68 个；模块终端 28 个。

4）火灾探测器的选择和设置

各厂家火灾自动报警系统的回路容量不同，因此回路分布不同。深圳市高新投三江电子股份有限公司的每块回路卡为两条回路，每条回路总容量为 198 个，火灾探测器为 99 只（包括所有智能型火灾探测器），模块为 99 个（包括所有模块、智能手动报警按钮、智能消火栓按钮、智能声光报警器）。当火灾探测器超过 99 只而模块有多余时，火灾探测器可以占用模块地址，但回路总容量不变（系统中地下二层模块数量为 25 个，火灾探测器数量为 130 只，有 31 只火灾探测器占用模块地址；回路总点数为 155 个，不超过 198 个）。不难看出，此系统为 9 条回路，5 块接口板。有些厂家的回路卡为单回路，每条回路总容量有的超过 198 个，也有的不超过 198 个，因此要参考产品设计图纸。

火灾探测器是火灾自动报警系统的检测元器件，是火灾自动报警系统最重要的组成部分。它分为感烟火灾探测器、感温火灾探测器、感光火灾探测器，按其测控范围又可分为点型火灾探测器和线型火灾探测器两大类。点型火灾探测器只能对警戒范围中某一点周围的温度、烟等参数进行控制，如点型光电感烟火灾探测器、点型感温火灾探测器等。线型火灾探测器则可以对警戒范围中某一线路周围的烟、温度进行探测，如红外光束感烟火灾探测器、缆式线型感温火灾探测器等。常用火灾探测器的性能特点和适用范围请参照《火灾自动报警系统设计规范》（GB 50116—2013）。火灾探测器将火灾初期所产生的热、烟或光转变为电信号，当其电信号超过某一定值时，传递给与之相关的报警控制设备。火灾探测器的工作稳定性和灵敏度等技术指标直接影响着整个消防灭火系统的性能。

火灾初期有阴燃阶段，有大量的烟和少量的热产生，很少或没有火焰辐射的火灾（棉、麻织物的阴燃等），此阶段应选用感烟火灾探测器。为了较早发现火灾隐患，智能小区多选用这种火灾探测器。

对于感烟火灾探测器，在禁烟、清洁、环境条件较稳定的场所（计算机房、书库等）

选用 I 级灵敏度；在一般场所（卧室、起居室等）选用 II 级灵敏度；在经常有少量烟、环境条件常变化的场所（会议室、商场等）选用 III 级灵敏度。

本工程地下室选用点型智能感温火灾探测器，楼层选用点型智能感烟火灾探测器，在中庭选用红外光束感烟火灾探测器。

5）联动控制的选择和设置

本工程需多线联动的设备有消防泵、喷淋泵、排烟风机、正压送风机、消防电梯、客/货梯、市电；总线联动的设备有防火卷帘门、消防广播。

JB-QGL-2100A 系统为消防报警联动控制一体机，即报警、消防联动控制由一台火灾报警控制器组成，无须另外配联动控制台。

消防联动控制包括消火栓系统，喷淋泵和喷雾泵的监控，正压送风机、防/排烟风机的监控，防火阀、防/排烟阀状态的监视，消防紧急断电系统的监控，电梯迫降、防火卷帘门、背景音乐和火灾应急广播、消防通信设备的监控，以及消防电源和线路的监控。消防联动控制通过联动中间继电器完成，本工程采用的是分散集中的方式，下面分别进行阐述。

（1）室内消火栓系统。本工程消火栓按钮的设置完全按设计图纸进行。当发生火灾时，消火栓按钮经消防控制主机确认后可直接启动相应的消防泵，同时向消防控制室发出信号。消防控制室也可直接手动启/停相应的消防泵，并显示消防泵的工作、故障状态，按防火分区显示消火栓按钮的位置，并返回消火栓按钮处的消防泵的工作状态。对消火栓按钮的监控是通过 JS-02B 模块完成的，对消防泵的手动直接控制是通过设在消防控制室的消防报警联动控制一体机上的多线联动控制模块（KZJ-LD-02）来实施的。

（2）自动喷淋系统。各层的水流指示器和信号闸阀由带 CPU 微处理器的 JS-02B 模块进行信号监测，该模块具有独立编码地址。任何一个水流指示器或报警阀的接点一经闭合，其信号便自动显示在消防控制屏上，消防控制室即可自动或手动启/停相应的喷淋泵。消防控制室也可通过消防报警联动控制一体机直接手动启/停相应的喷淋泵，并可显示喷淋泵的工作、故障状态。同时，在火灾报警时，消防控制室通过联动控制模块和火灾报警控制器可直接自动或手动启动喷淋泵，并显示喷淋泵的工作/故障状态、消防水箱溢流报警水位、消防停泵保护水位等。

（3）防/排烟系统。防/排烟系统受探测感应报警信号控制，当有关部位的火灾探测器发出报警信号时，消防控制屏会按一定程序发出指令，通过多线联动控制模块（KZJ-LD-02）启动正压送风机，报警层及其上、下层的送风阀、排烟机，报警层的排烟阀或与防烟分区有关的排烟阀。消防控制室也能直接手动启动正压送风机和排烟机，并利用主接触器的辅助接点反馈信号使其工作状况显示在消防控制屏上。

在火灾报警时，消防控制室通过联动控制台可直接手动启动相应的加压送风机，也可自动启动加压送风机。加压送风口的设备还具备现场手动启动功能。

（4）防火阀、防/排烟阀监视系统。防火阀、防/排烟阀监视系统受各层火灾探测器控制，当某防火分区的火灾探测器发出报警信号时，消防控制屏便按照一定的程序发出指令，切断空调风机并通过数据处理终端显示其关闭状态。对非电动防火阀的信号也通过 JS-02B 模块完成。在火灾报警时，消防控制室可通过联动中间继电器自动开启相应防火分区的 280℃ 防火阀，启动相应的排烟风机；当烟气温度达到 280℃ 时，熔断并关闭风机入口处的

280℃防火阀，并关闭相应的排烟风机。当现场开启 280℃常闭防火阀和正压送风口时，可直接启动相应的排烟风机（正压送风机）。

在火灾报警时，消防控制室通过 KZJ-02B 模块可自动停止有关部位的空调送风机，关闭电动防火阀，并接收其反馈信号。

对排烟风机、加压送风机的手动启/停，消防控制室可以做到利用联动控制模块和消防联动控制器对所有的排烟风机、加压送风机实施手动控制启/停，并能反馈信号。

（5）电梯归底和相应门禁控制。消防控制室设有所有电梯运行状态模拟和操作盘，通过多线联动控制模块可监控电梯运行状态并遥控电梯。在火灾报警时，消防控制室发出控制信号，通过多线联动控制模块强制所有电梯归底并接收其反馈信号。

在火灾报警时，消防控制室也可通过联动中间继电器切断相应层的门禁控制主机电源，打开相应层的疏散门并接收其反馈信号。

（6）防火卷帘门。防火卷帘门的控制原理：受火灾探测器感应信号控制，当有关的火灾探测器发出报警信号后，相应信号会显示在消防控制屏上，同时通过界面单元关闭防火卷帘门，并利用 KZJ-02B 模块返回信号，使卷帘开/关状态显示在消防控制屏上。防火卷帘门的控制方式有两种，第一种方式：疏散通道上的防火卷帘门，其两侧设置感烟、感温火灾探测器，采取两步下降控制下降方式，第一次由感烟火灾探测器控制下降到距地面 1.8 m 处停止；第二次由感温火灾探测器控制下降到底，并分别将报警和动作信号送至消防控制室。同时，在消防控制室有远程控制功能；第二种方式：用作防火分隔的防火卷帘门，如地下车库防火卷帘门两侧只设置感温火灾探测器，感温火灾探测器动作后防火卷帘门下降到底。

在本工程中，防火卷帘门的具体控制方式已在前面叙述，还需说明的是：消防控制室可显示感烟、感温火灾探测器的报警信号和防火卷帘门的关闭信号。

（7）背景音乐和火灾应急广播。当火灾探测器感应并发出报警信号时，消防控制屏按照一定程序发出指令，强行将背景音乐转入火灾应急广播状态，进行火灾应急广播。它的程序是：当一层发生火灾报警时，切换本层、二层和地下各层的背景音乐；当地下发生火灾时，切换地下各层和一层的背景音乐。

（8）切断非消防电源。火灾报警时，消防控制室通过现场执行模块切断有关部位的非消防电源，并接通火灾应急广播、火灾应急照明和疏散指示标志。

2. 项目安装施工

1）系统布线

系统布线施工应符合《火灾自动报警系统施工及验收标准》（GB 50166—2019）、《电气装置安装工程 低压电器施工及验收规范》（GB 50254—2014）等规定。在布线时应对导线的种类、电压等级进行检查。系统布线应采用铜芯绝缘导线或铜芯电缆，当额定工作电压不超过 50 V 时，选用导线的电压等级不应低于交流 250 V；当额定工作电压超过 50 V 时，导线的电压等级不应低于500 V。火灾自动报警系统的传输线路应采用穿金属管、经阻燃处理的硬质塑料管或封闭式线槽的保护方式布线。消防控制、通信和警报线路采用暗敷设时宜采用金属管或经阻燃处理的硬质塑料管保护，并应敷设在不燃烧体的结构层内，且保护层厚度不宜小于 30 mm。

2）设备安装

（1）点型火灾探测器的安装应符合下列规定。

① 至墙壁、梁边的水平距离应不小于 0.5 m。

② 周围 0.5 m 内不应有遮挡物。

③ 至空调送风口边的距离应不小于 1.5 m；至多孔送风顶棚孔口的水平距离应不小于 0.5 m。

④ 在宽度小于 3 m 的内走道顶棚上安装火灾探测器时宜居中布置。感温火灾探测器的安装间距应不大于 10 m；感烟火灾探测器的安装间距应不大于 15 m。火灾探测器距端墙的距离应不大于火灾探测器安装间距的一半。

⑤ 宜水平安装，当必须倾斜安装时，其倾斜角应不大于 45°。

（2）红外光束感烟火灾探测器的安装应符合下列规定。

① 相邻两组火灾探测器的水平距离应不大于 14 m。

② 至侧墙的水平距离应不大于 7 m，且应不小于 0.5 m。

③ 发射器和接收器之间的距离不宜超过 100 m。

（3）手动报警按钮的安装应符合规定，即手动报警按钮应安装在墙上距地（楼）面高度 1.5 m 处。

（4）火灾报警控制器的安装应符合规定，即火灾报警控制器在墙上安装时，其底边距地（楼）面高度应不小于 1.5 m；落地安装时，其底边宜高出地坪 0.1 ～ 0.2 m。

3）系统图说明

系统图是施工时必要的技术文件之一，是了解整个工程概况的重要技术文件。系统图标明了主机的型号、走线方向、不同的电压等级、不同的电流类别、导线的型号（信号二总线采用 RVS-2×1.5 mm²，即 2×1.5 mm² 的阻燃双绞线；远程联动控制线采用 NH-KVV-n× 1.5 mm²，即 n×1.5 mm² 耐火控制线；电话线采用 RVVP-n×1.5 mm²，为 n×1.5 mm² 的电话线等）。看系统图首先要了解图例的含义，每个图例都有各自的含义且基本上都是通用的。

主机的三大组成部分是广播通信柜、JB-QGL-2100A 火灾报警控制器（联动型）和消防专用电源。广播通信柜的主要引出线有广播线和电话线。JB-QGL-2100A 火灾报警控制器的主要引出线有联动线、信号二总线、消火栓点亮线和 RS-485 复示盘通信线。消防专用电源主要供外部设备用电，线上的数字代表线的根数。

从系统图上看，每层大致都有智能感烟火灾探测器、智能感温火灾探测器、带电话插座手动报警按钮、扬声器、普通消火栓按钮、智能声光报警器、信号阀（检修阀）、水流指示器、加压送风阀、复示盘等设备。设备下面的数字代表设备的数量。每层不同的设备是消防联动设备，地下二层有消防泵、加压送风机、切市电（非消防电源供电箱）、防火卷帘门等，地下一层和一层有加压送风机，二至六层只有防火卷帘门，六层有一对红外光束火灾探测器位于中庭上空，七层和电梯机房层有加压送风机和电梯。

4）平面图说明

平面图是施工的重要技术文件之一，是施工人员施工的重要依据，施工人员必须按平面图施工。系统图只是让施工人员了解整个工程的概况，而平面图让施工人员知道设备的安装位置、如何走线、线槽和线管的大小等。本工程的平面图共有 9 张，可以根据系统图看每层的平面图，按系统图上的设备标识在平面图上找到相应设备的位置。

5）项目调试验收记录表

调试主机数据如表5-4所示。系统竣工情况如表5-5所示。安装技术记录（包括隐蔽工程检验记录）如表5-6所示。

表5-4　调试主机数据

报警类型号	报警类型	反馈类型号	反馈类型
1	火警类型1	1	排烟机故障
2	火警类型2	2	加压送风机故障
3	火警类型3	3	消防泵故障
4	火警类型4	4	喷淋泵故障
5	火警类型5	5	正压送风机故障
6	火警类型6	6	红外故障
7	火警类型7	7	压力欠压
8	火警类型8	8	反馈类型8
9	火警类型9	9	反馈类型9
10	火警类型10	10	反馈类型10
11	火警类型11	11	反馈类型11
12	火警类型12	12	反馈类型12
13	火警类型13	13	反馈类型13
14	火警类型14	14	反馈类型14
15	火警类型15	15	反馈类型15
16	火警类型16	16	反馈类型16

表5-5　系统竣工情况

工程名称			工程地址			
使用单位			联系人		电话	
调试单位			联系人		电话	
设计单位			施工单位			
工程主要设备	设备名称型号	数量	编号	出厂年月	生产厂	备注
施工有无遗留问题			施工单位联系人			
调试情况						
调试人员（签字）			使用单位人员（签字）			
施工单位负责人（签字）			设计单位负责人（签字）			

表5-6 安装技术记录

工程名称				验收的建筑名称			
隐蔽工程记录	验收报告	系统竣工图	设计更改	设计更改内容		工程验收情况	
1. 有 2. 无	1. 有 2. 无	1. 有 2. 无	1. 有 2. 无			1. 合格 2. 基本合格 3. 不合格	
主要消防设施							
产品名称	产品型号	生产厂家	数量	产品名称	产品型号	生产厂家	数量
室内消火栓				水泵接合器			
室外消火栓				气压水罐			
消防泵				稳压泵			
加压送风机				防火阀			
方式部位	1. 自然排烟 2. 机械排烟			产品名称	产品型号	生产厂家	数量
防烟楼梯间				防火阀			
前室及合用前室				正压送风机			
走道				排烟风机			
房间				排烟阀			
自然排烟口面积/m²		机械排烟送风量/（m³/h）			机械排烟排风量/（m³/h）		
设施名称及有无状况		产品名称			产品型号	生产厂家	数量
疏散指示标志		1. 有 2. 无	防火门				
消防电源		1. 有 2. 无	防火卷帘门				
火灾应急照明		1. 有 2. 无	消防电梯				
系统单位				施工单位			
形式：1. 区域报警 2. 集中报警 3. 控制中心报警				设置部位			
产品名称	产品型号	生产厂家	数量	产品名称	产品型号	生产厂家	数量
感烟火灾探测器				集中火灾 报警控制器			
感温火灾探测器				区域火灾 报警控制器			
感光火灾探测器				消防事故广播			
				手动报警按钮			

实训5　某餐厅火灾自动报警系统方案设计

1. 工程概况

本套工程图纸为某餐厅的火灾自动报警系统工程图纸，该工程的建筑面积为770m²。

该餐厅的火灾自动报警系统设计说明和系统图如图5-29所示，该餐厅的火灾自动报警系统平面图如图5-30所示。

2. 设计说明

1）设计依据

（1）《火灾自动报警系统设计规范》（GB 50116—2013）。

（2）《火灾自动报警系统施工及验收标准》（GB 50166—2019）。

（3）《建筑设计防火规范》［GB 50016—2014（2018年版）］。

（4）《民用建筑电气设计标准》（GB 51348—2019）。

2）根据设计说明回答如下问题

（1）什么是火灾自动报警系统？

火灾自动报警（Fire Alarm，FA）系统是人们为早期发现火灾，并及时采取有效措施控制和扑救火灾而设置在建筑物或其他场所内的一种自动报警与消防设施。

（2）设置火灾自动报警系统的意义是什么？

一是做好预防火灾的各项工作，防止发生火灾；二是火灾绝对不发生是不可能的，一旦发生火灾，就应当及时、有效地进行扑救，减少火灾的危害，这就是火灾自动报警系统的意义。

（3）火灾自动报警系统由哪几部分组成？

火灾自动报警系统一般由触发装置、火灾报警装置、火灾警报装置、电源和有其他辅助控制功能的联动装置组成。

（4）举例说明火灾自动报警系统的每个组成部分的设备。

触发装置：火灾探测器，手动报警按钮；火灾报警装置：火灾报警控制器，火灾显示盘；火灾警报装置：声光报警器，警铃等；电源：火灾自动报警系统属于消防用电设备，应设有主电源和直流备用电源；有其他辅助控制功能的联动装置：消防泵、喷淋泵、防/排烟风机、排烟阀、防火卷帘门、非消防电源控制装置、电梯迫降控制装置等。

（5）火灾报警控制器按安装形式分为哪几种类型？

火灾报警控制器按安装形式分为壁挂式和柜式，柜式分为立柜式和琴台式。

（6）火灾报警控制器按系统形式分为哪几种类型？

火灾报警控制器按系统形式分为区域火灾报警系统、集中火灾报警系统和控制中心火灾报警系统。

（7）请简述火灾探测器的作用。

火灾探测器是火灾自动报警系统中对现场进行探查、发现火灾的设备。火灾探测器是火灾自动报警系统的"感觉器官"，它的作用是监视环境中有没有火灾的发生。一旦有火灾发生，就将火灾的特征物理量，如温度、烟雾、气体和辐射光强等转换成电信号，并立即动作向火灾报警控制器发送报警信号。

火灾自动报警系统设计说明

一、设计说明

本设计根据本工程设计任务委托书，依据国家及地方现行规范规程，结合国内外先进产品和设备进行施工图设计。

二、设计依据

国家现行主要技术法规。

1. 《火灾自动报警系统设计规范》（GB 50116—2013）。

2. 《建筑设计防火规范》[GB 50016—2014（2018年版）]。

3. 国家及地方现行的其他设计规范和标准。

三、设计内容

火灾自动报警系统。

四、火灾自动报警系统

1. 采用壁挂式总线制火灾报警控制器 二台。

2. 在厨房设置感温火灾探测器，在其他场所设置感烟火灾探测器。

3. 消防报警主机接受下列信号并根据不同要求进行显示。

  （1）感烟、感温火灾探测器发出的火灾报警信号。

  （2）各火灾探测器组发出的故障信号。

4. 火灾的确认。感烟、感温火灾探测器发出火灾信号并经确认，手动报警按钮动作或其他方法确认为火灾信号时，上述任一事件发生都按以上是火灾确认已发生。

5. 设备的安装。

  （1）感烟、感温探测器吸顶安装，在其他场所设置感烟火灾探测器，位置根据灯具、水喷头、吸顶扬声器、空调风口、梁的影响等因素综合考虑后可做适当调整，但应符合规范要求。

  （2）手动报警按钮明装距地面 1.5 m；警铃明装距地面 2.2 m或距顶 0.5 m。

6. 线路敷设。

  （1）各系统导线均穿管敷设或敷设在封闭式金属线槽内。

  （2）火灾探测器吊顶明装时，火灾探测器至接线处的导线应穿金属软管保护，火灾探测器或经细细处理的硬质塑料管保护，并应敷设在不燃烧体的结构内，且保护层厚度不宜小于30 mm；火灾探测器吊顶明装时，火灾探测器至接线处的导线应穿金属软管保护。

  （3）线路采用明敷设（含在吊顶内）时，导线应穿金属管或金属或封闭式金属线槽保护，金属管或金属线槽表面应刷防火涂料。

  （4）各系统的穿线金属管、金属线槽、金属线盒等均应做好电气连接并接地。

  （5）金属电线管采用套接式镀锌钢导管。

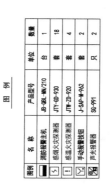

图例	名称	产品型号	单位	数量
■	消防报警主机	JB-QBL-MN/210	台	1
⑤	感烟火灾探测器	JTY-6D-930	套	18
①	感温火灾探测器	JTW-ZD-920	套	4
Ⓨ	手动报警按钮	J-SAP-M-962	套	2
▣	声光报警器	SQ-991	只	2

图 例

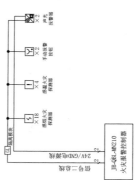
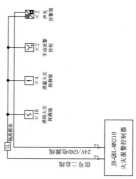

图5-29 某餐厅的火灾自动报警系统设计说明和系统图

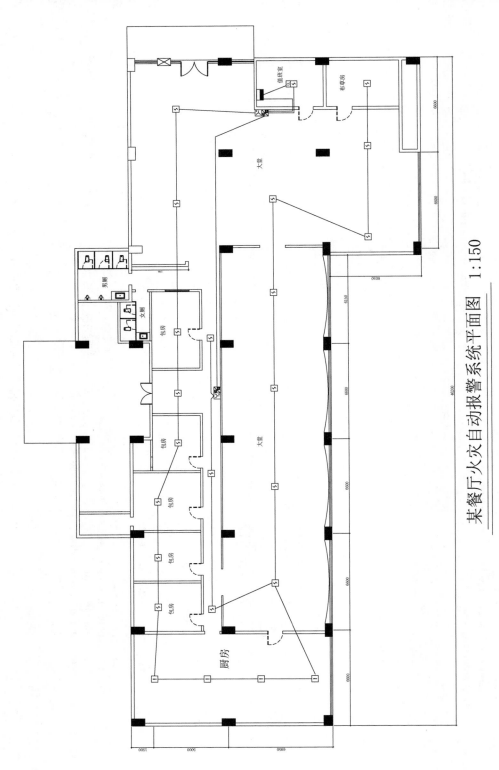

某餐厅火灾自动报警系统平面图 1:150

图5-30 某餐厅的火灾自动报警系统平面图

（8）火灾探测器有哪几种？

火灾探测器有点型光电感烟火灾探测器、点型感温火灾探测器、吸气式感烟火灾探测器、线型（缆式）感温火灾探测器、感光火灾探测器（含红外感光火灾探测器、紫外感光火灾探测器）、可燃气体火灾探测器、有毒有害气体火灾探测器、感温光纤火灾探测器等。

（9）为什么室内信号线采用双绞线（RVS线），电源线采用硬线（BV线）？

双绞线是由两根具有绝缘保护层的铜导线组成的。把两根绝缘的铜导线按一定密度互相绞在一起，每根导线在传输中辐射出来的电波会被另一根导线上辐射出来的电波抵消，有效降低信号干扰的程度，因此室内信号线一般采用双绞线。电源线属于电力传输，采用平行线阻抗小，电力传输距离较远。

（10）请简述双绞线的特点。

双绞线的特点：传输距离远、传输质量高；布线方便、线缆利用率高；抗干扰能力强；可靠性高、使用方便；价格便宜、取材方便。

（11）请简述硬线（BV线）的特点。

在低压电力传输中一般采用平行线（硬线，BV线），其具有抗酸碱、耐油性、防潮、防霉等特性。

3. 平面图识读

扫一扫看教学课件：某餐厅火灾自动报警系统平面图

1）统计设备数量

统计设备数量如表5-7所示。

表5-7　统计设备数量

序号	产品名称	产品单位	产品数量
1	消防报警主机	台	1
2	总线短路隔离器	套	1
3	感烟火灾探测器	套	18
4	感温火灾探测器	套	4
5	手动报警按钮	套	2
6	声光报警器	套	2

2）根据平面图回答如下问题

（1）当火灾报警控制器安装在墙上时，安装高度等有什么要求？

当火灾报警控制器安装在墙上时，其主显示屏高度宜为 $1.5 \sim 1.8\,\mathrm{m}$，其靠近门轴的侧面距墙应不小于 $0.5\,\mathrm{m}$，正面操作距离应不小于 $1.2\,\mathrm{m}$。

（2）为什么要设置手动报警按钮？其作用是什么？

手动报警按钮是火灾自动报警系统中的一个设备类型，当有人发现火灾时，在火灾探测器没有探测到火灾时，人工手动按下手动报警按钮报告火灾信号。

（3）手动报警按钮设置的部位和位置/间距？

每个防火分区应至少设置一个手动报警按钮。从一个防火分区内的任何位置到最邻近的一个手动报警按钮的距离应不大于 30 m。手动报警按钮宜设置在公共活动场所的出/入口处。

（4）手动报警按钮的安装高度为多少？

手动报警按钮应安装在明显的和便于操作的部位。当安装在墙上时，其底边距地面高度宜为 1.3～1.5 m，且应有明显的标志。

（5）为什么要设置声光报警器？其作用是什么？

声光报警器是一种安装在现场的声光报警设备。在现场发生火灾并确认后，安装在现场的声光报警器可由消防控制室的火灾报警控制器启动并发出强烈的声光报警信号，以达到提醒现场人员注意的目的。

（6）声光报警器设置的部位和位置/间距？

未设置火灾应急广播的火灾自动报警系统应设置火灾警报装置。火灾警报装置应设置在每个楼层的楼梯口、消防电梯前室、建筑物内部拐角等处的明显部位，且不宜与安全出口指示标志灯具设置在同一面墙上（一般与手动报警按钮设置在一起）。每个报警区域均应设置火灾警报装置，其声压级应不小于 60 dB。在环境噪声大于 60 dB 的场所，其声压级应超出环境噪声 15 dB。

扫一扫看教学课件：某餐厅火灾自动报警系统设计技能知识点归纳及应用

（7）声光报警器的安装高度为多少？

当火灾警报装置采用壁挂式安装时，其底边距地面高度应大于 2.2 m。

实训 6　某幼儿园火灾报警及联动控制方案设计

扫一扫看教学课件：某幼儿园火灾报警及联动控制方案设计

1. 工程概况

本套工程图纸为某幼儿园的火灾自动报警系统工程图纸，本工程共有 3 层，为某小区附属建筑，消防控制室位于该小区服务中心。某幼儿园的火灾自动报警系统设计说明如图 5-31 所示，火灾自动报警系统图和厨房燃气报警系统图如图 5-32 所示，火灾自动报警一层平面图如图 5-33 所示，火灾自动报警二层平面图如图 5-34 所示，火灾自动报警三层平面图如图 5-35 所示，火灾自动报警屋顶层平面图如图 5-36 所示。

2. 设计说明

扫一扫看教学课件：某幼儿园火灾报警及联动控制方案设计中的知识点

1）设计依据

（1）《火灾自动报警系统设计规范》（GB 50116—2013）。

（2）《火灾自动报警系统施工及验收标准》（GB 50166—2019）。

扫一扫看教学课件：某幼儿园火灾报警及联动控制设计说明

（3）《建筑设计防火规范》［GB 50016—2014（2018 年版）］。

（4）《民用建筑电气设计标准》（GB 51348—2019）。

2）根据设计说明回答如下问题

（1）消防联动控制器一般是指已安装总线手动控制盘和/或多线联动控制盘的部分，请简述总线手动控制盘和多线联动控制盘的作用，它们有何异同点。

设计说明

一. 工程概况

本工程位于 广东 省 深圳 市，总建筑面积 ×× m^2，为3层幼儿园。

二. 设计依据

1. 建设单位提供的设计任务书和设计要求。
2. 相关专业提供的工程设计资料。
3. 国家现行的主要技术法规。
   1)《火灾自动报警系统设计规范》（GB50116—20132）。
   2)《建筑设计防火规范》[GB50016—2014（2018年版）]。
   3)《民用建筑电气设计标准》（GB51348—2019）。
4. 其他相关国家和深圳市地方现行的设计规范、规程和标准。
5. 建筑工程设计文件编制的规定。

三. 设计内容

本设计包括消防控制室报警系统、火灾自动报警系统、消防联动控制系统、消防电话系统、可燃气体报警系统等。

本建筑物消防控制室设有小区物业管理处，内设：

1. 火灾报警控制器；
2. 消防联动控制台；
3. 消防广播系统；
4. 消防电话系统；
5. 消防专用电源等；
6. 图形显示装置、打印机。

四. 火灾自动报警系统

1. 对火灾报警和火灾确认的联动控制要求如下。

1) 任何一只感烟火灾探测器或感温火灾探测器动作和任何一个水流指示器动作视为火灾报警，立即在消防控制室火灾报警控制器上报警，显示火灾具体位置或区域。

2) 任何两只独立的火灾探测器动作，任一只感烟火灾探测器或感温火灾探测器和任一个手动报警按钮动作视为火灾确认，启动建筑物内所有声光报警器。

3) 消防泵控制应将室内消火栓系统出水干管上设置的低压压力开关、高位消防水箱出水管上设置的流量开关或报警阀压力开关等信号作为触发信号，直接控制启动消防泵，联动控制不应受消防联动控制器处于自动或手动状态的影响。消火栓按钮的动作信号与同一防火分区内任一只火灾探测器或任一个手动报警按钮的动作信号应作为报警信号机启动消防泵的联动触发信号，由消防联动控制器控制启动消防泵。

4) 喷淋泵控制应将湿式报警阀压力开关的动作信号作为触发信号，直接启动喷淋泵，联动控制不应受消防联动控制器处于自动或手动状态的影响。

2. 水流指示器、信号阀、压力开关、喷淋泵的启动和停止的动作信号应反馈至消防联动控制器。

五. 消防电话系统

1. 手动报警按钮集成电话插孔功能，用于连接便携式对讲电话分机，供火灾或调试时与消防控制室联系。
2. 在消防控制室设一部外线119专用电话分机。

六. 线路敷设

1. 消防电话线应单独穿管敷设，当与其他线共槽时，应用金属板分隔。
2. 当火灾探测器、扬声器吊顶安装时，火灾探测器、扬声器至接线盒的导线应穿金属软管保护，软管表面应刷防火涂料。
3. 当线路采用暗敷设时，穿经阻燃处理的硬质塑料管或金属管保护，并敷设在不燃烧体的结构层内，且保护层厚度不小于30 mm。当线路采用明敷（含在吊顶内）时，导线穿金属管或封闭式金属线槽敷设。金属管或封闭式金属线槽表面刷防火涂料。
4. 各系统的穿线金属管、金属线槽、金属接线盒等均应做好电气连接并接地。
5. 金属电线管采用镀锌钢导管。

七. 火灾自动报警及消防联动控制系统设备安装

1. 感烟、感温火灾探测器的安装位置应结合灯具、水喷头、吸顶扬声器、空调风口、梁等因素的影响综合考虑，可做适当调整，但应符合规范要求。
2. 消防用电设备采用专用的供电回路，其配电有明显标志。消防电气设备线路过载保护仅作用于信号，不切断电路。

线型		
图例	名称	
S	信号线	WDZBNRVS-2X1.5 SC15 CC
P	电源线	WDZBNBV-2X2.5 SC20 CC（支线）
P	电源线	WDZBNBV-2X6 SC25 CT（干线）
H	消防电话线	WDZBNRVVP-2X1.5 SC15 CC
MK	模块至设备控制线	
P,H	电源线+消防电话线	WDZBNBV-2X2.5+WDZBNRVVP-2X1.5（各自独立穿管）

图5-31 某幼儿园的火灾自动报警系统设计说明

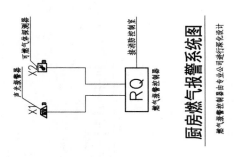

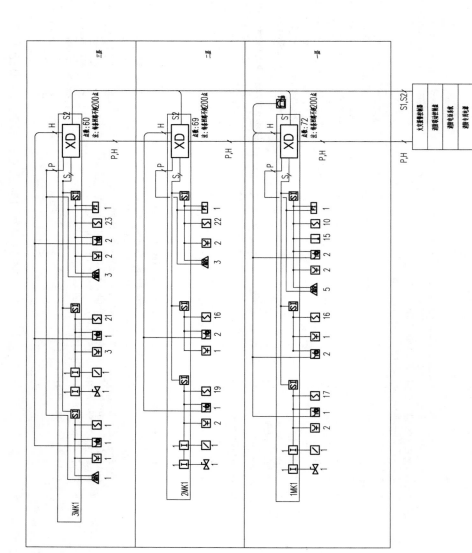

图5-32 某幼儿园的火灾自动报警系统图和厨房燃气报警系统图

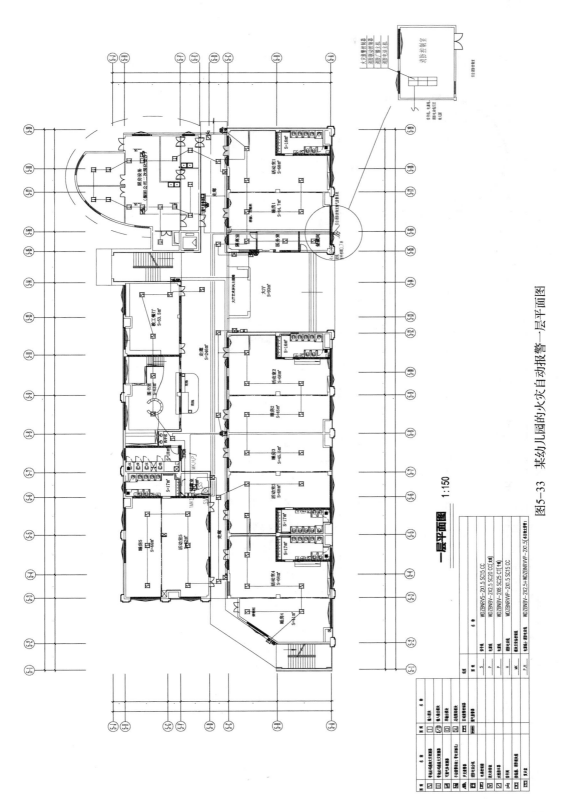

图5-33　某幼儿园的火灾自动报警一层平面图

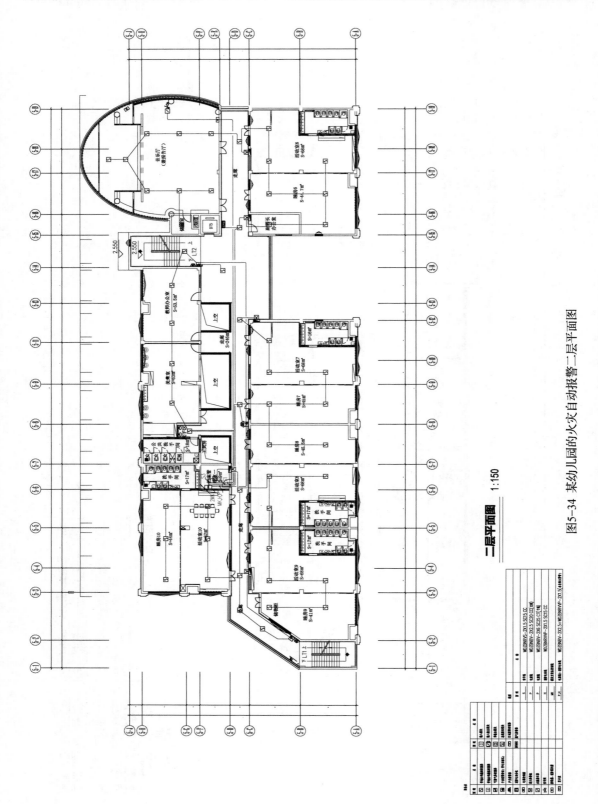

二层平面图 1:150

图5-34 某幼儿园的火灾自动报警二层平面图

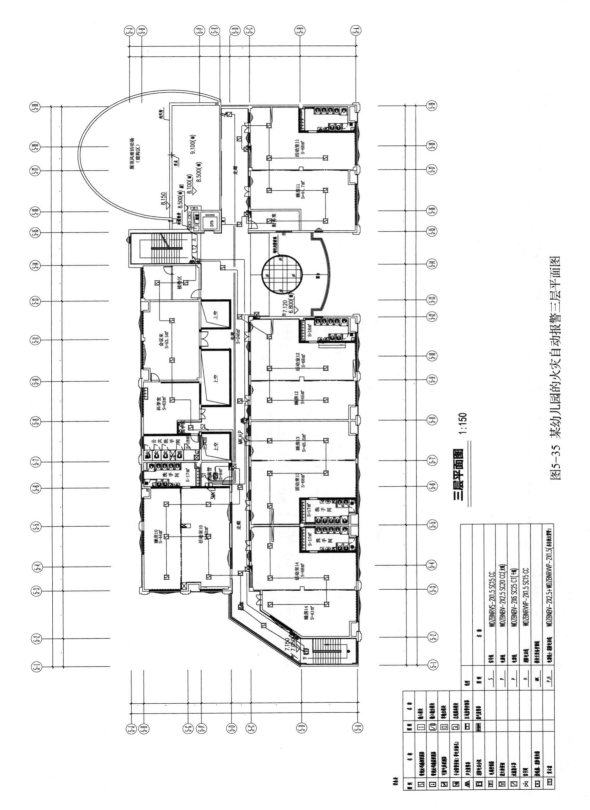

三层平面图 1:150

图5-35 某幼儿园的火灾自动报警三层平面图

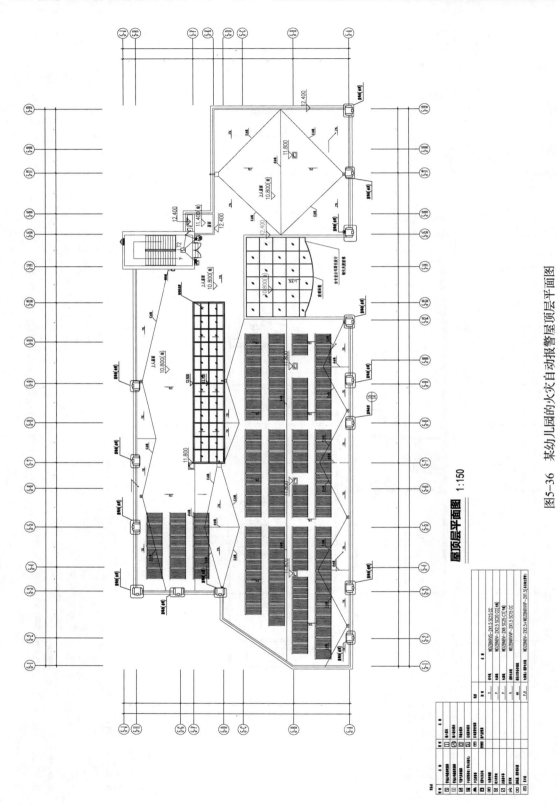

屋顶层平面图 1:150

图5-36 某幼儿园的火灾自动报警屋顶层平面图

　　总线手动控制盘一般用于在消防控制室实现手动启动总线制控制设备，此设备需通过输入/输出模块接入火灾报警控制器（在消防控制室控制排烟口的开启等）。多线联动控制盘也称为直接控制盘，一般用于远程控制，即在消防控制室通过专用线路实现手动启动现场设备（消防风机、消防泵等）。两者均可以通过主机实现对现场设备的联动启动。多线联动控制盘可独立工作，即在主机瘫痪的情况下，多线联动控制盘仍可以通过手动控制强制启动现场设备。

　　（2）多线联动控制盘一般控制哪些设备？

　　多线联动控制盘一般控制湿式系统中的喷淋泵，预作用系统中的喷淋泵、预作用阀组，快速排气阀入口前的电动阀，雨淋系统中的雨淋消防泵、雨淋阀组，水幕系统中的相关控制阀组、消防泵，室内消火栓系统中的消防泵，防/排烟系统中的防烟、排烟风机。

　　（3）消防广播系统一般由哪几部分组成？其作用是什么？当火灾应急广播与普通广播或背景音乐合用时，需要注意什么问题？

　　消防广播系统的组成部分有消防广播模块、功放、音源、广播扬声器。其作用是在紧急情况下通知和指导人群疏散。当火灾应急广播与普通广播或背景音乐合用时，应具有强制切入火灾应急广播的功能。

　　（4）消防电话系统一般由哪几部分组成？其作用是什么？按布线模式分，消防电话系统有哪几类？

　　消防电话系统的组成部分有消防电话主机、消防电话分机、消防电话插孔（含独立电话插孔和手动报警按钮上的电话插孔）等。其作用是消防专职人员在紧急情况下用来与消防控制室通话的装置。消防电话系统按部分模式可分为总线制和多线制。

　　（5）UPS电源也称为不间断电源，它的优点在于它的不间断供电能力，请简述并回答UPS电源的工作过程和在消防规范中UPS电源的供电时间。

　　UPS电源的工作过程：当市电正常为AC 380/220 V时，直流主回路有直流电压供给DC-AC交流逆变器，输出稳定的AC 220 V或380 V电压，同时市电经整流后对电池充电。当市电在任何时候欠电压或突然掉电时，由电池组通过隔离二极管开关向直流回路反馈电能。从电网供电到电池供电没有切换时间。当电池能量即将耗尽时，UPS电源发出声光报警，并在电池放电下限点停止DC-AC交流逆变器工作，长鸣报警。UPS电源还有过载保护功能，当发生超载（150%负载）时，跳转到旁路状态，并在负载正常时自动返回。当发生严重超载（超过200%额定负载）时，UPS电源立即停止DC-AC交流逆变器输出并跳转到旁路状态，此时前面的输入空气开关也可能跳闸。在消除故障后只要合上开关重新开机即开始恢复工作。在消防规范中，消防控制室设置的UPS电源供电时间不少于90 min。

　　（6）什么是联动控制？

　　联动控制是指当火警确认时，由消防联动控制器发出的用于控制消防联动设备（设施）工作的模式。

3. 系统图识读

扫一扫看教学课件：某幼儿园火灾报警及联动控制系统图

　　根据系统图回答如下问题。

　　（1）请简述总线短路隔离器的作用。

　　总线短路隔离器是当系统局部出现短路故障时，自动将出现断路故障的部分从系统中隔

离出去的元器件。

（2）请简述总线短路隔离器的设置要求。

系统总线上应设置总线短路隔离器，每只总线短路隔离器保护的火灾探测器、手动报警按钮和模块等消防联动设备的总数应不超过32点；当总线穿越防火分区时，应在穿越处设置总线短路隔离器。

（3）请回答《火灾自动报警系统设计规范》（GB 50116—2013）对系统总线设置总线短路隔离器的具体要求。

系统总线上应设置总线短路隔离器，每只总线短路隔离器保护的火灾探测器、手动报警按钮和模块等消防联动设备的总数不应超过32点。当总线穿越防火分区时，应在穿越处设置总线短路隔离器。

（4）请回答《火灾自动报警系统设计规范》（GB 50116—2013）对系统总线设备带载设备量的要求。

任一台火灾报警控制器所连接的火灾探测器、手动报警按钮和模块等设备总数和地址总数均不应超过3200点，其中每一条总线回路连接设备的总数不宜超过200点，且应留有不少于额定容量10%的余量；任一台消防联动控制器地址总数或火灾报警控制器（联动型）所控制的各类模块总数不应超过1600点，每一条联动总线回路连接设备的总数不宜超过100点，且应留有不少于额定容量10%的余量。

（5）燃气报警系统由哪几部分组成？

燃气报警系统由燃气报警控制器、可燃气体探测器和声光报警器等组成。

（6）燃气报警控制器应设置在哪些部位？

当有消防控制室时，燃气报警控制器可设置在保护区域附近；当没有消防控制室时，燃气报警控制器应设置在有人员值班的场所。

（7）可燃气体探测器应设置在哪些部位？

探测气体密度小于空气密度的可燃气体探测器应设置在被保护空间的顶部，探测气体密度大于空气密度的可燃气体探测器应设置在被保护空间的下部，当探测气体密度与空气密度相当时，可燃气体探测器可设置在被保护空间的中间部位或顶部。

（8）消防模块有哪几种类型？

消防模块有输入模块、输出模块、输入输出模块、隔离模块等类型。

4. 平面图识读

1）统计设备数量

统计设备数量如表5-8所示。

扫一扫看教学课件：某幼儿园火灾报警及联动控制平面图

表5-8　统计设备数量

产品名称	产品单位	产品数量					备注
		一层	二层	三层	屋顶层	合计	
消防报警主机	台					1	2回路(含打印机、主机主电、备电)
消防控制室图形显示装置	台					1	

续表

产品名称	产品单位	产品数量					备注
		一层	二层	三层	屋顶层	合计	
多线联动控制单元	块					1	
消防电话主机	台					1	总线20门
总线短路隔离器	套	3	3	3		9	
带地址码感烟火灾探测器	套	43	57	45		145	
感温火灾探测器	套	15				15	
手动报警按钮(带电话插孔)	套	5	3	4		12	
声光报警器	套	5	3	4		12	
消火栓按钮	套	5	5	6		16	
输入模块(水流指示器)	套	1	1	1		3	
输入模块(信号阀)	套	1	1	1		3	
消防模块箱	只	1	1	1		3	

2）根据平面图回答如下问题

（1）根据平面图和系统图，消防模块里分别放置了哪些模块？

根据平面图和系统图，消防模块里分别放置了隔离模块与输入模块。

（2）简述声光报警器动作报警的条件。

火灾自动报警系统应在确认火灾后启动建筑物内的所有声光报警器。其中，火灾确认的条件应满足两个独立的报警触发装置"与"的组合逻辑，如同一报警区域内两只及以上独立火灾探测器或一只火灾探测器与一个手动报警按钮的报警信号。

（3）水流指示器和信号阀属于建筑物中的哪一套系统设备？

水流指示器和信号阀属于建筑物中的自动喷水灭火系统设备。

（4）水流指示器和信号阀一般安装在哪些位置？

水流指示器和信号阀一般安装在分层或分区域的自动喷水灭火系统的水平干管上，且信号阀应安装在水流指示器前的管网上，与水流指示器之间的距离应不小于300 mm。

（5）水流指示器在消防中的作用是什么？

水流指示器装设在一个受保护区域喷淋管网上，是监视水流动作的，当发生火灾时，喷淋头受高温而爆裂，这时管网水会流向爆裂的喷淋头，流动的水力就会推动水流指示器动作（就像一个橡胶叶片置入管网）。水流指示器是起水流监视作用的，不联动其他设备。

（6）信号阀在消防中的作用是什么？

信号阀的顶部设有阀门启/闭的电信号装置，当阀门被误关闭25%（全开度的1/4）时，电信号装置便输出被误关闭的信号至消防控制室。因此，此信号阀是自动喷水灭火系统的最佳配套产品。

实训7 某双塔高层建筑火灾自动报警系统方案设计

扫一扫看教学课件：某双塔高层建筑火灾报警系统方案设计

1. 工程概况

本项目位于广东省深圳市，总建筑面积为29158.23 m²，地下有两层，为设备用房和车库。地面31层为塔楼，其中，一、二层为商业部分，三层为架空层，四至三十一层分为A、B两栋，均为住宅；总高度为99.9 m，属一类高层民用建筑。

某双塔高层建筑的火灾自动报警系统设计说明（一）如图5-37所示，火灾自动报警系统设计说明（二）如图5-38所示，火灾自动报警系统设计说明（三）如图5-39所示，火灾自动报警系统图和气体灭火系统图如图5-40所示，火灾自动报警系统图如图5-41所示，地下二层消防报警平面图如图5-42所示，地下一层消防报警平面图如图5-43所示，一层消防报警平面图如图5-44所示，二层消防报警平面图如图5-45所示，三层架空层消防报警平面图如图5-46所示，四至三十一层消防报警平面图如图5-47所示，屋顶层消防报警平面图如图5-48所示。

2. 设计说明

1）设计依据

（1）《火灾自动报警系统设计规范》（GB 50116—2013）。

（2）《建筑设计防火规范》［GB 50016—2014（2018年版）］。

（3）《民用建筑电气设计标准》（GB 51348—2019）。

（4）《汽车库、修车库、停车场设计防火规范》（GB 50067—2014）。

2）根据设计说明回答如下问题

（1）什么是一类高层民用建筑？

我国现行的《建筑设计防火规范》［GB 50016—2014（2018年版）］中，根据建筑高度、使用功能和楼层的建筑面积将高层民用建筑分为一类和二类，并规定一类高层民用建筑耐火等级为一级，二类高层民用建筑的耐火等级不低于二级。一类高层民用建筑分为一类高层住宅建筑和一类公共建筑。一类高层住宅建筑指建筑高度大于54 m的住宅建筑（包括设置商业服务网点的住宅建筑）。一类公共建筑包括建筑高度大于50 m的公共建筑；建筑高度大于24 m的部分，任一楼层建筑面积大于1 000 m²的商店、展览、电信、邮政、财贸、金融建筑和其他多种功能组合的建筑；医疗建筑、重要公共建筑，独立建造的老年人照料设施；省级及以上的广播电视和防灾指挥调度建筑、网局级和省级电力调度建筑；藏书超过100万册的图书馆和书库。

（2）火灾报警控制器的作用有哪些？

火灾报警控制器的作用有接收现场智能型火灾探测器、模块类的信息，并记录设备历史信息（设备的报警信息与故障信息等），确认火警信息等。火灾报警控制器分为联动型和非联动型，其中非联动型火灾报警控制器在火警确认后直接输出24 V电压，控制声光报警器和继电器动作；联动型火灾报警控制器可进行联动设置，在火警确认后根据设置的联动逻辑启动现场设备。

工程案例——设计说明（一）

火灾自动报警系统设计说明（一）

一. 工程概况

本项目位于 广东 省 深圳 市，总建筑面积为 29158.23 m²，地下 两 层为设备用房及车库。地面 31 层为塔楼，其中一、二层为商业部分，三层为架空层，四至三十一层分为A、B两栋，均为住宅；总高度为 99.9 m，属 一 类高层民用建筑。

二. 设计依据

1. 建设单位提供的设计任务书及设计要求。
2. 相关专业提供的工程设计资料。
3. 国家现行主要技术法规。
   1)《火灾自动报警系统设计规范》（GB 50116—2013）。
   2)《建筑设计防火规范》[GB 50016—2014（2018年版）]。
   3)《民用建筑电气设计标准》（GB 51348—2019）。
   4)《汽车库、修车库、停车场设计防火规范》（GB50067—2014）。
4. 其他相关现行的国家和深圳市地方设计规范、规程和标准。
5. 建筑工程设计文件编制深度的规定。

三. 设计内容

本设计包括消防控制中心系统、火灾自动报警系统、消防联动控制系统、消防事故广播系统、消防电话系统、家用火灾报警系统等。

本建筑物一层设有消防控制室，内设：

1. 火灾报警控制器；
2. 消防联动控制台；
3. 消防事故广播系统；
4. 消防电话系统；
5. 消防专用电源等；
6. 图形显示装置、打印机。

四. 火灾自动报警系统

根据国家标准《火灾自动报警设计规范》（GB 50116—2013），本工程采用消防控制室报警系统。消防控制室与安防控制室合用，设于一层。

消防控制室内设火灾报警控制器、消防联动控制器、图形显示装置、消防应急广播主机、消防电话主机等。其主要功能如下。

1. 各消防泵运行状态显示与启/停控制。
2. 水流指示器与信号阀状态显示。
3. 各防火分区排烟风机、正压送风机运行状态与故障显示，手动硬线控制。
4. 各防火阀，排烟阀，防火卷帘门等的控制与动作显示。
5. 非消防电源的切除与火灾应急照明的启动。
6. 其他消防联动设备的控制与状态显示。
7. 消防应急广播的发出。
8. 消防专用通信、119专线电话。
9. 显示被保护建筑的重点部位、疏散通道和消防设备所在位置的平面图或模拟图等。
10. 确认火灾后应能控制电梯全部停于首层，并接收其反馈信号。
11. 显示系统供电电源的工作状态。
12. 显示各类型火灾探测器状态、火灾报警故障报警部位。
13. 住宅套内设置家用火灾报警系统，客厅/餐厅、卧室等一般场所内设置点型家用感烟火灾探测器。火灾探测器与灯具的水平净距应大于0.2 m，与空调送风口边的水平净距应大于1.5 m，与空调条形送风口的水平净距应大于0.5 m，与墙或其他遮挡物的净距应大于0.5 m。家用火灾报警控制器既通过CAN总线与消防控制室火灾自动报警系统联网，又可以直接接入信号二总线。家用火灾报警控制器符合《家用火灾安全系统》（GB 22370—2008）标准。

消防控制室应有相应的竣工图纸、各分系统控制逻辑关系说明、设备使用说明书、系统操作规程、应急预案、值班制度、维护保养制度和值班记录等文件资料。

五. 消防联动控制系统

1. 消防联动控制台的要求。
   1) 联动控制台符合国标《消防联动控制系统》（GB 16806—2006）的要求。
   2) 采用琴台式。
   3) 各消防泵、防烟风机、排烟风机，除火灾报警控制器经多线联动控制单元自动控制外，还可在多线联动控制单元上直接手动控制启/停。通过电缆连接至现场控制箱（柜），并显示设备电源状态和工作状态。
   4) 切断有关部位非消防电源、接通火灾应急照明电源、全部电梯停于首层、降落防火卷帘门、停空调送风机等，除由火灾报警控制器经模块自动控制外，还可以在总线手动控制盘上手动触发，通过火灾报警控制器经模块完成上述动作，并显示其状态。
2. 对火灾报警和火灾确认的联动控制要求。
   1) 任何一只感烟、感温火灾探测器动作，任何一个水流指示器动作视为火灾报警，立即在消防控制室火灾报警控制器上报警，显示具体位置或区域。
   2) 任何两只独立的火灾探测器动作或任一只感烟、感温火灾探测器和任一个手动报警按钮动作，视为火灾确认，启动建筑物内所有消防应急广播和声光报警器，声光报警器应与消防应急广播交替循环播放。

   由发生火灾的报警区域开始，顺序启动全楼疏散通道的火灾应急照明和疏散指示系统，控制所有电梯停于首层，切断有关部位的非消防电源（空调切干线，照明切层总箱）。
   3) 消防泵控制。

   应将消火栓系统出水干管上设置的低压压力开关、高位消防水箱出水管上设置的流量开关或报警阀压力开关等信号作为触发信号，直接控制启动消防泵，联动控制不应受消防联动控制器处于自动或手动状态的影响。消火栓按钮的动作信号与同一防护区内任一只火灾探测器或任一个手动报警按钮的动作信号应作为报警信号启动消防泵的联动触发信号，由消防联动控制器控制启动消防泵。
   4) 喷淋泵控制。

   应将湿式报警阀压力开关的动作信号作为触发信号，直接启动喷淋泵，联动控制不应受消防联动控制器处于自动或手动状态的影响。水流指示器、信号阀、压力开关、喷淋泵的启动和停止的动作信号应反馈至消防联动控制器。
   5) 在消防控制室显示消防水池和水箱水位。
   6) 防/排烟风机控制。

   应将加压送风口所在的防火分区内的两只独立的火灾探测器或一只火灾探测器与一个手动报警按钮的报警信号作为送风口开启和加压送风机启动的联动触发信号，并应由消防联动控制器联动控制相关层前室等需要加压送风场所的正压送风口开启和正压送风机启动。应将同一防火分区内的两只独立的火灾探测器的报警信号作为排烟口、排烟窗或排烟阀开启的联动触发信号，并应由消防联动控制器联动控制排烟口、排烟窗或排烟阀的开启，同时停止该防火分区的空气调节系统。应将排烟口、排烟窗或排烟阀开启的动作信号作为排烟风机启动的联动触发信号，并应由消防联动控制器联动控制排烟风机的启动。送风口、排烟口、排烟窗或排烟阀的开启和关闭的动作信号，防烟、排烟风机的启动和停止，以及电动阀关闭的动作信号均应反馈至消防联动控制器。排烟风机入口处的总管上设置的280℃防火阀在关闭后应直接联动控制风机停止，防火阀和风机的动作信号应反馈至消防联动控制器。
   7) 防火卷帘门的控制。

   疏散通道或用作防火分隔的防火卷帘门两侧装设感烟、感温火灾探测器组合、警报装置和手动控制按钮；疏散通道上的防火卷帘门在防火分区内任两只独立的感烟火灾探测器或任一只专门用于联动防火卷帘门的感烟火灾探测器动作后，防火卷帘门自动下降至距地面1.8 m处，任一只专门用于联动防火卷帘门的感温火灾探测器动作后，防火卷帘门再次自动下降到底，并接收反馈信号。用作防火分隔的防火卷帘门：防火分区内任两只独立的火灾探测器动作后，防火卷帘门一次下降到底，并接收反馈信号。

图5-37　某双塔高层建筑火灾自动报警系统设计说明（一）

工程案例——设计说明（二）

8）当消防设备控制电压为AC 220 V时，消防联动控制器转换后接入控制电路。

9）气体灭火系统

在设地下一层地下配电室、高压配电室、柴油发电机房采用七氟丙烷气体灭火系统。

气体灭火探测器、手动/自动灭火装置设置感烟、感温火灾探测器、声光报警器。

气体灭火系统应为自动启动。手动种启动方式。

气网气体灭火装置应采用自动、手动两种启动方式。

气体灭火探测器和感温火灾探测器同时报警时，同时启动装置。

发出声光报警，并发出联动信号（关闭门窗、通风及空调），启动气体灭火系统进入延时阶段，不得擅自中断延时。延时设定不大于30 s延时期间手动关闭窗和门。气体灭火系统故障的动作信号。放气延时可输出关闭门、窗和通风空调等信号。

六、消防事故广播系统

1. 消防应急广播与消防联动控制信号应由消防联动控制器发出，在确认火灾后，应同时向全楼进行广播。消防应急广播通过背景音乐扬声器进行广播，当强制切入消防应急广播时应能手动选择楼层广播。

2. 消防应急广播与火灾警报装置设置在同一楼层，应交替通用所有楼层。

1）当发生火灾时，应立即控制有关楼层。

2）消防应急广播与警铃宜采用分时控制。先鸣警报8～20 s后同时8～20 s，同间隔2～3 s后放消防应急广播。

七、消防电话系统

1. 在水泵房、高压配电室、低压配电室、高压制冷机房、自动灭火装置操作处、消防控制室分机、消防控制室总机（中心）处、排烟机房、正压送风机房、弱电机房等处应对讲电话分机，一部消防电话通道，供火灾或调试时与消防控制室联系。武灾发生时消防广播控制室能集成信息捕捉功能，用于连接便携式对讲电话分机。

2. 在消防控制室设一部外线119专用电话系统。

八、非消防电源切除原则

非消防电源切除总体原则：空调动力、商业动力、卫生间风机、商业内动力、高压配电房、低压配电房、公共照明、商业照明屋用广照明灯等楼层相关区域在发生火灾时按相关切除原则，一般正常照明由设自喷淋系统按着火层及其相临处上，下层切断应电源纸上。

九、线路敷设

1. 消防应急广播线和消防联动电话线应单独穿管敷设，当与其他线共槽敷设，当与其他线共槽时，应用金属隔板分隔。

2. 当气体灭火探测器、扬声器吊顶安装时，应采用金属软管保护，软管表面应刷防火涂料。

3. 当电线采用明敷设时，穿线敷设处的硬质料管或金属料保护，并敷设在不燃烧体的结构层内，且保护层厚度不小于30 mm。线缆采用明敷（含在吊顶内）时，导管穿金属或耐火连接应做好防火涂料。

4. 各系统的穿线金属管、金属线槽、金属线盒接地。

5. 各系统金属管采用镀锌金属管。

十、火灾自动报警和消防联动控制系统设备安装

1. 感烟、感温火灾探测器的安装位置应远结合结构灯具、水喷头、空调风口、采等因素的影响综合考虑，可做适当调整，但应符合规范要求。

2. 各设备安装方式和安装场所要见图设备材料表。

3. 消防联动设备采用专用于首的供电回路，其配电回路和控制回路上应装设漏电火灾报警标志。路过载保护装置仅作用于报警信号，不切断电路。

十一、接地系统

消防控制室，安装室内的消防联动控制设备大多为弱电子设备，为加强系统的抗干扰能力和工作的稳定性，机房内设有专用接地端子与建筑物其他接地共用接地装置。接地电阻≤1 Ω。每个接地端子用两根不小于25 mm²铜芯线穿PVC管敷设至接地端。

十二、其他

1. 所有阀门门、自动门消防电梯降于首层的控制和返回的信号的信号，甲方应向电梯承造商提出要求。

2. 火灾发生时控制电梯停于首层或首层组成单接供水并负责供采及调试。调试，消防控制室内各系统的各系统设备由承包商成套商及其采与分系统的设备布置及商合适当调整。

3. 各系统的设备由承包商成套商及其采与分系统的设备布置及商合适当调整。

4. 在管线做好管线预埋理和预留孔洞的设施，电工必须在土建施工时按切除合，做好管线布置图和资的现场实际情况可当调整。

5. 从总母线引接各层顶机房各层金属线槽至每层的专用局部地，用于金属线槽及其支架和引入

十三、深圳市高新投三江电子股份有限公司产品设计要点

1. 布线原则

1）信号线为两线接线制，树型走线，但不宜分支太多，传输距离为2000 m。

2）消防报警主机联网两线采用CAN总线，需树型走线，不宜树型走线。

3）当JB-FSD-982型火灾显示盘≥10个时，电源需单有一圈，以减少线损对状态回路的影响。

4）消防应急广播电话线传输距离不宜超过1 000 m。

5）消防应急广播和消防电话需单独穿管。

2. 线型的选择

1）信号总线。

室内：采用ZK-RVS-2×1.5 mm²铜芯阻燃型聚氯乙烯绝缘双绞型软线线或ZK-RVS-2×1.5 mm²铜芯阻燃耐火型聚氯乙烯绝缘型软取电线。

室外或采用ZK-RVVS-2×1.5 mm²铜芯阻燃型聚氯乙烯绝缘及护套型软绞型软线。

2）DC 24 V供源线

平面层：采用NH-BV-2×1.5 mm²铜芯阻燃耐火型聚氯乙烯绝缘及护套型软线。

室内＝单元铜芯主干线采用NH-BV-2×2.5 mm²铜芯阻燃耐火型聚氯乙烯绝缘型软线。

室外＝电缆主干线和室内分支采用NH-KVV-2×6 mm²铜芯控制电线。

聚氯乙烯绝缘聚氯乙烯护套型铜芯控制电线。

火灾自动报警系统设计说明（二）

线，室内消火栓系统动作前需切断。

或引出的金属管和系统工作的可靠接地地。此干线竖井内应每3层与楼板钢筋等作电位连结。

6. 线缆敷设完毕各层竖井内的孔洞做好防火密封隔离处理。

7. 电气安装应符合现行有关规范要求。

8. 本工程所选设备、材料必须有有关的国家标准，消防产品应具有合格证书（3C认证）。必须经与产品相关的国家检测中心的孔洞检测合格证或合格证。与本工程有关而未说明之处，参见国家或地方标准图集施工、或者与设计院协助解决。

9. 施工单位必须按照工程设计图纸和消防施工技术标准施工，在施工阶段若发现与设计有关差错，应反时提出，不得擅自修改工程设计。

10. 建设工程竣工验收时必须具有设计单位签审单位答审合格文件。

图5-38 某双塔高层建筑火灾自动报警系统设计说明（二）

工程案例——设计说明（三）

火灾自动报警系统设计说明（三）

应考虑线路电流负荷容量和线路压降，保证线路末端电压大于用电设备的最小工作电压。

3) 多线联动控制线采用 NH-KVV-3×1.5mm² 铜芯耐火型聚氯乙烯绝缘聚氯乙烯护套控制电缆。

4) 消防应急广播线。

室内——采用ZR-BV-2×1.5 mm² 铜芯阻燃型聚氯乙烯绝缘电线或ZN-BV-2×1.5 mm² 铜芯阻燃耐火型聚氯乙烯绝缘电线。

室外——采用ZR-KVV-2×1.5 mm² 铜芯阻燃型聚氯乙烯绝缘聚氯乙烯护套控制电缆或ZN-KVV-2×1.5 mm² 铜芯阻燃耐火型聚氯乙烯绝缘聚氯乙烯护套控制电缆。

5) 消防电话线采用ZR-RVVP-2×1.5 mm² 铜芯阻燃型聚氯乙烯绝缘及护套屏蔽软电缆或ZN-RVVP-2×1.5 mm² 铜芯阻燃耐火型聚氯乙烯绝缘及护套屏蔽软电缆。

6) 火灾显示盘RS-485通信线。

室内——采用ZR-RVS-2×1.5 mm² 铜芯阻燃型聚氯乙烯绝缘双绞型软电线或ZN-RVS-2×1.5 mm² 铜芯阻燃耐火型聚氯乙烯绝缘双绞型软电线。

室外——采用ZR-RVVS-2×1.5 mm² 铜芯阻燃型聚氯乙烯绝缘及护套绞型软电缆或ZN-RVVS-2×1.5 mm² 铜芯阻燃耐火型聚氯乙烯绝缘及护套绞型软电缆。

7) 火灾显示盘电源线。

室内——采用NH-BV-2×1.5 mm² 的铜芯耐火型聚氯乙烯绝缘电线。

室外——电源主干线和室内桥架主干线宜采用NH-KVV-2×2.5mm² 铜芯耐火型聚乙烯绝缘聚氯乙烯护套控制电缆。

8) 信号线、电源线、多线联动控制线的布线要求参照《火灾自动报警系统设计规范》（GB 50116-2013）。

布线说明

信号线	ZR-RVS-2×1.5mm² 铜芯阻燃型聚氯乙烯绝缘双绞型软电线
消防应急广播线	ZR-BV-2×1.5mm² 铜芯阻燃型聚氯乙烯绝缘电线
电源线	NH-BV-2×1.5mm² 铜芯耐火型聚氯乙烯绝缘电线
消防电话线	ZR-RVVP-2×1.5mm² 阻燃型聚氯乙烯绝缘及护套屏蔽软电缆
火灾显示盘RS-485通信线+电源线	ZR-RVS-2×1.5mm² 铜芯阻燃型聚氯乙烯绝缘双绞型软电线 NH-BV-2×1.5mm² 铜芯耐火型聚氯乙烯绝缘电线
多线联动控制线	NH-KVV-3×1.5mm² 铜芯耐火型聚氯乙烯绝缘聚氯乙烯护套控制电缆
气体分区灭火控制线	ZR-BV-4×1.5mm² 铜芯阻燃型聚氯乙烯绝缘电线

图例说明

图例	名 称	型 号	图例	名 称
	模块接线箱(内含隔离模块及1个输出模块，每个隔离模块所接设备量不超过32点，输出模块供消防应急广播扬声器使用)		XFB	消防泵
GL	总线隔离模块(每个隔离模块所接设备量不超过32点)	GL-957	PLB	喷淋泵
	智能型感烟火灾探测器	JTY-GD-930	70℃	70℃防火阀(常开式，70℃关闭)
	智能型感温火灾探测器	JTW-ZD-920	280℃	280℃防火阀(常开式，280℃关闭)
JS	输入模块	JS-951	SFK	送风口
KZ	输出模块	KZ-953		水流指示器
KZJ	输入/输出模块	KZJ-956		报警信号阀
FZ-LD	多线联动终端负载	DX900-FZ		湿式报警阀
	手动报警按钮(带电话插孔)	J-SAP-M-962	SL	液位控制开关
	消火栓按钮(智能型)	J-SAP-M-963	PYJ	排烟风机
	警铃	LW5609	SFJ	送风机
	声光报警器(智能型)	SG-991	ZYJ	正压送风机
KA	中间继电器			事故照明配电箱(屏)
	消防应急广播扬声器(吸顶式)	SPK-X3W/4	JL	防火卷帘门
	消防应急广播扬声器(壁挂式)	SPK-B3W/4	DT	普通电梯（客梯）
	消防电话分机		POW	切非消防电
FSD	火灾显示盘	JB-FSD-982		气瓶电磁阀
QT	气体灭火控制装置	JB-QBL-QM300/4	P	气瓶压力报警阀
	紧急启/停按钮	QM-AN-965		
	气体释放警报器	QM-ZSD-02		
	手/自动转换盒	QM-MA-966		
H	家用火灾报警控制器	JB-QBL-HC809		
H	点型家用感烟火灾探测器	JTY-GD-HC132		

图5-39　某双塔高层建筑火灾自动报警系统设计说明（三）

工程案例——系统图（一）

图例说明

图例	名　称	型　号
	模块接线箱（内含隔离模块及1个输出模块，每个隔离模块所接设备不超过32点。输出模块供消防应急广播器等用）	GL-J957
	总线隔离模块（每个隔离模块所接设备不超过32点）	JTY-GD-930
	智能感烟式火灾探测器	JTW-ZD-P920
	智能感温式火灾探测器	JS-951
	输入模块	KZ-951
	输入输出模块	KZJ-956
	多线联动控制模块	DX900-4-FZ
	手动报警按钮（智能型）	J-SAP-M-9K2
	消火栓按钮（智能型）	J-SAP-M-9K3
	警铃	LW609
	声光报警器（智能型）	SG-991
	中间继电器	
	消防应急广播（嵌顶式）	SPS-A3W/4
	消防应急广播（壁挂式）	SPS-B3W/4
	消防电话分机	JB-FSD-98K2
	火灾显示盘	
	普通楼梯（备用）	
	切换消防电	
	消防泵	
	喷淋泵	
	70℃防火阀（常开式，70℃关闭）	
	280℃防火阀（常开式，280℃关闭）	
	送风口	
	水流指示器	
	信号阀	
	报警信号号阀	
	湿式报警阀	
	液体控制阀	
	送风机	
	正压送风机	
	事故照明电箱（屏）	
	紧急广播/音频屏	
	气体探测报警器	QM-AN-965
	气体探测报警器	QM-ZSD-02
	手动控制按钮	QM-AN-966
	气压检测器	
	家用火灾报警控制器	JB-QBL-HK809
	点型感温火灾探测器	JTY-GD-HK1132

布线说明

信号线	ZR-RVS-2×1.5mm²铜芯广播线
电源线	ZR-BV-2×1.5mm²铜芯阻燃型聚氯乙烯绝缘型聚氯乙烯绝缘软线
消防电话线	ZR-RVVP-2×1.5mm²铜芯阻燃型聚氯乙烯绝缘及护套屏蔽软电缆
火灾显示盘消防24-485通信线	ZR-RVS-2×1.5mm²铜芯阻燃型聚氯乙烯绝缘双绞型软电缆
多线联动控制线	NH-KVV-3×1.5mm²铜芯阻燃型聚氯乙烯绝缘双绞型软电缆
气体分区灭火控制线	ZR-BV-4×1.5mm²铜芯阻燃型聚氯乙烯绝缘聚氯乙烯绝缘软线

图5-40　某双塔高层建筑火灾自动报警系统图和气体灭火系统图

工程案例——系统图（二）

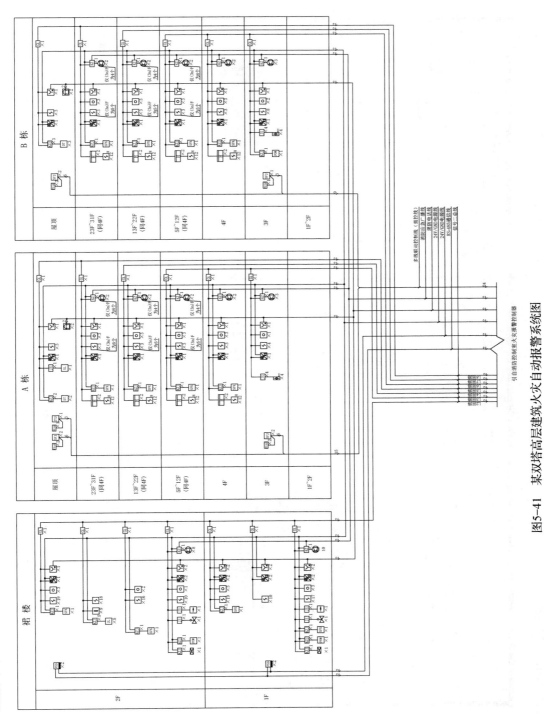

图5-41　某双塔高层建筑火灾自动报警系统图

火灾报警及消防联动系统施工（第3版）

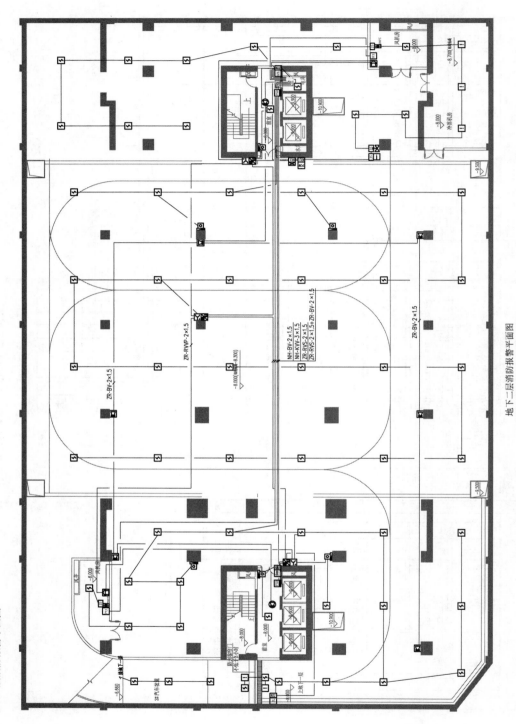

图5-42 某双塔高层建筑地下二层消防报警平面图

工程案例——地下二层消防报警平面图

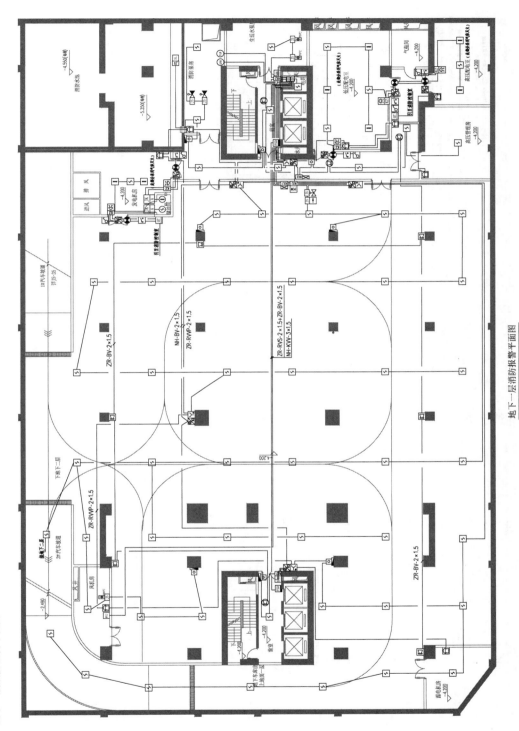

图5-43 某双塔层高层建筑地下一层消防报警平面图

工程案例——一层消防报警平面图

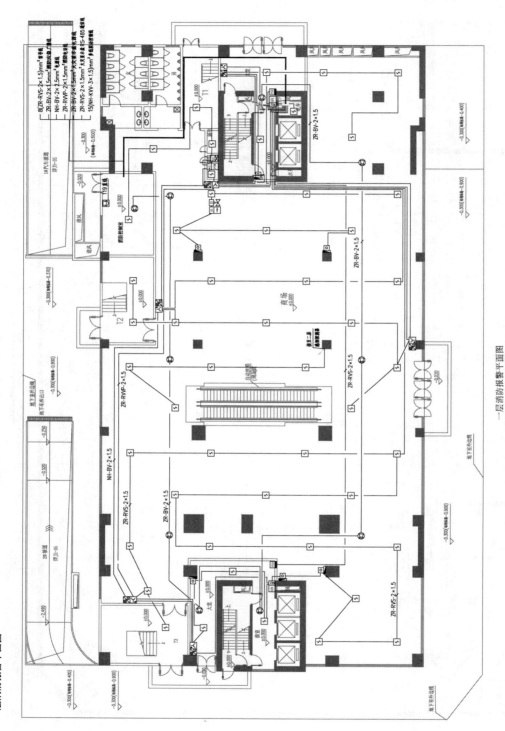

图5-44 某双塔高层建筑一层消防报警平面图

224

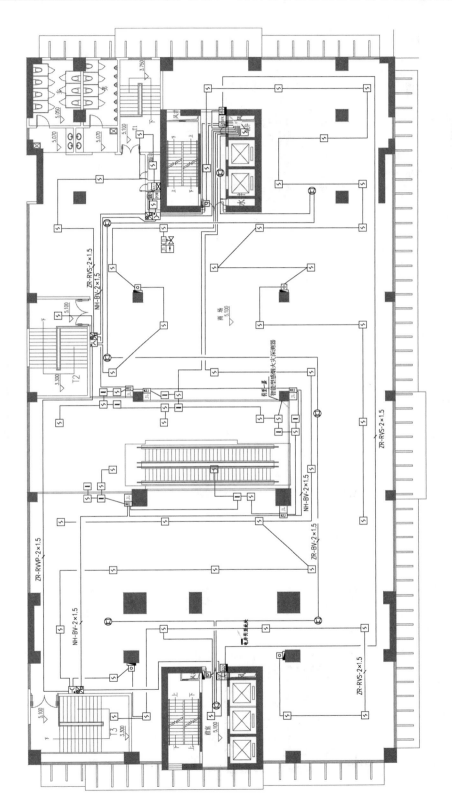

工程案例——二层消防报警平面图

二层消防报警平面图

图5-45　某双塔高层建筑二层消防报警平面图

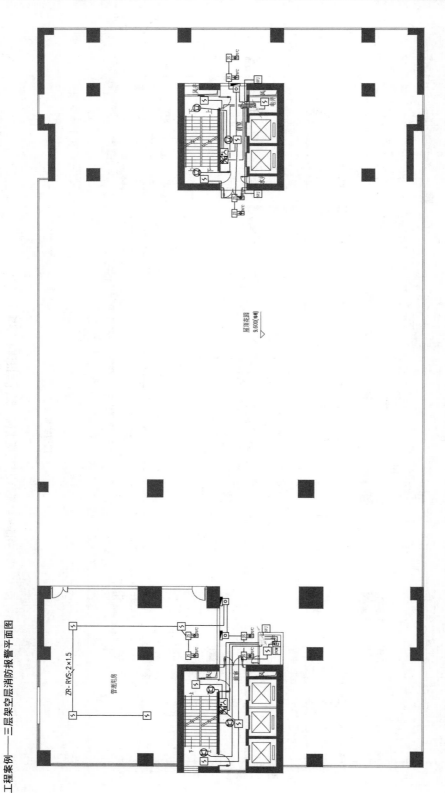

三层架空层消防报警平面图

某双塔超高层建筑三层架空层消防报警平面图

图5-46　某双塔超高层建筑三层架空层消防报警平面图

工程案例——三层架空层消防报警平面图

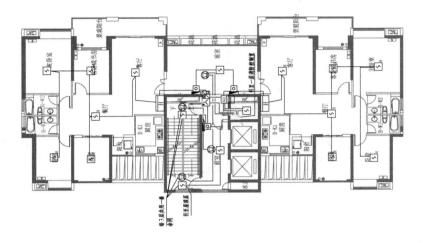

A栋 四至三十一层消防报警平面图

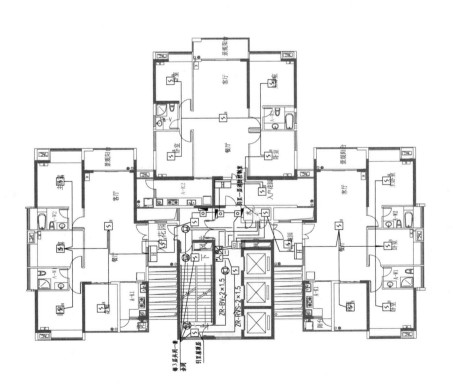

工程案例——四至三十一层消防报警平面图

B栋 四至三十一层消防报警平面图

图5-47　某双塔高层建筑四至三十一层消防报警平面图

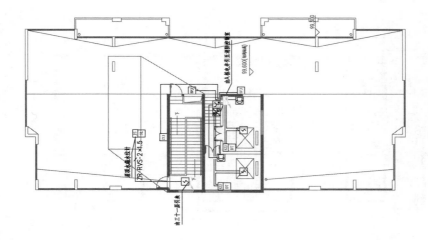

A栋 屋顶层消防报警平面图

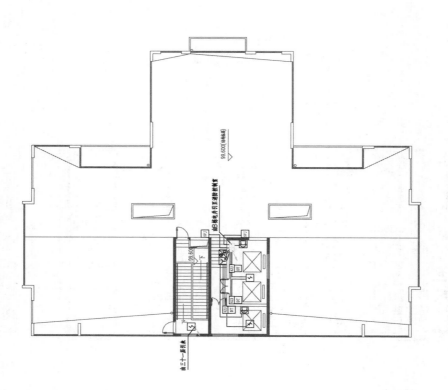

B栋 屋顶层消防报警平面图

工程案例——屋顶层消防报警平面图

图5-48 某双塔高层建筑屋顶层消防报警平面图

(3) 消防联动控制器的作用有哪些?

消防联动控制器通常与联动型火灾报警控制器一起使用,当主机处于自动状态时,联动信息由火灾报警控制器发出;当主机处于手动状态时,可手动启动联动设备,如排烟口、防火阀、消防应急广播、风机、水泵等。其中,手动联动部分含总线手动控制盘和多线联动控制盘。总线联动控制盘与火灾报警控制器相连,只需在火灾报警控制器中设置需要总线启动的设备即可;多线联动控制盘不仅与火灾报警控制器互相通信,还有专用端口,直接采用专线连接现场设备,如风机与水泵等。

(4) 消防应急广播主机的作用是什么?

消防应急广播主机的作用是在火警确认后,启动楼栋内的消防应急广播扬声器,指引人员疏散。

(5) 消防电话主机的作用是什么?

消防电话主机的作用是在出现火警时,现场与消防控制室进行通信。

(6) 消防电话系统的作用是什么?

消防电话系统的作用是通过119专线电话直接拨打报警平台(不属于火灾自动报警系统设备)。

(7) 图形显示装置的作用有哪些?

图形显示装置的作用是查询并显示监视区域中监控对象系统内各消防联动设备的物理位置和动态状态信息,此装置通过平面图直观地显示监控对象的状态信息,并且在出现火警时,其显示界面可直接跳转至设备所在的当前楼层及位置,方便消防控制室进行指挥作战。

(8) 气体灭火系统的组成是什么?

气体灭火系统的组成包括火灾探测器、声光报警器、气体释放警报器、紧急启/停按钮、手动报警按钮(带电话插孔)、气瓶电磁阀(用于启动气瓶阀和接收气瓶的压力反馈信息)等。

3. 系统图识读

根据系统图回答如下问题。

(1) 信号线由消防主机接口板引出,它主要接哪些设备?主要作用是什么?

信号线主要接智能型火灾探测器、消防模块(监视模块、控制模块)、家用火灾报警控制器、声光报警器(智能型)等智能型设备,其主要作用是接收现场智能型设备的反馈信息。

(2) 电源线由主机电源或消防专用直流电源引出,它主要接哪些设备?作用是什么?

电源线主要接输出型模块(输出模块、输入/输出模块、声光报警器、火灾显示盘等),其作用是输出24 V电压,保证现场设备的正常启动。

(3) 在消防规范中,当主机断电时,备用电源的工作时间至少为多长?

根据《火灾自动报警系统设计规范》(GB 50116—2013)的规定,消防主机在主电源断电的情况下,必须保证火灾自动报警系统和消防联动控制系统的蓄电池备用电源的工作时间至少为3 h。

(4) 消防电话线和消防应急广播线分别由消防电话主机和消防应急广播主机引出,在施工时,敷设消防电话线和消防应急广播线需要注意什么问题?

消防应急广播线和消防电话线需要单独穿管。当在室外时，应埋地敷设，宜采用阻燃耐火绞型电线电缆。在室内的传输线路应采用阻燃或阻燃耐火绞型电线电缆。

（5）在目前市场上，按布线模式分，火灾显示盘有哪几种类型？对线路敷设有何要求？

按布线模式分，火灾显示盘有采用RS-485通信线路进行通信和直接通过CAN总线进行通信两种类型。当采用RS-485通信线路进行通信时，每个设备需手拉手式连接，不宜分支过长，直接接入信号线的设备一般不受此限制，即可随意接入就近回路，还需要注意设备的可靠接地。

（6）在目前市场上，主机的联网模式主要有哪些？

根据总线协议分，主机的联网模式主要有总线（RS-485＼RS-232＼CAN等）联网模式和以太网联网（UDP/TCP/MODBUS）模式。

（7）总线隔离模块的作用有哪些？

总线隔离模块在火灾自动报警系统中起到保护作用，它本身可自动实现常开和常闭功能，当外部设备的线路出现短路或接地故障时，总线隔离模块会第一时间转换成断开状态，待线路恢复后，总线隔离模块会自动恢复，实现对火灾报警控制器的保护作用，不至于使回路主板受到损害。总线隔离模块安装在信号回路中。

（8）输入模块（JS-951）的作用有哪些？

输入模块（JS-951）用于接收开关量设备的信号，并将其信号反馈至消防联动控制器，如水流指示器、信号阀、压力开关等。

（9）输出模块的作用有哪些？

输出模块主要输出24 V电压，用于启动扬声器、警铃、普通型声光报警器等设备（只有启动信号，没有反馈信号）。

（10）输入/输出模块的作用有哪些？

输入/输出模块（控制型模块）主要用于控制现场设备的启动，并反馈其启动或停止信号，如切换非消防电源、火灾应急照明、防火卷帘门、电梯、送风口、排烟口等。

4. 平面图识读

1）统计设备数量

火灾自动报警系统、气体灭火系统、火灾自动报警主机配置（消防控制室部分）的设备数量统计分别如表5-9～表5-11所示。

表5-9　火灾自动报警系统的设备数量统计

序号	地下室/裙楼/楼栋 楼层	地下室与裙楼					A栋				B栋				合计
		地下二层	地下一层	一层	二层	小计	三层	四至三十一层	屋顶层	小计	三层	四至三十一层	屋顶层	小计	
1	火灾显示盘	2	2	2	2	8				0				0	8
2	总线隔离模块	3	4	3	4	14	1	28	1	30	1	28	1	30	74
3	智能型感烟火灾探测器	57	57	46	63	223	4	102	3	109	8	102	3	113	445
4	智能型感温火灾探测器	5			9	14				0				0	14
5	手动报警按钮（带电话插孔）	3	5	6	3	17	1	28	1	30	1	28	1	30	77

续表

序号	地下室/裙楼/楼栋 楼层	地下室与裙楼					A栋				B栋				合计
		地下二层	地下一层	一层	二层	小计	三层	四至三十一层	屋顶层	小计	三层	四至三十一层	屋顶层	小计	
6	声光报警器(智能型)	3	5	6	3	17	1	28	1	30	1	28	1	30	77
7	消火栓按钮(智能型)	6	8	4	6	24	1	84		85	2	84		86	195
8	消防电话分机	2	8			10			2	2			2	2	14
9	输出模块(接扬声器)	1	1	1	1	4	1	28		29	1	28		29	62
10	消防应急广播扬声器(吸顶式)	2	4	10	8	24	3	74		77	3	74		77	178
11	消防应急广播扬声器(壁挂式)	6	6			12				0				0	12
12	输入模块(接水流指示器)	1	1	1	1	4				0				0	4
13	输入模块(接信号阀)	1	1	1	1	4				0				0	4
14	输入模块(接湿式报警阀)		2			2				0				0	2
15	输入模块(接液位控制开关)		2			2			1	1				0	3
16	输入模块(接280℃防火阀)	2	1			3				0				0	3
17	输入模块(接70℃防火阀)		1			1	4			4	4			4	9
18	输入/输出模块(接防火卷帘门)	1				1				0				0	1
19	输入/输出模块(接送风口)	2	2	2	2	8		28		28		28		28	64
20	输入/输出模块(接火灾应急照明)	1	2	1	1	5				0				0	5
21	输入/输出模块(接非消防电源)	1	1	1	1	4				0	1			1	5
22	输入/输出模块(接普通电梯)					0			2	2			3	3	5
23	消防泵和喷淋泵		4			4				0				0	4
24	送风机	1				1	2		1	3	1		2	3	7
25	排烟风机	1	1			2				0				0	2
26	正压送风机								1	1				0	1
27	家用火灾报警控制器					0		56		56		56		56	112
28	点型家用感烟火灾探测器					0		336		336		336		336	672
	地址数	84	89	69	91	333	12	354	8	374	18	354	8	380	1087
	回路分配	1		1		2	3			3	3			3	8

表5-10　气体灭火系统的设备数量统计

序号	设备名称	发电机房	高/低压配电室	合计
1	智能型感烟火灾探测器	2	4	6
2	智能型感温火灾探测器	3	5	8
3	声光报警器（智能型）	2	3	5
4	手/自动转换盒	2	3	5
5	输出模块（接警铃）	1	2	3
6	警铃	2	3	5
7	气体释放警报器	2	2	4
8	紧急启/停按钮	2	3	5
9	输出模块+安全栅	2		2

表5-11　火灾自动报警主机配置（消防控制室部分）的设备数量统计

序号	设备名称	参数	单位	数量
1	火灾报警控制器(含主板、接口板、系统软件、打印机、主电源、备用电源)	8回路	台	1
2	消防控制室图形显示装置(含系统软件、打印机)		台	1
3	UPS电源(供图形显示装置)		台	1
4	多线联动控制单元	共15点	块	3
5	总线手动控制盘	128点	块	1
6	消防电话主机	总线20门	台	1
7	消防应急广播主机	500W	台	2
8	音源(MP3)		台	1
9	直流稳压电源(含电池)	20A	台	1

2）根据平面图回答如下问题

（1）简述本工程线路敷设需要注意的事项。

本工程线路敷设需要注意的事项有：消防电话线和消防应急广播线需独立穿管；线路尽量少穿越或不穿越承重墙或实心墙；线路敷设尽量采取最短路径；本工程的总线隔离模块和均位于模块箱处，需注意从模块箱到现场设备的回路线的敷设和消防应急广播线的敷设（每个总线隔离模块后面最多能接32个智能型设备）。

（2）根据平面图简述各设备的设置要求。

模块箱。模块箱内设有模块和接线端子，主要安装在楼层或防火分区的弱电井或弱电间处，方便对模块的集中管理。

各类模块。总线隔离模块位于模块箱，其他设备位于现场，靠近所监控的设备。

报警按钮类。手动报警按钮：每个防火分区应至少设置一个手动报警按钮，从一个防火分区内的任何位置到最近的手动报警按钮的步行距离应不大于30 m，手动报警按钮宜设置在疏散通道或出/入口处，壁挂式安装时其底边距地面高度宜为1.3～1.5 m，且应有明显的标志；消火栓按钮：设置在消火栓箱内或靠近消火栓箱处。

声光及广播声响类。声光报警器应设置在每层的楼梯口、消防电梯前室、建筑物内部拐角等处的明显部位，且不宜与安全出口指示灯设置在同一面墙上。当火灾报警控制器采用壁挂式安装时，其底边距地面高度应大于 2.2 m。民用建筑内消防应急广播扬声器应设置在走道和大厅等公共场所。每个扬声器的额定功率不应小于 3 W，其数量应能保证从一个防火分区内的任何位置到最近的一个扬声器的直线距离不大于 25 m，走道末端距最近的扬声器的距离应不大于 12.5 m。

家用火灾报警控制器。家用火灾报警控制器应独立设置在每户内，且应设置在明显和便于操作的部位。当采用壁挂式安装时，其底边距地面高度宜为 1.3～1.5 m。

点型家用感烟火灾探测器。每间卧室、起居室内应至少设置一只点型家用感烟火灾探测器。

家用可燃气体火灾探测器。使用可燃气体的用户应选择甲烷火灾探测器，使用液化气的用户应选择丙烷火灾探测器，使用煤气的用户应选择一氧化碳探测器；连接燃气灶具的软管及接头在橱柜内部时，火灾探测器宜设置在橱柜内部；甲烷火灾探测器应设置在厨房顶部，丙烷火灾探测器应设置在厨房下部，一氧化碳火灾探测器可设置在厨房下部，也可设置在其他部位。④可燃气体火灾探测器不宜设置在燃气灶具正上方。

声光报警器。声光报警器在保护区门口外面各设置一个。

警铃。警铃设置在保护区内，需要保证保护区内均能听到其警报信号，也可采用声光报警器替代。

气体释放警报器（放气指示灯）。气体释放警报器在保护区门口外面各设置一个。

紧急启/停按钮。紧急启/停按钮在保护区主要门口外各设置一个，主要为了方便人员操作。

手/自动转换盒。手/自动转换盒设置在主机旁边或保护区门口。

知识梳理与总结

1. 重点介绍火灾自动报警及消防联动控制系统施工图的组成和识读。要掌握火灾自动报警及消防联动控制系统的施工安装首先要能读懂施工图，了解火灾自动报警及消防联动控制系统设计的内容和程序，学会针对具体工程能够查阅相应规范、确定工程类别、防火等级等。施工图是施工过程的重要指导文件，读懂施工图才能进入施工安装阶段。

2. 通过火灾自动报警及消防联动控制系统的几种典型方案进一步讲述了火灾自动报警及消防联动控制系统的方案设计。学生经过几种典型方案的模拟学习，逐步掌握方案设计的方法技巧，以便具有独立的火灾自动报警及消防联动控制系统方案设计能力。

3. 通过对某书城工程案例的详细讲解，包括系统图和平面图的方案设计、设备选型和安装布线要求，使学生对工程的整体方案设计和设备选型有较全面的认识和体会。

复习思考题 5

1. 火灾自动报警及消防联动控制系统施工图主要包含哪些图纸？

2. 列举出与火灾自动报警及消防联动控制系统工程相关的 5 个设计施工规范。

3. 简述火灾自动报警系统和自动喷水灭火系统的动作过程，并画出系统工作原理框图。

4. 找出图 5-20 中所有元器件的图形符号，并说明是什么设备？

5. 依据本项目实训 3 中的某商用综合大厦火灾自动报警及消防联动控制系统图（见图 5-16），识读该大厦一层消防平面图（见图 5-18），并写出读图说明。

6. 火灾自动报警系统的施工图包括哪些内容？

7. 在火灾自动报警系统的方案设计阶段应注意什么问题？

8. 系统图、平面图表示了哪些内容？

9. 区域火灾报警控制器和集中火灾报警控制器的设计要求有哪些？

10. 已知某计算机房的房间高度为 8 m，地面面积为 15 m×20 m，房顶坡度为 14°，属于非重点保护建筑：（1）确定火灾探测器的种类；（2）确定火灾探测器的数量；（3）如何布置火灾探测器？

11. 已知某高层建筑规模为 40 层，每层为一个探测区域，每层有 45 只火灾探测器，20 个手动报警按钮，火灾自动报警系统中设有一台集中火灾报警控制器。试问：该系统中还应有什么其他设备？为什么？

12. 已知某综合楼为 18 层，每层有一台区域火灾报警控制器，每台区域火灾报警控制器所带设备为 30 个报警点，每个报警点安装一只火灾探测器，如果采用两线、总线制布线，则绘出的布线图会有何不同？

13. 探测区域与报警区域在方案设计的不同点是什么？

14. 火灾报警与事故报警方案设计如何体现不一样？

15. 简述总线隔离模块的功能在方案设计中的体现。

16. 在方案设计中，如何体现智能工作模式与经济工作模式的不同点？

项目6

气体灭火系统的应用

扫一扫看气体灭火系统的基本组成和工作原理微课视频

扫一扫看管网气体灭火系统的组成和工作原理微课视频

教学导航

扫一扫看气体灭火系统的控制器及联动原理微课视频

扫一扫看气体灭火系统的联动报警微课视频

教	知识重点	1. 气体灭火系统的分类； 2. 气体灭火系统的应用场所和新型气体灭火系统； 3. 气体灭火系统的工作原理和组成
	知识难点	1. 二氧化碳和七氟丙烷灭火系统的工作原理与联动控制； 2. 气体灭火系统的安装要点
	推荐教学方式	1. 强调气体灭火系统的使用场合； 2. 以问题进行牵引，通过动画和图片来学习本项目内容； 3. 动画讲解气体灭火系统的工作原理； 4. 通过几种典型的气体灭火系统联动范例掌握联动控制关系； 5. 结合典型的气体灭火系统工程实例讲解气体灭火系统的系统图和平面图； 6. 布置参观要求，让学生带着问题参观气体灭火系统的实际工程，参观气体灭火系统的几大组成部分
	建议学时	8 学时
学	推荐学习方法	本项目是本课程的重要内容之一，首先要了解气体灭火系统的应用场所和常用的灭火气体的特点，再以气体灭火系统的组成和工作原理为出发点，通过几种典型的气体灭火系统工程实例的学习来掌握气体灭火系统的方案设计、安装和接线
	必须掌握的理论知识	1. 气体灭火系统的分类、组成； 2. 二氧化碳和七氟丙烷气体灭火系统的工作原理与联动控制； 3. 气体灭火系统的安装要点
	必须掌握的技能	1. 独立完成气体灭火系统的方案设计； 2. 气体灭火系统设备的安装施工和现场指导； 3. 气体灭火系统的安装、接线施工图的识读

扫一扫看教学课件：气体灭火系统及其联动控制

6.1 气体灭火系统的工作原理与联动控制

6.1.1 气体灭火系统的分类

以气体作为灭火介质的灭火系统称为气体灭火系统。根据灭火介质的不同，气体灭火系统可分为卤代烷1211灭火系统、卤代烷1301灭火系统、二氧化碳灭火系统、新型惰性气体灭火系统、卤代烃类哈龙替代灭火系统、水蒸气灭火系统、细水雾灭火系统等。其中，二氧化碳灭火系统根据储存压力的不同又可分为高压二氧化碳灭火系统和低压二氧化碳灭火系统。

气体灭火系统按其对防护对象的保护形式可分为全淹没灭火系统和局部应用灭火系统两种形式；按其装配形式又可分为管网气体灭火系统和无管网气体灭火系统，管网气体灭火系统又可分为组合分配灭火系统和单元独立灭火系统。

1. 全淹没灭火系统

在规定时间内向保护区喷射一定浓度的灭火剂，并使其均匀地充满整个保护区的气体灭火系统称为全淹没灭火系统。卤代烷1301全淹没灭火系统，卤代烃类哈龙替代灭火系统中的七氟丙烷全淹没灭火系统，以及新型惰性气体灭火系统中的Kr-541全淹没灭火系统和细水雾全淹没灭火系统适用于经常有人的保护区；卤代烷1211全淹没灭火系统和高、低压二氧化碳全淹没灭火系统属于全淹没灭火系统的气溶胶灭火装置，适用于无人的保护区。

全淹没灭火系统适用于扑救封闭空间的火灾。全淹没灭火系统的灭火作用是基于在很短时间内使保护区充满规定浓度的气体灭火剂，并通过一定时间的浸渍而实现的。因此，要求保护区有必要的封闭性、耐火性和耐压、泄压能力。

2. 局部应用灭火系统

向保护对象以设计的喷射强度直接喷射灭火剂，并持续一定时间的气体灭火系统称为局部应用灭火系统。

目前，局部应用灭火系统在国内的应用仅限于二氧化碳局部应用灭火系统和细水雾灭火系统。

3. 管网气体灭火系统

通过管网向保护区喷射灭火剂的气体灭火系统称为管网气体灭火系统。

卤代烷1211和卤代烷1301可使用管网气体灭火系统，高、低压二氧化碳灭火系统、细水雾灭火系统、卤代烃类哈龙替代灭火系统和新型惰性气体灭火系统都可使用管网进行灭火剂的输送与火灾的扑救。但因气溶胶属于气固混合相，在技术上没有突破，故在通过国家质检中心检验之前不能用于管网输送系统。

4. 无管网气体灭火系统

按一定的应用条件将灭火剂储存容器和喷嘴等部件预先组装起来的成套气体灭火系统称为无管网气体灭火系统，又称预制灭火系统。

5. 组合分配灭火系统

用一套灭火剂储存装置,通过选择阀等控制组件来保护多个保护区的气体灭火系统称为组合分配灭火系统。

在气体灭火系统设计中,对于两个或两个以上的保护区往往采用组合分配灭火系统。为保证系统的安全、可靠,一方面要确保每个保护区的灭火剂用量都能达到设计用量的要求(灭火剂的设计用量由灭火剂用量多的保护区确定);另一方面要注意,一个组合分配灭火系统所保护的保护区数目不宜过多。当保护区数目超过一定数值时,应配置备用气体灭火系统。当一个卤代烷1211或卤代烷1301组合分配灭火系统的保护区数目超过8个,或者一个二氧化碳组合分配灭火系统的保护区或保护对象数目为5个及以上时,应配置备用气体灭火系统,灭火剂的备用量应不小于设计用量。

6. 单元独立灭火系统

只用于保护一个保护区的气体灭火系统称为单元独立灭火系统。

6.1.2 气体灭火系统的工作原理和组成

虽然气体灭火系统有不同的种类和不同的系统实现形式,但它们的工作原理和组成是大致相同的。考虑到卤代烷灭火系统最终将被替代,且其相应的替代品和替代技术尚无国家强制执行的设计规范和验收规范,这里就以高压二氧化碳管网式灭火系统为例介绍气体灭火系统的工作原理和组成。

1. 气体灭火系统的工作原理

高压二氧化碳管网式灭火系统的工作程序如图6-1所示。

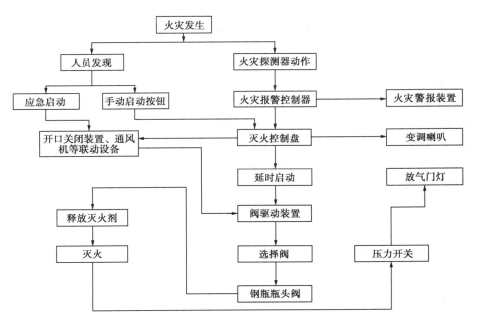

图6-1 高压二氧化碳管网式灭火系统的工作程序

当采用气体灭火系统保护的保护区发生火灾时，火灾探测器将燃烧产生的温、烟、光等转变成电信号输入火灾报警控制器，经火灾报警控制器鉴别确认后启动火灾警报装置，发出火灾声光报警信号，并将信号输入灭火控制盘。灭火控制盘启动开口关闭装置、通风机等消防联动设备，并经延时启动阀驱动装置，同时打开选择阀和灭火剂储存钢瓶，释放灭火剂至保护区进行灭火。当灭火剂释放时，压力信号器可给出反馈信号，通过灭火控制盘发出释放灭火剂的声光报警信号。二氧化碳组合分配式全淹没灭火系统如图6-2所示，当保护区1发生火灾时，启动钢瓶1打开1号灭火剂储存钢瓶进行灭火；当保护区2发生火灾时，启动钢瓶2打开1、2、3号灭火剂储存钢瓶进行灭火。

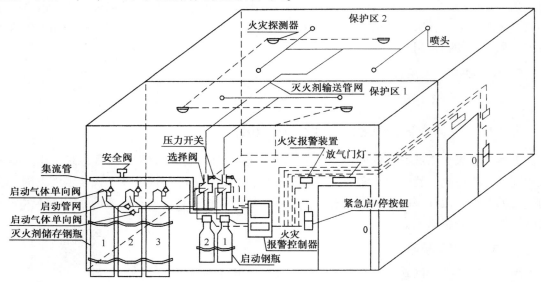

图6-2　二氧化碳组合分配式全淹没灭火系统

当系统处于手动操作状态时，人员发现火灾后应启动手动启动按钮，通过灭火控制盘释放灭火剂。如果火灾自动报警系统或其供电系统发生故障，则应采取应急启动方式，直接启动阀驱动装置释放灭火剂。

二氧化碳灭火剂主要通过稀释氧浓度、窒息燃烧和冷却等物理作用灭火，可以较快地将有焰燃烧扑灭，但所需的灭火剂浓度高。二氧化碳在空气中的含量达到15%以上时能使人窒息死亡；达到30%～35%时能使一般可燃物质的燃烧逐渐窒息；达到43.6%时能抑制汽油蒸气和其他易燃气体的爆炸。卤代烷1301灭火剂和卤代烷1211灭火剂的灭火机理主要是通过溴、氟等卤素氢化物的化学催化作用与化学净化作用大量捕捉、消耗火焰中的自由基，抑制燃烧的链式反应，迅速将火焰扑灭。因此，卤代烷灭火剂对扑灭有焰燃烧非常有效，所需的灭火剂浓度低，灭火速度快。

2. 气体灭火系统的组成

二氧化碳灭火系统一般为管网气体灭火系统。管网气体灭火系统由灭火剂储存钢瓶、容器阀、高压软管、液体单向阀、气体单向阀、集流管、安全阀、选择阀、压力开关、输送灭火剂的管网及其附件、喷嘴、启动钢瓶、固定支架和火灾自动报警系统中的火灾探测器、火灾报警控制器、灭火控制盘、声光报警器、放气门灯、紧急启/停按钮等组成。二氧化碳单

元独立式全淹没灭火系统如图6-3所示。

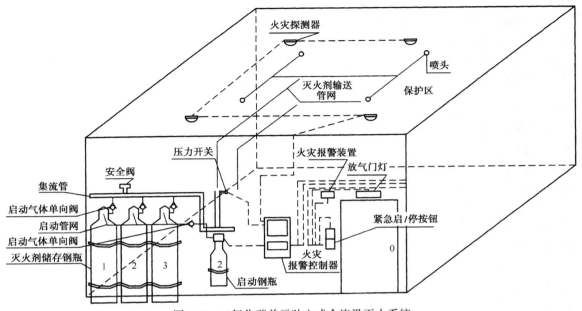

图6-3 二氧化碳单元独立式全淹没灭火系统

1）灭火剂储存钢瓶

高压二氧化碳管网式灭火系统的灭火剂储存钢瓶的储存压力均为5.17 MPa，材质为无缝钢，它由灭火剂及其储存容器（钢瓶）、容器阀等组成，用于储存灭火剂和控制灭火剂释放。

2）容器阀

容器阀（瓶头阀）具有平时封闭钢瓶、火灾时释放灭火剂的作用。此外，还能通过它充装灭火剂和安装防爆安全阀。

瓶头阀上主要包括充装阀（截止阀或止回阀）、释放阀（截止阀或闸刀阀）和安全膜片3部分。按其开启方式，二氧化碳灭火系统的瓶头阀分为气动瓶头阀、机械式闸刀瓶头阀、电爆瓶头阀、气动闸刀式瓶头阀、气动活门式瓶头阀5种结构形式。

（1）气动瓶头阀。气动瓶头阀由启动钢瓶提供的启动气体通过操纵管进入阀体才能开启，因此还必须与先导阀和电磁阀配合使用。平时，电磁阀关住启动钢瓶中的高压气体，火灾报警控制器在接收火灾信号后发出信号使电磁阀动作。这时，启动钢瓶中的高压气体便先后开启先导阀和安装在二氧化碳钢瓶上的气动瓶头阀，使二氧化碳释放。

（2）机械式闸刀瓶头阀。当机械式闸刀瓶头阀开启时，只需将手柄上的钢丝绳牵动，闸刀杆便旋入并切破工作膜片，释放二氧化碳。气动活塞开启机械式闸刀瓶头阀的操纵系统：拉环与活塞杆连接在一起，当气动活塞移动时，带动拉环移动，从而牵动钢丝绳，实现开启二氧化碳钢瓶的动作。

（3）电爆瓶头阀。电爆瓶头阀平时处于关闭状态。当其通电时，阀体内雷管爆炸推动气动活塞，使活塞杆旋转带动活塞而开启。因雷管涉及爆炸品，一般不宜使用。

（4）气动闸刀式瓶头阀。气动闸刀式瓶头阀利用铜作膜片将灭火剂封闭于钢瓶，当发生火灾时，启动钢瓶释放的高压气体由其上部的进气接头导入，迫使气动活塞下移，并带动闸刀扎破铜膜片，瓶内灭火剂即可经排放接头进入灭火剂输送管网。

（5）气动活门式瓶头阀。气动活门式瓶头阀采用背压活门，由软质材料密封。当发生火灾时，启动钢瓶释放的高压气体由其上部的进气接头导入，迫使气动活塞下移并推开阀杆活门，释放灭火剂。

3）选择阀

在组合分配灭火系统中，选择阀是用来控制灭火剂的流向，使灭火剂能通过管网释放至预定保护区或保护对象的阀门。选择阀和保护区一一对应。

选择阀的种类按启动方式分为电动式和气动式两种。电动式采用电磁先导阀或直接采用电动机开启；气动式则是利用启动气体的压力推动汽缸中的活塞将选择阀开启的。

由于选择阀平时处于关闭状态，因此在灭火时，选择阀应在瓶头阀开启之前开启，或者与瓶头阀同时开启。无论采用哪种开启方式，选择阀均应设有手动操作机构，以便在系统自动控制失灵时仍能将选择阀打开。

4）压力开关

压力开关可以将压力信号转换成电信号，一般设置在选择阀后，以判断各部位的动作正确与否。虽然有些阀本身带有动作检测开关，但压力开关检测各部件的动作状态最为可靠。另外，压力开关的动作信号可作为放气门灯的启动信号。

5）安全阀

安全阀一般设置在储存容器的瓶头阀上和组合分配灭火系统中的集流管部分。在组合分配灭火系统的集流管部分，由于选择阀平时处于关闭状态，在瓶头阀的出口端至选择阀的进口端之间形成一个封闭的空间，因此在此空间内容易形成一个危险的高压区。为防止储存容器发生误喷射，在集流管末端应设置一个安全阀或泄压装置，当压力值超过规定值时，安全阀自动开启泄压以保证系统安全。

6）喷嘴

喷嘴安装在管网的末端，是用来向保护区喷洒灭火剂，同时控制灭火剂的流速和喷射方向的组件，它是气体灭火系统的一个关键组件。

7）输送灭火剂的管网及其附件

二氧化碳灭火系统中输送灭火剂的管网及其附件主要有高压软管、液体单向阀、气体单向阀、集流管启动管网、灭火剂输送管网和各种管网连接部件等。

高压软管是连接瓶头阀与集流管的重要部件，它允许储存容器与集流管之间的安装存在一定的误差。另外，由于它上部带有止回阀，可以防止无关的灭火剂储存钢瓶误喷。气体单向阀主要用于控制启动气体的流向，以保证打开对应的灭火剂储存钢瓶。集流管是用于汇集多个灭火剂储存钢瓶所释放的灭火剂。灭火剂输送管网及其连接部件主要用于将灭火剂输送至指定的保护区。

8）气体火灾报警控制系统

气体火灾报警控制系统主要由火灾探测器、信号输入模块、联动控制模块、声光报警

器、变调喇叭、放气门灯、紧急启/停按钮、火灾报警控制器和灭火控制盘、电源等组成。

　　火灾探测器主要用于探测保护区内的各种火灾参数，它可以是感烟、感温、感光、可燃气体、复合型火灾探测器。在实际应用时，往往是将上述几种火灾探测器组合使用。信号输入模块用于将与气体灭火系统有关的动作信号（压力开关信号、称重检漏装置的报警信号等）转换成电信号，以便在火灾报警控制器上显示。联动控制模块用于控制防火门、窗等开口部位的关闭，非消防电源的切断，可燃液体、蒸气输送管网的切断等。声光报警器和变调喇叭用于提醒现场人员赶紧撤离并通知保卫人员火灾发生的区域。放气门灯用于提醒现场人员该保护区正在喷射灭火剂，严禁入内。紧急启动按钮是保护区内的现场人员在确认火灾发生后现场启动气体灭火系统的操作装置。紧急停止按钮是中断自动控制信号的操作装置，在紧急启动按钮动作后或灭火剂释放后，此按钮是无效的。火灾报警控制器的作用见本书项目2的相关内容。灭火控制盘用于控制不同保护区对应的启动装置、消防联动设备等，一个保护区对应灭火控制盘上的一个单元。整个气体灭火系统的电源应为消防电源。

6.1.3　二氧化碳灭火系统的联动控制

1. 联动控制的内容

　　二氧化碳灭火系统的联动控制包括火灾报警显示、灭火介质的自动释放灭火，切断保护区的送、排风机，关闭门、窗等。

　　火灾报警由安置在保护区的火灾报警控制器来实现。灭火介质的自动释放同样由火灾探测器控制电磁阀来实现。二氧化碳灭火系统中设置两路火灾探测器（感烟、感温），由两路信号的"与"关系经大约30 s的延时自动释放灭火介质。联动控制关系灭火效果的好坏，是保护人身、财产安全的重要措施。

2. 联动控制的过程

　　下面以二氧化碳灭火系统（见图6-4）的联动控制为例介绍气体灭火系统中联动控制的过程。

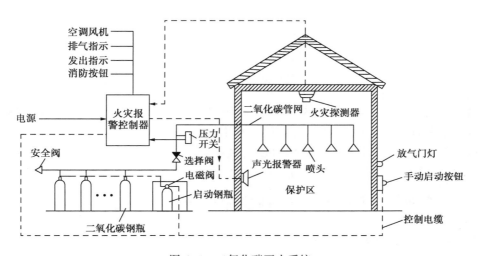

图6-4　二氧化碳灭火系统

由图 6-4 可以看出，当发生火灾时，保护区的火灾探测器探测到火灾信号后或由报警按钮发出火灾信号驱动火灾报警控制器，发出火灾声光报警信号，同时发出指示控制信号，开启二氧化碳钢瓶启动钢瓶上的电磁阀，开启二氧化碳钢瓶，灭火介质自动释放并快速灭火。与此同时，火灾报警控制器发出联动控制信号，停止空调风机、关闭防火门等，并延时一定的时间，待人员撤离后发送信号关闭房间；还应发出火灾声光报警信号，待二氧化碳释放后，火灾报警控制器发出指示，使置于门框上方的放气指示灯点亮。火灾扑救后，火灾报警控制器发出排气指示，说明灭火过程结束。

二氧化碳管网上的压力由压力开关（传感器）监测，一旦压力不足或过大，火灾报警控制器将发出指示，通过开大或关小二氧化碳钢瓶来增大或减小管网中的二氧化碳压力。二氧化碳释放过程的自动控制如图 6-5 所示。

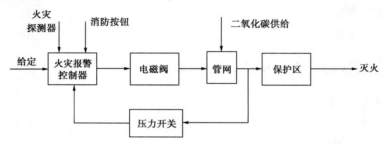

图 6-5　二氧化碳释放过程的自动控制

二氧化碳灭火系统中的手动控制也是十分必要的。当发生火灾时，用手直接开启二氧化碳瓶头阀，或者拉动放气开关，即可释放二氧化碳灭火。放气开关一般装在房间门口附近墙上的一个玻璃面板箱内，当发生火灾时，将玻璃面板击破就能拉动开关，释放二氧化碳气体，实现快速灭火。二氧化碳释放过程的手动控制如图 6-6 所示。

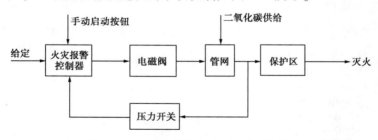

图 6-6　二氧化碳释放过程的手动控制

装有二氧化碳灭火系统的保护区（变电所或配电室）一般都在门口加装选择开关，可就地选择自动或手动操作方式。当有工作人员进入并在里面工作时，为防止意外事故，即避免有工作人员在里面工作时喷出二氧化碳影响健康，必须在进入之前把选择开关转到手动位置，离开时在关门之后复归自动位置。同时为了避免无关人员乱动选择开关，宜用钥匙型转换开关。

6.1.4　气体灭火系统的应用场所和新型气体灭火系统

1. 气体灭火系统的应用场所

气体灭火系统适用于不能采用水或泡沫灭火的场所。

一个具有火灾危险的场所是否需用气体灭火系统防护可依据国家现行的《建筑设计防火规范》[GB 50016—2009（2018 年版）]、《人民防空工程设计防火规范》[GB 50098—2009]的有关规定，并结合下述基本原则进行考虑：一是该场所要求使用不污染保护区的"清洁"灭火剂；二是该场所有电气火灾危险，要求使用不导电的灭火剂；三是该场所有贵重的设备、物品，要求使用能够迅速灭火的高效灭火剂；四是该场所不宜或难以使用其他类型的灭火剂。

二氧化碳灭火系统可用于扑救下列火灾：灭火前可切断气源的气体火灾；液体火灾或石蜡、沥青等可融化的固体火灾；固体表面火灾和棉花、织物、纸张等部分固体深位火灾；电气火灾。二氧化碳灭火系统不得用于扑救下列火灾：硝化纤维、火药等含氧化剂的化学制品火灾；钾、钠、镁、钛等活泼金属火灾；氢化钾、氢化钠等金属氢化物火灾。

2. 新型气体灭火系统

由于卤代烷灭火剂的排放将导致地球大气臭氧层的破坏，危及人类生存的环境，1987 年在伦敦由 57 个国家共同签订的《蒙特利尔破坏臭氧层物质管制议定书》决定停止生产和使用氟利昂、卤代烷和四氯化碳。我国于 1991 年 6 月加入《蒙特利尔破坏臭氧层物质管制议定书》（修正案）缔约国行列，决定停止生产卤代烷 1211、卤代烷 1301 灭火剂，逐步采用新型气体灭火系统。

1）卤代烃类哈龙替代灭火系统

我国使用较多的卤代烃类哈龙替代灭火系统是七氟丙烷（HFC-227ea）灭火系统。七氟丙烷灭火剂不导电、不破坏大气臭氧层，在常温下可加压液化，在常温、常压条件下全部挥发，灭火后无残留物。七氟丙烷灭火系统属于全淹没灭火系统，可扑救 A 类（表面火）、B 类、C 类和电气火灾，可用于保护经常有人的场所。

七氟丙烷灭火系统的灭火原理为化学和物理共同作用，在火灾的类型、规模、喷放时间相同的条件下，扑救 A 类火灾的最小设计浓度高于卤代烷 1301 灭火系统，为 7.5%（体积百分比）。在灭火时，灭火剂本身的分解产物氟化氢（HF）的浓度也高于卤代烷 1301。

用于组合分配灭火系统的七氟丙烷灭火系统的关键部件的配置应满足相应的系统设计要求。

2）新型惰性气体灭火系统

新型惰性气体灭火系统主要包括 IG-541、IG-55、IG-01、IG-100 惰性气体灭火系统。在我国常用的只有 IG-541 固定灭火系统。

IG-541 灭火剂是由氮气（N_2，52%）、氩气（Ar，40%）和二氧化碳（CO_2，8%）3 种气体组成的无色、无味、无毒的混合气体，不破坏大气臭氧层，对环境无任何不利影响，不导电，灭火过程洁净，灭火后无残留物。IG-541 灭火系统属于全淹没灭火系统，适用于扑救 A 类、B 类、C 类和电气火灾，可用于保护经常有人的场所。

IG-541 惰性气体灭火系统是通过降低燃烧物周围的氧气浓度的物理作用来实现灭火的。该系统扑救 A 类火灾的最小设计浓度为 36.5%，储存压力为 15 MPa、20 MPa，属于高压系统。该系统对灭火剂的气体配比，灭火剂储存钢瓶、管网、阀门、喷嘴、储瓶间，以及周围环境、温度要求严格，系统的设备制造和安装工艺相对复杂。

3）低压二氧化碳灭火系统

对于大型保护场所，低压二氧化碳灭火系统较高压二氧化碳灭火系统占地面积小，便于安装和维护保养。低压二氧化碳灭火系统属于全淹没灭火系统，适用于扑救A类、B类、C类和电气火灾，不可用于保护经常有人的场所。

低压二氧化碳灭火系统的制冷系统和安全阀是关键部件，必须具备极高的可靠性。

二氧化碳灭火系统在释放过程中，由于有固态 CO_2（干冰）存在，因此使保护区的温度急剧降低，可能会对精密仪器、设备有一定影响。

二氧化碳灭火系统对释放管网和喷嘴选型有严格的要求，若设计、施工不合理，则会因释放过程中产生的大量干冰阻塞管网或喷嘴而造成事故。

4）细水雾灭火系统

细水雾灭火系统使用高压或气流将流过喷嘴的水变成极细的水滴。它以冷却、窒息的原理灭火。细水雾具有良好的电绝缘性，对环境无污染，可以降低火灾中烟气的含量和毒性。

细水雾灭火系统对A类物质的深位火灾和有遮挡的火灾仅能起到控火作用。

5）气溶胶灭火系统

气溶胶灭火系统按产生气溶胶的方式可分为热气溶胶灭火系统和冷气溶胶灭火系统。目前，国内工程上应用的气溶胶灭火系统都属于热气溶胶灭火系统，冷气溶胶灭火系统尚处于研制阶段，无正式产品。热气溶胶灭火系统以负催化、窒息等原理灭火。气溶胶与新型惰性气体灭火系统和卤代烃类哈龙替代灭火系统不同，残留物的性质也不相同。热气溶胶灭火系统属于全淹没灭火系统，适用于变配电室、发电机房、电缆夹层、电缆井、电缆沟等无人、相对封闭、空间较小的场所，适用于扑救生产、储存柴油（35号柴油除外）、重油、润滑油等丙类可燃液体的火灾和可燃固体物质表面的火灾。

气溶胶灭火系统不能用于保护经常有人的场所，不能用于保护易燃、易爆场所。气溶胶属于气固混合物，在技术上没有突破，且在通过国家质检中心型式检验之前不能用于管网气体灭火系统。气溶胶灭火后的残留物对精密仪器、设备会有一定影响，目前在技术上没有解决该问题，且没有通过国家质检中心型式检验的固定装置不能用于保护此类场所。

6.2 气体灭火系统的安装

扫一扫看教学课件：气体灭火系统方案设计

1. 气体灭火系统的安装说明和配线

1）气体灭火系统的安装说明

（1）气体灭火系统的主要组件。

气体灭火系统一般由气体灭火控制器、感烟/感温火灾探测器、警铃、声光报警器、手动/自动转换开关、现场紧急启/停盒、放气指示灯、灭火剂储存钢瓶、液体单向阀、集流管、选择阀、压力反馈信号器、管网和喷嘴，以及启动钢瓶组成。气体灭火控制器是一种常用的灭火控制设备，用于高/低压二氧化碳、七氟丙烷、泡沫、气溶胶和其他替代哈龙（卤代烷）灭火系统，在气体灭火系统中起保护区报警和气体灭火控制的作用。多区（2区）气体灭火控制器在气体灭火系统中的应用如图6-7所示。

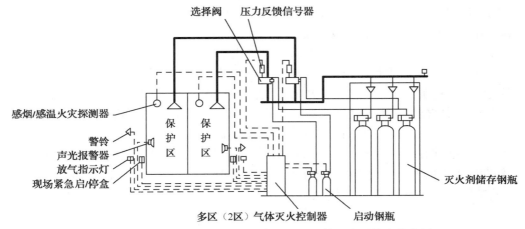

图6-7　多区（2区）气体灭火控制器在气体灭火系统中的应用

（2）气体灭火系统使用场所的选择。

气体灭火系统保护的主要场所有发电机房、配电房、计算机房、结算中心、数据库房、档案库房、贵重物品库和电信业的交换机房、传输机房、数据通信机房、测量室、网管中心、无线机房、电源室，以及电力行业的电力调度室、电力控制中心等。火灾类别主要属于电气火灾和A类火灾。由于电气问题而引发的火灾的初期往往产生较大的烟雾，所以选用良好的感烟火灾探测器来进行早期火灾的探测是十分必要的。

对建筑物内气体灭火系统的选择应考虑下列原则。

① 应遵循环保的要求，尽可能不选用卤代烷灭火系统。

② 应尽可能选择对保护区内人员和物品损害少的气体灭火系统。

③ 要便于管理，日常维护方便。

④ 综合经济性好。

⑤ 应考虑在灭火失败后的后续灭火手段。

⑥ 应做到一用一备或一用二备。

⑦ 要简单、可靠、轻便，灭火效能尽可能高。

⑧ 要考虑选用快速响应的探测系统，以确保早期探测的灵敏可靠。

⑨ 设计时要注意与结构、工艺、暖通、电气各专业的沟通，确保保护区能满足气体灭火系统的设计要求。

（3）气体灭火系统的安全措施。

① 设置气体灭火系统的保护区内应设置疏散通道和安全出口，使人员能在30s内撤离保护区。

② 保护区内的疏散通道与出口应设置火灾应急照明和疏散指示标志。保护区内应设置火灾和灭火剂释放的声报警器，并在每个入口处设置光报警器和已采用气体灭火系统防护的标志。

③ 保护区的门应向外开启并能自行关闭，疏散通道出口的门必须能从保护区内打开。

④ 用来保护经常有人的保护区的气体灭火系统在有人时要将系统置于手动操作状态。

⑤ 灭火后的保护区应通风换气，地下保护区和无窗或固定窗扇的地上保护区，以及地

下储瓶间应设置机械排风装置，排风口宜设在保护区下部并直通室外。

⑥ 设有气体灭火系统的建筑物宜设置专用的空气呼吸器或氧气呼吸器。

⑦ 设置在有爆炸危险场所内的气体灭火系统应设置防静电接地装置。

（4）气体灭火系统的动作过程。

当气体灭火控制器接收到感烟火灾探测器报警时，发出预火警声光报警信号。同时，保护区内的声光报警器发出声光报警信号，以提醒人员迅速撤离现场，继而联动防/排烟设备，关闭门、窗、风机、防火阀等。在感温火灾探测器报警且感烟火灾探测器持续报警并延迟30 s后，灭火剂储存钢瓶启动，靠气体打开储存容器的瓶头阀和管网上的选择阀（分配阀），储存容器里的气体通过管网向保护区喷洒。同时，联动控制柜切断非消防电源，关闭空调，鸣响警铃。管网压力变化使压力开关动作，同时使保护区、储瓶间的放气指示灯点亮。

2）气体灭火控制器的安装配线

气体灭火控制器的生产厂家不同，其产品也不同，但它们的基本功能是一致的。气体灭火控制器通常分为单区、2 区、4 区等系列，用户根据需要进行选取，外形一般为壁挂式。下面以深圳市赋安安全系统有限公司的 JK-QB-AFN90（以下简称 AFN90）型产品为例进行讲解。

（1）气体灭火系统的构成（见图6-8）。

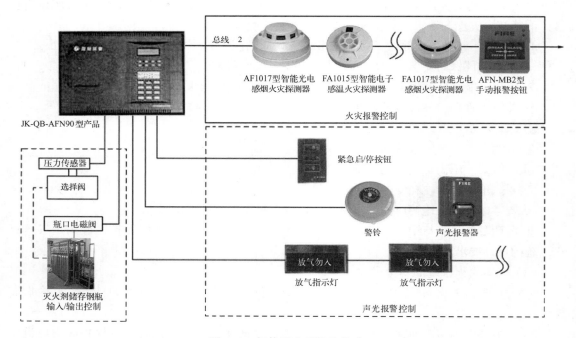

图6-8　气体灭火系统的构成

（2）单区、4 区 AFN90 型产品的安装尺寸和外形尺寸分别如图6-9 和图6-10 所示。

（3）单区、4 区 AFN90 型产品的接线端子分别如图6-11 和图6-12 所示。单区、4 区 AFN90 型产品的接线端子说明分别如表6-1 和表6-2 所示。

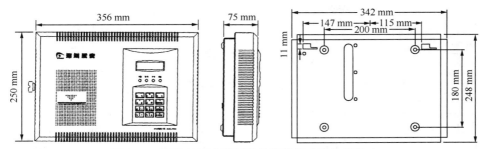

图 6-9 单区 AFN90 型产品的安装尺寸和外形尺寸

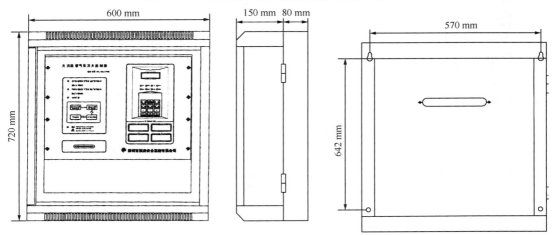

图 6-10 4 区 AFN90 型产品的安装尺寸和外形尺寸

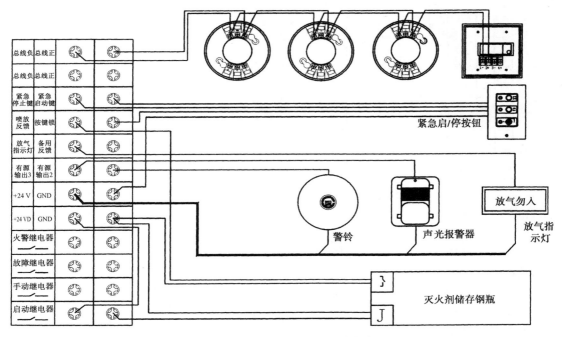

图 6-11 单区 AFN90 型产品的接线端子

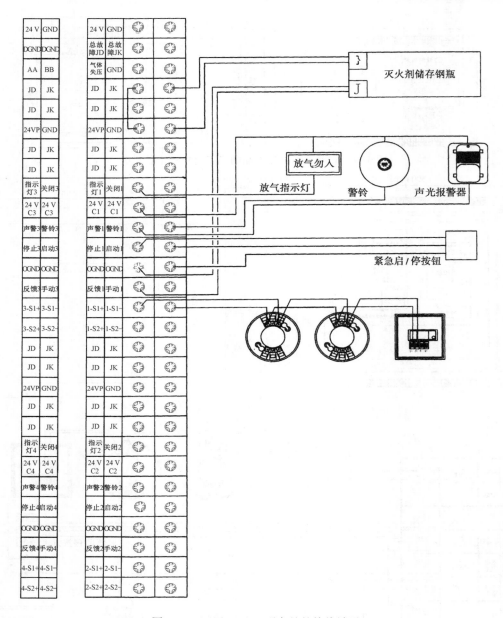

图6-12 4区AFN90型产品的接线端子

表6-1 单区AFN90型产品的接线端子说明

接线端子标记		接线端子说明
总线负1	总线正1	接火灾探测器总线
总线负2	总线正2	
紧急停止	紧急启动	紧急启/停
喷放反馈	按键锁	反馈输入
放气指示灯	备用反馈	放气指示、备用输入

续表

接线端子标记		接线端子说明
有源输出3	有源输出2	有源输出：警铃2；声警3
+24 V	GND	不可复位
+24 VC	GND	可复位
火警继电器		火警输出
故障继电器		故障输出
手动继电器		手动输出
启动继电器		喷放输出

表6-2 4区AFN90型产品的接线端子说明

接线端子标记	接线端子说明	接线端子标记	接线端子说明
24 V	电源24 V	GND	电源地
总故障JD	总故障继电器	总故障JK	总故障继电器
气体失压	气体失重	GND	反馈地
1启动JD	1区喷放继电器	1启动JK	1区喷放继电器
1火警JD	1区火警继电器	1火警JK	1区火警继电器
24VP	电源24 V	GND	电源地
1指示JD	1区放气指示继电器	1指示JK	1区放气指示继电器
1手动JD	1区手/自动状态输出	1手动JK	1区手/自动状态输出
指示灯1	1区放气指示	关闭1	1区封闭输出
24 VC1	1区可复位电源正	24 VC1	1区可复位电源正
声警1	1区声光报警器	警铃1	1区警铃
停止1	1区紧急停止按钮	启动1	1区紧急启动按钮
0GND	反馈公共地	0GND	反馈公共地
反馈1	1区喷放反馈	手动1	1区手动输入
1-S1+	总线正	1-S1-	总线负
1-S2+	总线正	1-S2-	总线负
2启动JD	2区喷放继电器	2启动JK	2区喷放继电器
2火警JD	2区火警继电器	2火警JK	2区火警继电器
24VP	电源24 V	GND	电源地
2指示JD	2区放气指示继电器	2指示JK	2区放气指示继电器
2手动JD	2区手/自动状态输出	2手动JK	2区手/自动状态输出
指示灯2	2区放气指示	关闭2	2区封闭输出
24VC2	2区可复位电源正	24VC2	2区可复位电源正
声警2	2区声光报警器	警铃2	2区警铃
停止2	2区紧急停止按钮	启动2	2区紧急启动按钮
0GND	反馈公共地	0GND	反馈公共地
反馈2	2区喷放反馈	手动2	2区手动输入
2-S1+	总线正	2-S1-	总线负
2-S2+	总线正	2-S2-	总线负
24 V	电源24 V	GND	电源地

续表

接线端子标记	接线端子说明	接线端子标记	接线端子说明
DGND	电源地	DGND	电源地
AA	RS-485 通信口	BB	RS-485 通信口
3 启动 JD	3 区喷放继电器	3 启动 JK	3 区喷放继电器
3 火警 JD	3 区火警继电器	3 火警 JK	3 区火警继电器
24VP	电源 24 V	GND	电源地
3 指示 JD	3 区放气指示继电器	3 指示 JK	3 区放气指示继电器
3 手动 JD	3 区手/自动状态输出	3 手动 JK	3 区手/自动状态输出
指示灯 3	3 区放气指示	关闭 3	3 区封闭输出
24VC3	3 区可复位电源正	24VC3	3 区可复位电源正
声警 3	3 区声光报警器	警铃 3	3 区警铃
停止 3	3 区紧急停止按钮	启动 3	3 区紧急启动按钮
0GND	反馈公共地	0GND	反馈公共地
反馈 3	3 区喷放反馈	手动 3	3 区手动输入
3-S1+	总线正	3-S1−	总线负
3-S1+	总线正	3-S2−	总线负
4 启动 JD	4 区喷放继电器	4 启动 JK	4 区喷放继电器
4 火警 JD	4 区火警继电器	4 火警 JK	4 区火警继电器
24VP	电源 24 V	GND	电源地
4 指示 JD	4 区放气指示继电器	4 指示 JK	4 区放气指示继电器
4 手动 JD	4 区手/自动状态输出	4 手动 JK	4 区手/自动状态输出
指示灯 4	4 区放气指示	关闭 4	4 区封闭输出
24VC4	4 区可复位电源正	24VC4	4 区可复位电源正
声警 4	4 区声光报警器	警铃 4	4 区警铃
停止 4	4 区紧急停止按钮	启动 4	4 区紧急启动按钮
0GND	反馈公共地	0GND	反馈公共地
反馈 4	4 区喷放反馈	手动 4	4 区手动输入
4-S1+	总线正	4-S1−	总线负
4-S2+	总线正	4-S2−	总线负

2. 七氟丙烷灭火系统的安装

国内常见的气体灭火系统有二氧化碳灭火系统、七氟丙烷（HFC-227ea）灭火系统、三氟甲烷（HFC-23）灭火系统、混合气体 IG541 灭火系统等。下面以七氟丙烷灭火系统为例介绍气体灭火系统的安装配线。

1）七氟丙烷灭火系统的技术指标

（1）灭火剂储存钢瓶规格：40 L/70 L/100 L/120 L/150 L/180 L。

（2）储存压力：2.5 MPa/4.2 MPa。

（3）最大工作压力（50 MPa）：3.4 MPa/5.3 MPa。

（4）启动方式：电磁启动、机械应急启动。

（5）电磁驱动装置氮气源压力：6.0±1.0 MPa（20 MPa）。

扫一扫看教学课件：某银行七氟丙烷灭火系统设计

（6）电磁驱动装置启动电源：DC 24 V/1.5 A。

（7）灭火剂充装密度：≤1150 kg/m³。

（8）灭火剂喷放时间：≤8 s。

（9）保护区环境温度：0 ～ 50℃。

（10）灭火剂储存钢瓶喷放剩余量：≤2 kg/瓶组。

（11）储瓶间的室温要求：-10 ～ 50℃。

2）七氟丙烷灭火系统的结构形式

（1）单元独立灭火系统。

单元独立灭火系统是指由一组灭火剂储存钢瓶保护一个保护区的系统形式，其示意图如图6-13和图6-14所示。

（2）组合分配灭火系统。

组合分配灭火系统是指用一组灭火剂储存钢瓶通过多个选择阀的选择保护多个保护区的系统形式。需要不间断保护的保护区应考虑设置主、备灭火剂储存瓶组自动转换的系统形式，组合分配灭火系统示意图如图6-15和图6-16所示。

（3）主、备转换组合分配灭火系统。

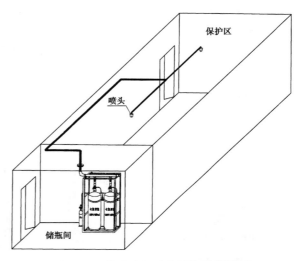

图6-13 单元独立灭火系统示意图1

主、备转换组合分配灭火系统用于需要不间断保护的保护区或超过8个保护区组成的组合分配灭火系统。该系统应按灭火剂的原储存量设置备用量，其示意图如图6-17所示。

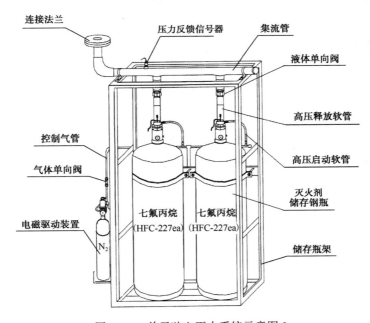

图6-14 单元独立灭火系统示意图2

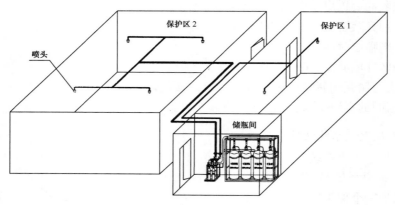

图 6-15　组合分配灭火系统示意图 1

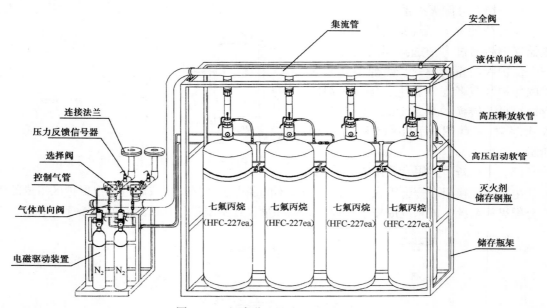

图 6-16　组合分配灭火系统示意图 2

（4）柜式灭火装置。

柜式灭火装置由柜体、灭火剂储存钢瓶、管网、喷头、信号反馈部件、压力表、驱动部件等组成，与火灾警报装置、气体灭火控制器组成一套自动气体灭火系统。它可直接放置在保护区内，具有可移动、方便安装的特点，如图 6-18 所示。

（5）悬挂式灭火装置。

① 电磁型悬挂式灭火装置：由灭火剂储存钢瓶、电磁驱动装置、喷头、压力表组成，可悬挂或固定在墙壁上，与火灾探测器、火灾警报装置和气体灭火控制器组成一套自动气体灭火系统，具有不占地、方便安装的特点，如图 6-19 所示。

② 定温型悬挂式灭火装置：由安装吊环、灭火剂储存钢瓶、玻璃球喷头、压力表组成，可悬挂或固定在墙壁上，具有不占地、无电气连接、方便安装的特点，如图 6-20 所示。

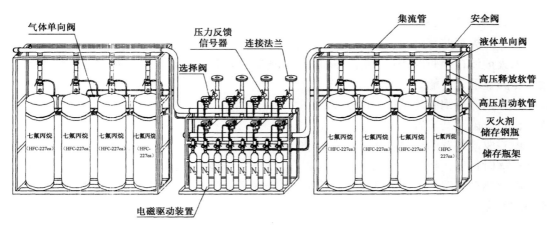

图 6-17　主、备转换组合分配灭火系统示意图

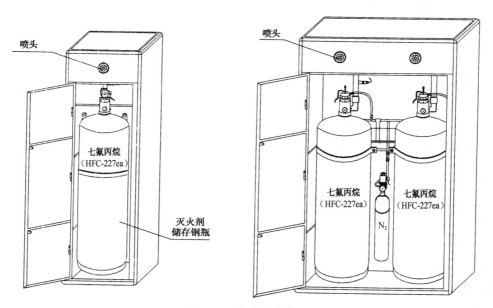

图 6-18　柜式灭火装置

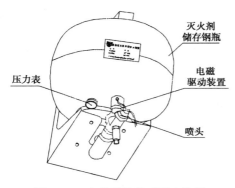

图 6-19　电磁型悬挂式灭火装置

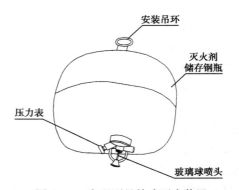

图 6-20　定温型悬挂式灭火装置

3）七氟丙烷灭火系统的主要系统部件

（1）灭火剂储存钢瓶。

灭火剂储存钢瓶的用途：用于储存七氟丙烷灭火剂，具有封存、释放、充装、超压泄放、压力显示等功能。

灭火剂储存钢瓶的结构如图6-21所示。

（2）电磁驱动装置。

电磁驱动装置的用途：用于储存启动气体（高压氮气），可电动或手动方式启动，释放启动气体时打开选择阀和瓶头阀，具有封存、释放、充装、低压泄放、压力显示等功能。

电磁驱动装置的结构如图6-22所示。电磁驱动装置具有结构精巧、动作可靠、驱动电流小的特点。

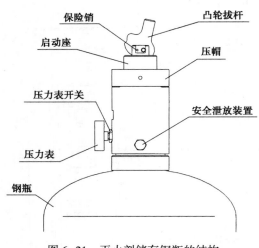

图6-21　灭火剂储存钢瓶的结构

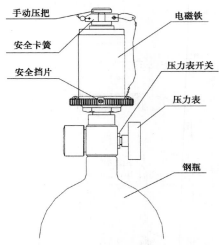

图6-22　电磁驱动装置的结构

（3）选择阀。

选择阀的用途：用于组合分配灭火系统，一端连接集流管，另一端与保护区管网连接，平时关闭，采用气动或手动方式启动。当七氟丙烷灭火系统启动时，由电磁驱动装置释放启动气体，顺序开启通向发生火灾的保护区对应的选择阀和灭火剂储存钢瓶上的瓶头阀，将灭火剂释放至该保护区实施灭火。

选择阀的结构：由阀体、活塞、压臂、转臂、驱动气缸、出/入口活接头或连接法兰等组成，如图6-23所示。

（4）液体单向阀。

液体单向阀的用途：安装在高压释放软管和集流管之间，用于防止灭火剂从集流管向灭火剂储存钢瓶倒流。

液体单向阀的结构：由阀体、阀芯、阀座等组成，如图6-24所示。

（5）气体单向阀。

气体单向阀用途：安装在启动气体管网上，用于控制启动气体的气流方向。

气体单向阀结构：由阀体、阀芯、弹簧等组成，阀体材质为铜合金，如图6-25所示。

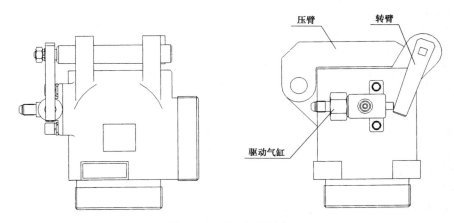

图6-23　选择阀的结构

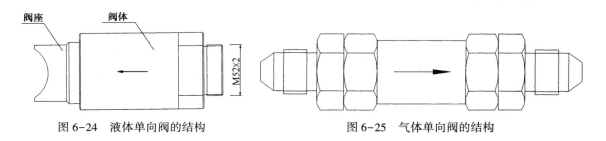

图6-24　液体单向阀的结构　　　　图6-25　气体单向阀的结构

（6）安全阀。

安全阀的用途：安装在组合分配灭火系统的集流管上，当封存于集流管中的灭火剂压力升高至规定的压力时，泄压膜片爆破泄压，起防止超压以保护集流管的作用。

安全阀的结构：由安全阀栓、阀座、安全膜片、接头等组成。安全阀栓的材质为铜合金，安全膜片的材质为不锈钢，如图6-26所示。

（7）压力反馈信号器。

压力反馈信号器的用途：安装在气体通向保护区管网的主管网上，用于灭火剂释放后先将信号反馈至气体灭火控制器，再由气体灭火控制器点亮喷放门灯和发出联动信号。

压力反馈信号器的结构：由底座、外壳、锁帽、信号引线、活塞、微动开关等组成，外壳和活塞的材质为铜合金，如图6-27所示。

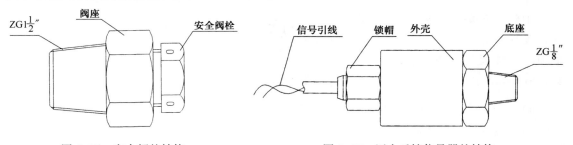

图6-26　安全阀的结构　　　　　　图6-27　压力反馈信号器的结构

（8）喷嘴。

喷嘴的用途：安装在气体灭火系统管网的末端，用于按设计要求均匀地雾化喷洒灭火剂，其规格根据最终的水力计算结果选定。

喷嘴的结构：经优化设计，能将七氟丙烷灭火剂充分雾化并均匀喷洒。喷嘴的材质为铜合金，装饰罩用于有吊顶的保护区，如图6-28所示。

（9）高压启动软管。

高压启动软管的用途：用于连接控制气管与瓶头阀之间的控制管网，输送从电磁驱动装置释放的启动气体，并在释放灭火剂时起缓冲振动的作用。

高压启动软管的结构：由不锈钢软管和活接头组成。

（10）高压释放软管。

高压释放软管的用途：用于瓶头阀与液体单向阀之间，输送从灭火剂储存钢瓶释放的灭火剂，在释放灭火剂时起缓冲振动的作用。

高压释放软管的结构：由不锈钢软管和活接头组成，如图6-29所示。

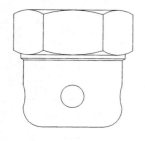

图6-28　喷嘴的结构

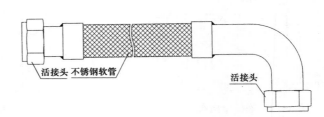

图6-29　高压释放软管的结构

（11）控制气管。

控制气管的用途：用于输送启动气体的管网。

控制气管的结构：紫铜管，壁厚1 mm，接口为扩口带活接头。

（12）储存瓶架。

储存瓶架的用途：用于固定灭火剂储存钢瓶、选择阀、电磁驱动装置和集流管等，防止释放灭火剂时晃动。

储存瓶架的结构：由左右支架、中梁、下梁等组成，结构形式简洁美观，易于拆卸装运，连接稳固可靠，外表经过防腐喷涂处理，如图6-30所示。

4）七氟丙烷灭火系统安装原则

（1）系统设备安装前必须确认储瓶间的设置条件与设计是否相

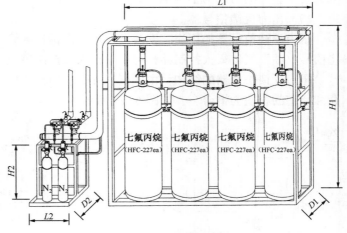

图6-30　储存瓶架的结构

符，部件和主要材料是否齐全且符合设计要求。

（2）设备支架安装。

① 按照储瓶间的设备布置设计图和系统结构形式的要求进行设备支架安装，注意安装顺序，安装完毕应进行矫正。

② 各部件的安装应使用配套的附件，如螺栓、螺母、垫圈、U 形卡等，注意不得安装错位。

③ 灭火剂储存钢瓶的支架安装完毕并经核实符合设计图的要求后应用膨胀螺栓固定在储瓶间的地面上，灭火剂储存钢瓶的安装高度差不宜大于 20 mm，电磁驱动装置的安装高度差不宜大于 10 mm。压力表应朝向操作面。

（3）灭火剂储存钢瓶的操作面距离墙面或操作面之间的距离不宜小于 1.0 m，其支架、框架应固定牢靠并应采取防腐喷涂处理。

（4）集流管应牢靠地固定在储存瓶架上，并应采取防腐喷涂处理。集流管泄压装置的泄压方向不应朝向操作面。

（5）选择阀的操作手柄应安装在操作面一侧，与管网的连接宜采用活接头或连接法兰。

（6）电磁驱动装置的电气连接线应沿固定的灭火剂储存钢瓶或电磁驱动装置的支架、框架和墙面固定。

（7）选择阀和电磁驱动装置上应设置标明保护区名称或编号的永久性标志牌。

（8）电磁驱动装置、选择阀、灭火剂储存装置均可手动机械应急操作，并有防止误操作的可靠措施。

（9）管网穿过的墙壁、楼板处应安装套管。穿墙套管的长度应与墙壁厚度相等，穿过楼板的套管应高出地板 50 mm。管网与套管之间的空隙应采用柔性不可燃烧材料填塞密实。

（10）管网布置应横平竖直，平行管网或交叉管网之间的间距应保持一致。管网应固定牢靠，管网支、吊架的最大间距应符合规定。

（11）管网末端喷嘴处应采用支架固定，支架与喷嘴之间的管网长度不宜大于 500 mm。公称直径大于或等于 50 mm 的主干管网，其垂直方向和水平方向至少应各安装一个防晃支架。当穿过建筑物楼层时，每层应安装一个防晃支架；当水平管网改变方向时，应安装防晃支架。

（12）管网的三通管接头的分流出口应水平安装。

（13）控制管网应采用支架固定，管网支架的间距不宜大于 0.6 m。平行管网宜采用管夹固定，管夹的间距不宜大于 0.6 m，转弯处应增设一个管夹。

（14）喷嘴安装时应逐个核对其型号、规格和喷孔方向，并应符合设计要求。安装在吊顶下的不带装饰罩的喷嘴，其连接管管端螺纹不应露出吊顶；安装在吊顶下的带装饰罩的喷嘴，其装饰罩应紧贴吊顶。

实训8　某低压配电房气体灭火系统方案设计

某低压配电房气体灭火系统设计说明如图 6-31 所示；某低压配电房气体灭火系统图如图 6-32 所示；某低压配电房气体灭火系统平面图如图 6-33 所示。

工程案例——JB-QBL-QM300/4气体灭火系统设计说明

气体灭火系统设计说明

一. 设计依据

1.《气体灭火系统设计规范》（GB 50370—2005）。

2.《气体灭火系统施工及验收规范》（GB 50263—2007）。

3.《火灾自动报警系统设计规范》（GB 50116—2013）。

4.《火灾自动报警系统施工及验收规范》（GB 50166—2019）。

二. 设计范围

低压配电房为一个防护区，设一套气体灭火系统。气体灭火系统采用深圳市高新投三江电子股份有限公司的JB-QBL-QM300/4气体灭火控制器。

三. 系统说明

1. 系统构成：本系统由火灾探测器、气体灭火控制器、声光报警器、紧急启/停按钮、手/自动转换盒、气体释放警报器（放气指示灯）和系统布线等组成。

2. 系统具有自动启动、手动启动两种启动方式。

1）自动启动：当气体灭火控制器设置在自动状态时，如果某保护区有烟雾(或温度异常升高)，该保护区的感烟(感温)火灾探测器动作并向气体灭火控制器发送一个火警信号，气体灭火控制器即进入单一火警状态，同时驱动保护区内的消防警铃发出单一火灾警报信号，此时不会发出启动气体灭火系统的控制信号。随着该保护区火灾的蔓延，温度持续升高(或产生烟雾)，另一回路的感温(感烟)火灾探测器动作，向气体灭火控制器发送另一个火警信号，气体灭火控制器立即确认发生火灾并发出复合火灾警报信号和联动信号(启动保护区外声光报警器，关闭送、排风装置和防火阀、防火卷帘门等）。经过设定时间的延时，气体灭火控制器发出信号启动气体灭火系统，灭火剂经输送管网释放至该保护区实施灭火。气体灭火控制器接收信号反馈装置的反馈信号后点亮保护区门外的气体释放警报器，避免人员误入。

气体灭火控制器可设置在手动状态下，在火灾发生时只发出火灾警报信号而不产生联动。

2）手动启动：在值班人员确认火警后，按下气体灭火控制器面板上或现场的“紧急启动”按钮可马上启动气体灭火系统。在灭火剂释放前按下气体灭火控制器面板上或现场的“紧急停止”按钮，气体灭火系统将不会启动灭火剂释放。

四. 系统安装

1. 火灾探测器宜水平安装，周围0.5 m内不应有遮挡物，火灾探测器至墙壁、梁边的水平距离不应小于0.5 m，至空调送风口边的水平距离不应小于1.5 m。

2. 声光报警器（警铃）宜安装在防护区内，以便火灾报警时人员及时撤离，距地面高度2.2 m。

3. 手/自动转换盒、紧急启/停按钮宜安装在防护区门外，距地面高度1.3～1.5 m，工作人员便于操作、明显处，安装应牢固，不得倾斜。

4. 气体释放警报器应安装在防护区门外正上方0.2 m处。

5. 气体灭火控制器应安装在墙上，其主显示屏高度宜为1.5～1.8 m。其靠近门轴的侧面距墙不应小于0.5 m，正面操作距离不应小于1.2 m。

6. 气体灭火控制器应能将火灾报警信号、喷放动作信号和故障报警信号反馈至消防控制室。

7. 信号线采用RVS线，线径≥1.5 mm²，DC 24 V电源线和其他控制线采用BV线，线径≥1.5 mm²。

8. 所有布线应采取穿金属管保护，并宜暗敷设在非燃烧体结构内。

9. 系统的安装和施工应按《火灾自动报警系统施工及验收规范》（GB 50166—2019）的规定执行。

五. 其他说明

1. 如果需要控制风阀等耗电量较大的设备，则应考虑增加外控电源，主机电源仅6 A。

2. JB-QBL-QM300/4气体灭火控制器可与本公司9100系列火灾报警控制器实现CAN总线联网。

图例说明

图例	名 称	型 号
	点型光电感烟火灾探测器（智能型）	JTY-GD-930
	点型感温火灾探测器（智能型）	JTW-ZD-920
	紧急启/停按钮	QM-AN-965K
	气体释放警报器	QM-ZSD-02
	手/自动转换盒	QM-MA-966
	声光报警器（智能型）	SG-991
JK	输入模块（接口模块）	JK-952
	电磁阀	
P	压力报警阀	
	气瓶	

图6-31　某低压配电房气体灭火系统设计说明

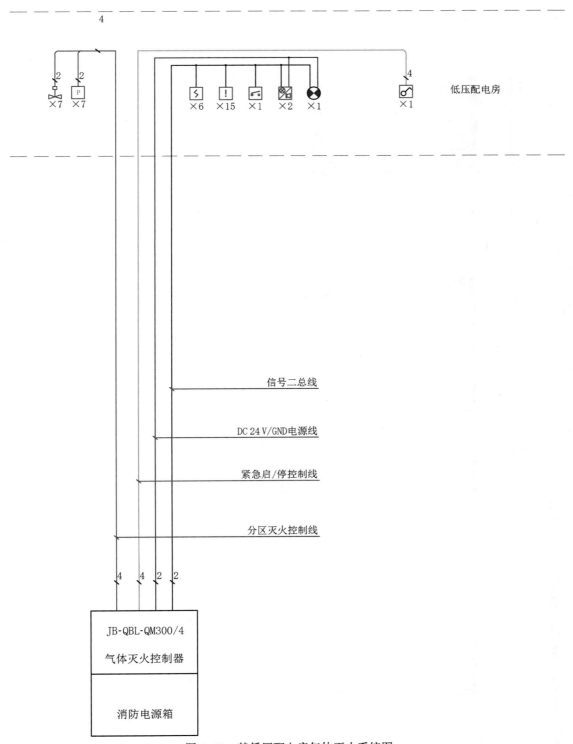

图6-32 某低压配电房气体灭火系统图

工程案例——JB-QBL-QM300/4气体灭火系统平面图

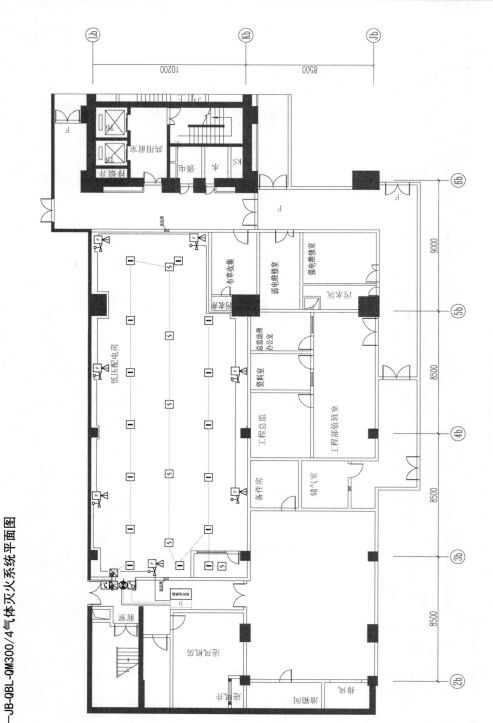

气体灭火系统平面图

图6-33　某低压配电房气体灭火系统平面图

实训9 某档案室气体灭火系统方案设计与安装

1. 项目说明

该项目是某档案室，采用的灭火气体为七氟丙烷（HFC-227ea），档案室1、2、3为3个保护区，各设一套组合分配灭火系统。各保护区采用全淹没灭火系统。该项目方案设计的七氟丙烷灭火系统管网系统平面图如图6-34所示，七氟丙烷灭火系统报警系统平面图如图6-35所示，七氟丙烷灭火系统管网系统图如图6-36所示，七氟丙烷灭火系统电气控制系统图如图6-37所示。

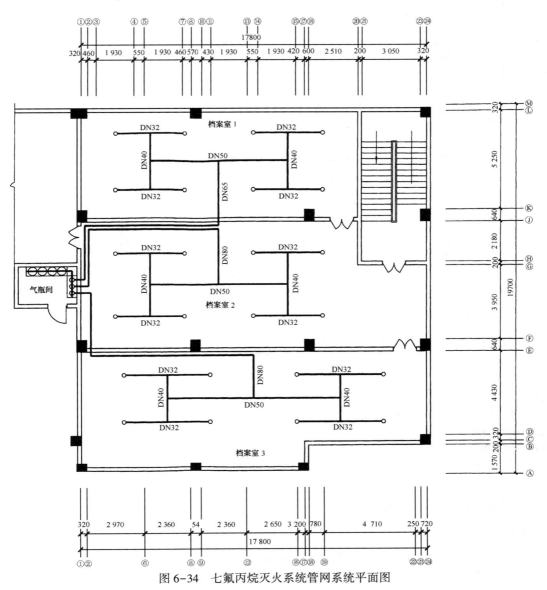

图6-34 七氟丙烷灭火系统管网系统平面图

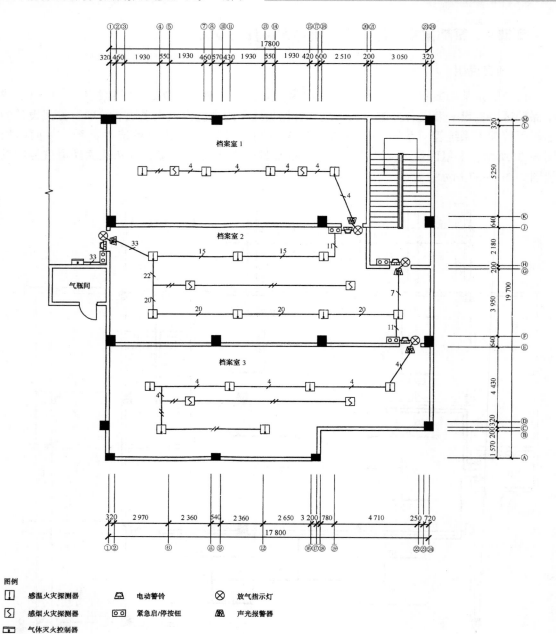

图例

⊞	感温火灾探测器	⊟	电动警铃	⊗	放气指示灯
⊠	感烟火灾探测器	⊙⊙	紧急启/停按钮	🕭	声光报警器
⊟	气体灭火控制器				

图 6-35 七氟丙烷灭火系统报警系统平面图

2. 系统的构成和控制方式

1）系统的构成

本系统由火灾自动报警系统、气体灭火系统设备和灭火剂输送管网组成。

（1）火灾自动报警系统包括火灾探测器、气体灭火控制器、电动警铃、声光报警器、紧急启/停按钮、放气指示灯和系统布线。

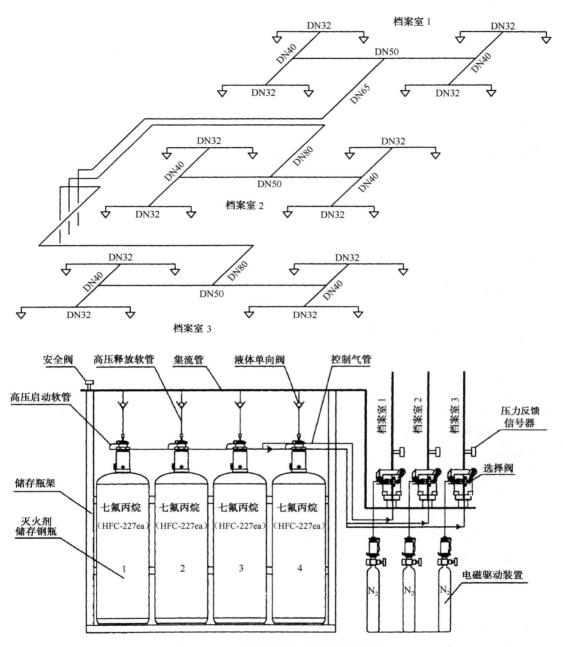

图 6-36　七氟丙烷灭火系统管网系统图

（2）气体灭火系统设备包括灭火剂储存钢瓶、电磁驱动装置、连接软管（高压释放软管和高压启动软管）、集流管、安全阀、液体单向阀、选择阀、控制气管、储存瓶架、压力反馈信号器。

（3）灭火剂输送管网包括高压内/外镀锌无缝钢管和管网部件。

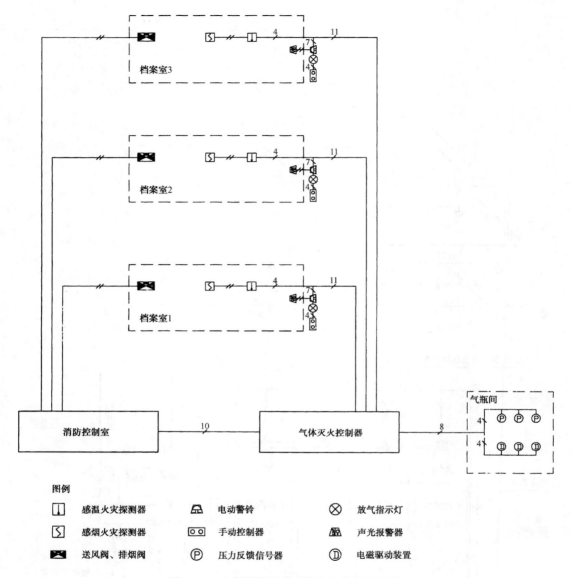

图 6-37 七氟丙烷灭火系统电气控制系统图

2）系统的启动方式

本系统具有自动启动、手动启动、机械应急操作 3 种启动方式。

（1）自动启动。当气体灭火控制器设置在自动状态下时，如果某保护区发生火灾并产生烟雾或温度异常升高，该保护区的感烟（感温）火灾探测器动作并向气体灭火控制器发送一个火警信号，气体灭火控制器即进入单一火警状态，同时驱动电动警铃发出单一火灾报警信号，此时不会发出启动气体灭火系统的控制信号。随着该保护区火灾的蔓延，温度持续升高或产生烟雾，另一回路的感温（感烟）火灾探测器动作，向气体灭火控制器发送另一个火警信号，气体灭火控制器立即确认发生火灾并发出复合火灾报警信号和联动信号（关闭

送、排风装置和防火阀、防火卷帘门等）。经过设定时间的延时，气体灭火控制器发出信号启动气体灭火系统，灭火剂经输送管网释放至该保护区实施灭火。气体灭火控制器接收压力反馈信号器的反馈信号后点亮保护区门外的放气指示灯，避免人员误入。气体灭火控制器可设置在手动状态下，在火灾发生时只发出火灾报警信号而不产生联动。

（2）手动启动。在值班人员确认火警后按下气体灭火控制器面板上或现场的"紧急启动"按钮可马上启动气体灭火系统。在灭火剂释放前按下气体灭火控制器面板上或现场的"紧急停止"按钮，气体灭火系统将不会启动灭火剂释放。

（3）当自动启动、手动启动均失效时，可进入气瓶间实施机械应急操作启动气体灭火系统。

3. 系统安装说明

1）火灾自动报警系统

（1）火灾自动报警系统的设备布置应依照图6-35进行，不得随意更改。

（2）火灾自动报警系统的布线应符合国家标准《火灾自动报警系统施工及验收标准》（GB 50166—2019）的规定，绝缘导线采用 ZR-BV1.5 mm²，敷设方式为 MT/MR/CP，敷设部位为 WS/CE/SCE。

（3）火灾探测器的安装应符合国家标准《火灾自动报警系统施工及验收标准》（GB 50166—2019）的规定。

（4）紧急启/停按钮应安装在保护区门外的墙上距地（楼）面1.3～1.5 m处，安装应牢固并不得倾斜。

（5）电动警铃和放气指示灯应安装在保护区门外正上方的同一水平线上，间距一般是10 cm。声光报警器一般安装在保护区内的正上方或保护区内显眼、无遮挡的位置，以便灭火剂释放前提醒人员迅速撤离。

（6）安装气体灭火控制器时，其底边距地（楼）面高度宜为1.3～1.5 m，安装应牢固并不得倾斜。当安装在轻质墙上时，应采取加固措施，引入气体灭火控制器的导线应符合《火灾自动报警系统施工及验收标准》（GB 50166—2019）等有关规定。

（7）火灾自动报警系统接地应符合国家标准《火灾自动报警系统设计标准》（GB 50116—2013）和《火灾自动报警系统施工及验收标准》（GB 50166—2019）等有关规定。

2）气体灭火系统设备

（1）气瓶间内系统设备的布置可根据现场实际情况进行适当调整，但应符合国家标准《气体灭火系统施工及验收规范》（GB 50263—2007）等有关规定。

（2）灭火剂储存钢瓶、电磁驱动装置、选择阀和其他系统部件的安装应符合国家标准《气体灭火系统施工及验收规范》（GB 50263—2007）等有关规定。

（3）集流管的制作，阀门、连接软管的安装，灭火剂输送管网和支架的制作、安装，以及管网的吹扫、试验、涂漆应符合国家标准《气体灭火系统施工及验收规范》（GB 50263—2007）和国家标准《工业金属管网工程施工规范》（GB 50235—2010）等有关规定。

3）灭火剂输送管网

（1）灭火剂输送管网的施工应按施工图和相应的技术文件进行，不得随意更改。

（2）输送灭火剂的管网应符合国家标准《输送流体用无缝钢管》（GB/T 8163—2018）的规定，并应内外镀锌或涂防腐涂料。

（3）灭火剂输送管网的布置如图 6-34 所示，管网沿梁底吊架固定或沿地（楼）面支架固定（地板下），管网、管网部件和喷头的安装应符合国家标准《气体灭火系统施工及验收规范》（GB 50263—2007）等有关规定。

（4）灭火剂输送管网的吹扫、试验、涂漆。

① 水压强度试验压力为 6.3 MPa，不宜进行水压强度试验的保护区可采用气压强度试验，气压强度试验压力为 5.0 MPa。在试验时必须采取有效的安全措施，当进行管网强度试验时，应将压力升至试验压力后保压 5 min，检查管网各连接处时应无明显滴漏或泄漏，目测管网时应无变形。

② 管网气压严密性试验的加压介质可采用空气或氮气，试验压力为 4.2 MPa。在试验时应将压力升至试验压力，关闭试验气源后 3 min 内压力降不应超过 0.4 MPa，并且用涂刷肥皂水等方法检查保护区的管网连接处，应无气泡产生。

③ 灭火剂输送管网应在水压强度试验合格后或管网气压严密性试验前进行吹扫，吹扫管网可采用压缩空气或氮气。在吹扫时，管网末端的气流流速不应小于 20 m/s，采用白布检查，直至无铁锈、尘土、水渍和其他脏物出现。

④ 灭火剂输送管网的外表面应涂红色油漆。在吊顶内、活动地板下等隐蔽场所的管网可涂红色油漆色环。每个保护区的色环宽度应一致，间距应均匀。

4. 系统设计参数（见表 6-3）

表 6-3　系统设计参数

保护区名称	容积/m³	修正系数	过热蒸气比容/（m³/kg）	设计浓度	计算用量	泄压口面积/m²	实际用量/kg	喷放时间/s	浸渍时间/min	系统灭火剂储存钢瓶数	额定增压压力/MPa
档案室 1	356.5	1	0.137 16	10%	288.8%	<0.13	291＝97×3	>10	<10		
档案室 2	467.3	1	0.137 16	10%	378.6%	<0.16	388＝97×4	>10	<10	4×120L	4.2
档案室 3	439.3	1	0.137 16	10%	355.5%	<0.15	388＝97×4	>10	<10		

5. 设备清单（见表 6-4）

表 6-4　设备清单

序号	设备名称	型号规格	单位	数量
1	120 L 灭火剂储存钢瓶	QF120	瓶组	4
2	电磁驱动装置	ZEPD6	瓶组	3
3	灭火剂	HFC-227ea	kg	388
4	高压释放软管	ZQXG-40/400	条	4
5	液体单向阀	EFD40	个	4
6	气体单向阀	ZEDQ4	个	4
7	集流管	ZQJG-80/04	套	1
8	安全阀	ZEAF-4.2	个	1
9	控制气管	ZEKG-04	套	1

续表

序号	设备名称	型号规格	单位	数量
10	压力信号器	KYQD4	个	3
11	储存瓶架	ZQCJ-04	套	1
12	驱动瓶架	ZEQJ-03	套	1
13	选择阀	ZEXF-65	个	1
14	控制阀	ZEXF-80	个	2
15	喷头	EF-32	个	24
16	气体灭火控制器	EI-2000QT/3	台	1
17	感烟火灾探测器	JTY-LZ-M1000	只	6
18	感温火灾探测器	JTW-ZD-K1000A	只	17
19	电动警铃	JLⅡ-24	个	4
20	声光报警器	BHZ-B	个	4
21	放气指示灯	ESL24-16	个	4
22	紧急启/停按钮	MC1	个	4

知识梳理与总结

1. 通过对气体灭火系统的分类和使用场所的讲解，使学生掌握气体灭火系统的基本知识。以高压二氧化碳管网式灭火系统为例介绍了气体灭火系统的工作原理和组成；以二氧化碳灭火系统的联动控制为例介绍了气体灭火系统中联动控制的过程；同时对新型惰性气体灭火系统进行了介绍。

2. 通过对气体灭火系统的安装要点进行讲解，使学生了解气体灭火系统施工的整个过程和方法。以七氟丙烷（HFC-227ea）灭火系统为例介绍了气体灭火系统的安装配线。

3. 通过实训使学生掌握气体灭火系统的工作原理，气体灭火控制器的工作原理和接线方法，从而进一步熟悉气体灭火系统的安装、施工方法。

4. 气体灭火系统作为消防灭火的一个重要组成部分，本身具有一定的独立性，有其特定的应用场所，通常使用在那些不能使用水进行灭火的场所，如变电站、通信集站、计算机机房等。随着人们消防意识的提高，气体灭火系统的应用将更加重要和普遍。

复习思考题6

1. 全淹没灭火系统设计的基本要求有哪些？
2. 全淹没灭火系统的灭火特点和应用场所有哪些？
3. 局部应用灭火系统的灭火特点是什么？
4. 简述气体灭火系统的工作原理。
5. 组合分配灭火系统主要由哪些装置组成？各有什么作用？
6. 二氧化碳灭火系统的特点和应用范围是什么？
7. 气体灭火控制器的工作原理是什么？

8. 七氟丙烷灭火系统管网的布置有何要求？

9. 七氟丙烷灭火系统的特点和应用范围是什么？

10. 气体灭火系统的安装要求是什么？

11. 气体灭火控制器应有哪些控制、显示功能？

12. 气体灭火系统的主要灭火气体有哪些？